U0242828

江苏省“十二五”重点图书

中国东部防洪减灾系列丛书

流域城市化与洪涝风险

许有鹏等　编著

东南大学出版社

·南京·

内容简介

流域洪涝灾害防治是人类面临的一项长期而艰巨的任务，洪涝灾害风险分析与评价研究是防洪减灾研究中的重要内容，对洪涝风险的科学评估是防灾减灾对策制定的重要依据。

本书针对当前流域城市化快速发展而使得洪涝灾害风险日趋加大的问题，在对国内外洪涝灾害风险研究现状进行综合分析的基础上，重点以长江三角洲地区为例，首先分析了城市化对流域下垫面土地利用/地表覆盖变化以及河流水系的影响，探讨了流域城市化的水文效应以及洪涝孕灾环境的变化，揭示了长三角地区洪涝灾害特点及其形成机制；其次开展了变化环境下流域洪水模拟与预警分析，探讨了平原区洪涝淹没模拟计算以及流域洪水风险图系统的制作方法；再次，采用综合分析评价的方法，针对长三角地区城市化发展下流域洪涝灾害系统的基本特性，结合孕灾环境、致灾因子以及承灾体特征，构建流域洪涝灾害风险评价的指标体系以及评价计算方法；在此基础上，探讨了城市化对流域洪涝灾害风险的影响，揭示了长三角地区城市化发展下的流域洪涝风险时空变化规律。最后介绍了流域防洪减灾决策支持的系统及其应用，以期为流域防洪减灾提供支持。

该书可供地理、水利、生态、环境科学、资源与可持续发展等相关领域的科学研究人员、工程技术人员、管理决策人员及大专院校、科研院所师生应用和参考。

图书在版编目(CIP)数据

流域城市化与洪涝风险/许有鹏等编著. —南京：东南大学出版社，2012.8
中国东部防洪减灾系列丛书
ISBN 978-7-5641-3055-8

Ⅰ.①流… Ⅱ.①许… Ⅲ.①城市—水灾—风险管理 Ⅳ.①P426.616

中国版本图书馆 CIP 数据核字(2012)第 218332 号

流域城市化与洪涝风险

出版发行 东南大学出版社
出 版 人 江建中
社 址 南京市四牌楼 2 号
邮 编 210096

经 销 全国各地新华书店
印 刷 江苏兴化印刷有限公司
开 本 700 mm×1000 mm 1/16
印 张 14.25 彩插：4
字 数 277 千字
书 号 ISBN 978-7-5641-3055-8
版 次 2012 年 8 月第 1 版
印 次 2012 年 8 月第 1 次印刷
印 数 1—1500 册
定 价 36.00 元

前　言

洪水灾害目前已成为我国频繁发生、损失严重并且影响较大的自然灾害。同时随着经济的发展，城市化的快速推进，洪涝灾害损失也渐趋增加，因此开展防洪减灾研究已成为当前面临的迫切任务。由于影响洪水的因素错综复杂，就目前人类的认识水平，尚无法完全预知未来相当长时期内洪水发生的确切时间和真实过程，对未来洪水发生过程还不能做出完全准确的模拟预测，因此通常是将洪水灾害的发生作为随机事件加以分析处理，引进洪涝灾害风险评估方法，定量评估某一地区出现某种类型洪涝灾害的可能性。虽然人们可以通过各种工程性和非工程性措施来减少洪水泛滥的频次和程度，但由于自然和经济方面的原因，洪水灾害目前还难以彻底防范或根本消除，洪水风险总是伴随人类的日常生活而存在，因此开展洪水风险分析具有十分重要的意义。

为此，本书在对国内外洪涝灾害风险分析研究现状进行综合分析的基础上，重点以长江三角洲地区为例，首先分析了城市化的发展对流域下垫面土地利用/地表覆盖变化以及河流水系的影响，探讨了流域城市化的水文效应以及流域洪涝孕灾环境的变化，揭示了长三角地区洪涝灾害特点及其形成机制；其次开展了变化环境下流域洪水模拟与预警分析，探讨了平原区洪涝淹没模拟计算以及流域洪水风险图及其管理系统制作方法；再次，采用综合分析评价的方法，针对长三角地区城市化发展下流域洪涝灾害系统的基本特性，重点选择了降雨、径流、水位等洪涝的主要影响因素，进行洪水的风险分析，结合研究区孕灾环境、致灾因子以及承灾体特征，构建流域洪涝灾害风险评价的指标体系以及分析计算方法；在此基础上，探讨了城市化对流域洪涝灾害风险影响，分析了不同洪涝背景下的洪涝风险等级和区域分布特征，揭示长三角地区城市化发展下流域洪涝风险时空变化规律；最后介绍了流域防洪减灾决策支持系统及其应用，以期为流域防洪减灾提供支持。

全书共分为10章：第1章主要介绍了流域洪涝风险的概念，分析当前洪涝风险的研究现状；第2章主要介绍了长三角地区城市化发展下流域下垫面以及河流水系的变化；第3章在分析城市化水文效应的基础上，开展城市化对洪涝孕灾环境影响的综合分析；第4章主要介绍了长三角地区洪涝灾害的特点与形成机制，分析了形成流域洪涝灾害的气象与下垫面因素的特点；第5章开展了流域洪水模拟模型参数确定问题的研究，介绍了流域洪水模拟与预警的方法与途径；第6章主要开展流域中下游地区洪涝淹没模拟方法与实例研究分析;第7章主要介绍了流域洪水风险以及洪水风险图制作方法;第8章主要以长三角为例介绍了流域洪涝灾害风险的综合评估方法;第9章开展了城市化发展下流域洪涝灾害风险时空变化特点与影响规律分析;第10章主要介绍了流域防洪减灾决策支持系统的有关问题。

本书将推动我国东部地区流域城市化地区洪水模拟预测与预警、流域洪涝风险评估以及流域防洪减灾的决策支持系统的开发研究,为流域防洪减灾,提高全民防洪意识提供支持,同时可促进城市水文学发展,亦可为其他城市化高度发展地区提供借鉴和参考。

本书系国家自然科学基金重点项目(资助号40730635)"长江三角洲城市化对河流水系与水文过程影响"研究、水利部水利公益专项(项目编号200701024,201201072)"长江三角洲城市化对洪水孕灾环境的影响"研究、"改善长三角水系结构与河湖连通研究"、江苏省自然科学基金面上项目(BK2006133)和教育部中国高校博士点研究基金(20060284019)的综合研究成果,是在多篇博士与硕士论文基础上的一个综合汇总,也可以说是南京大学近十多年在长江三角洲地区洪水模拟预测、洪涝风险评估以及防洪减灾系统开发等方面的一个总结。

本书由许有鹏主编,其主持负责了各时期书中各章节内容研究,确定了全书章节安排,同时有多位老师和研究生在不同时期先后参与本书各章节内容的研究。目前本书各章主要编写人员为:第1章由许有鹏、潘光波编写;第2章由邵玉龙、许有鹏编写;第3章由许有鹏、邵玉龙、叶正伟、李国芳编写;第4章由叶正伟、潘光波、许有鹏编写;第5章由许有鹏编写;第6章由周峰、葛小平、罗贤、许有鹏编写;第7章由许有鹏、周峰、葛小平、罗贤编写;第8章由潘光波、李国芳等编写;第9章由潘光波、徐光来、石怡、余铭婧编写;第10章由许有鹏编写。王柳艳、马爽爽、杨明楠、韩龙飞、丁瑾佳、尹义星、王一秋等博士及硕士研究生也参与了本书研究工作。全书最终由许有鹏审校定稿,潘光波、周峰、邵玉龙参加了全书的审校工作。此外,都金康、张立峰、王慧敏等也参与了本书的研究分析。同时全书还得到了刘国纬教授的支持和帮助。长三角有关流域单位和人员在资料收集、野外实验以及流域考察等方面也给予了大力支持和帮助。书中还部分引用了国内外同行学者一些研究成果,在此一并致谢。

本书虽然在我国东部城市化下流域洪涝灾害风险特征与变化规律、洪涝风险评估、洪水淹没与风险图编制等研究方面取得了一些进展,但由于影响流域暴雨洪水过程与洪涝风险变化要素错综复杂,涉及自然、社会经济以及生态环境等多方面因素,不同地区洪涝风险具有不同的特点和规律。因此,本书分析成果还有待进一步的完善,城市水资源与水环境问题仍亟待深入研究。

由于作者水平与时间限制,本书目前的分析只是初步成果,许多方面的分析还有待进一步深入和完善,一些不妥之处敬请批评指正。

许有鹏

2011年11月

目　录

1　综　述 …………………………………………………………………… (1)

1.1　洪水与洪水风险 ………………………………………………………… (1)

1.1.1　洪水与洪水灾害 ……………………………………………………… (1)

1.1.2　洪水风险研究 ………………………………………………………… (2)

1.2　洪水风险分析 …………………………………………………………… (3)

1.2.1　风险与洪水风险概念 ………………………………………………… (3)

1.2.2　洪灾系统及其特性 …………………………………………………… (4)

1.2.3　洪水风险的识别与估计 ……………………………………………… (5)

1.3　当前国内外研究状况 …………………………………………………… (6)

1.4　研究意义 ………………………………………………………………… (10)

2　长三角城市化下流域下垫面与水系变化 ………………………………… (12)

2.1　引言 ……………………………………………………………………… (12)

2.2　区域城市化进程分析 …………………………………………………… (13)

2.2.1　区域概况 ……………………………………………………………… (13)

2.2.2　城市化发展分析 ……………………………………………………… (14)

2.3　城市化背景下下垫面变化分析 ………………………………………… (15)

2.3.1　下垫面遥感信息提取 ………………………………………………… (15)

2.3.2　下垫面变化特征分析 ………………………………………………… (16)

2.4　水系变化特征分析 ……………………………………………………… (17)

2.4.1　水利分区 ……………………………………………………………… (17)

2.4.2　区域水系变化特征 …………………………………………………… (18)

2.4.3　水系演变的影响因素 ………………………………………………… (20)

3　长三角城市化对洪涝及孕灾环境影响 …………………………………… (21)

3.1　引言 ……………………………………………………………………… (21)

3.2　长三角地区城市化发展下洪涝灾害分析 ……………………………… (21)

3.2.1　长三角地区流域洪涝特性分析 ……………………………………… (21)

3.2.2　长三角各典型区域洪涝特性分析 …………………………………… (22)

3.3　城市化发展对洪涝灾害的影响分析 …………………………………… (26)

3.3.1　城市化发展对降雨的影响 …………………………………………… (26)

3.3.2 城市化发展对径流的影响 …………………………………………………… (28)
3.3.3 城市化发展对水位的影响 …………………………………………………… (29)
3.4 流域洪涝孕灾环境 …………………………………………………………… (31)
3.4.1 流域洪涝孕灾环境内涵 …………………………………………………… (31)
3.4.2 城市化与洪涝灾害孕灾环境分析 ………………………………………… (32)
3.4.3 流域洪涝灾害系统分析 …………………………………………………… (33)
3.5 长三角地区城市化对孕灾环境的影响 ……………………………………… (34)
3.5.1 城市化下孕灾环境变化的分析 …………………………………………… (34)
3.5.2 降雨径流的孕灾环境影响 ………………………………………………… (35)
3.5.3 土地利用与河湖水系的孕灾环境影响 …………………………………… (36)
4 长三角地区洪涝灾害成因分析 ……………………………………………… (38)
4.1 长三角暴雨洪涝天气系统分析 ……………………………………………… (38)
4.1.1 暴雨形成条件 ……………………………………………………………… (39)
4.1.2 暴雨洪水特征分析 ………………………………………………………… (39)
4.1.3 暴雨的环流背景 …………………………………………………………… (41)
4.2 影响洪涝的下垫面因素 ……………………………………………………… (44)
4.2.1 土地利用/覆盖变化的影响 ………………………………………………… (44)
4.2.2 湖泊水面率的变化 ………………………………………………………… (45)
4.2.3 水系结构特征的变化 ……………………………………………………… (45)
4.2.4 经济发展导致地下水开采的影响 ………………………………………… (46)
4.3 长三角地区洪涝灾害特征分析 ……………………………………………… (46)
4.3.1 流域洪涝灾害影响因子分析 ……………………………………………… (46)
4.3.2 太湖流域洪涝成因分析 …………………………………………………… (47)
4.3.3 里下河地区洪涝成因分析 ………………………………………………… (50)
5 流域洪水模拟与预警研究 …………………………………………………… (59)
5.1 流域洪水模拟模型参数研究 ………………………………………………… (59)
5.1.1 模拟模型参数分析 ………………………………………………………… (59)
5.1.2 遥感和GIS信息在水文动态模拟中的应用 ……………………………… (63)
5.1.3 遥感和GIS在洪水过程模拟中的应用 …………………………………… (69)
5.2 流域实时洪水模拟与预警 …………………………………………………… (74)
5.2.1 实时洪水模拟与预警分析 ………………………………………………… (74)
5.2.2 实时洪水预警模型及参数分析 …………………………………………… (77)
5.2.3 实时水文模型参数自动确定 ……………………………………………… (80)
5.3 实时洪水校正预报方法 ……………………………………………………… (84)
5.3.1 kalman 滤波计算方法 …………………………………………………… (85)

5.3.2　校正预报方法的选用 …………………………………………………………（86）
5.4　模型应用成果的检验 ………………………………………………………（87）
6　流域洪水淹没模拟研究 ……………………………………………………（92）
6.1　流域洪水淹没方法 …………………………………………………………（92）
6.1.1　地貌学法 ……………………………………………………………（92）
6.1.2　实际洪水法 …………………………………………………………（93）
6.1.3　地理信息系统(GIS)方法 ……………………………………………（93）
6.1.4　水文水力学方法 ……………………………………………………（97）
6.2　二维水动力数值模拟 ………………………………………………………（98）
6.3　基于GIS的洪水淹没实例分析 ……………………………………………（103）
6.3.1　实验流域概况 ………………………………………………………（103）
6.3.2　淹没模拟 ……………………………………………………………（103）
6.4　基于二维洪水演进淹没模拟实例分析 ……………………………………（106）
6.4.1　流域概况 ……………………………………………………………（106）
6.4.2　设计暴雨计算 ………………………………………………………（107）
6.4.3　设计洪水分析 ………………………………………………………（107）
6.4.4　不同风险等级洪水的淹没计算 ……………………………………（108）
7　GIS支持下流域洪水风险图研究 …………………………………………（113）
7.1　流域洪水风险图分析 ………………………………………………………（113）
7.1.1　洪水风险图的内涵 …………………………………………………（113）
7.1.2　洪水风险图的作用 …………………………………………………（114）
7.1.3　洪水风险图的类型 …………………………………………………（115）
7.1.4　洪水风险图应用与发展 ……………………………………………（116）
7.2　洪水风险图的编制方法与步骤 ……………………………………………（116）
7.3　洪水风险图编制应用分析 …………………………………………………（120）
7.3.1　基于GIS的洪水风险图编制 ………………………………………（120）
7.3.2　基于实时模拟的洪水风险图编制 …………………………………（121）
7.4　洪水风险图查询管理系统 …………………………………………………（123）
7.4.1　系统的基本框架 ……………………………………………………（123）
7.4.2　系统的主要功能 ……………………………………………………（124）
8　流域洪水灾害风险评价 ……………………………………………………（133）
8.1　洪灾风险识别 ………………………………………………………………（133）
8.1.1　致灾因子 ……………………………………………………………（133）
8.1.2　孕灾环境 ……………………………………………………………（134）
8.1.3　承灾体 ………………………………………………………………（135）

8.2 洪灾风险指标体系 …… (135)
8.2.1 指标因子的选择 …… (135)
8.2.2 指标因子的量化 …… (138)
8.2.3 指标权重的确定 …… (144)
8.3 长三角地区城市化发展下洪涝灾害风险分析 …… (147)
8.3.1 长江三角洲地区洪涝灾害风险的空间变化 …… (147)
8.3.2 长江三角洲地区洪涝灾害风险的时间变化 …… (149)
9 城市化下流域洪灾风险时空变化 …… (153)
9.1 洪灾风险的空间分布 …… (153)
9.1.1 苏锡常地区洪灾风险的空间差异 …… (153)
9.1.2 其他地区洪灾风险的空间差异 …… (161)
9.2 洪灾风险变化的空间差异 …… (167)
9.2.1 洪灾风险变化的研究方法与指标体系及其权重 …… (167)
9.2.2 苏锡常地区洪灾风险变化的空间差异 …… (169)
9.2.3 其他地区洪灾风险变化的空间差异 …… (178)
9.3 城市化对洪灾风险的影响 …… (181)
9.3.1 城市化水平的综合分析 …… (182)
9.3.2 城市化与洪灾风险的相关分析 …… (183)
10 流域防洪减灾系统的应用 …… (186)
10.1 流域防洪减灾决策支持系统 …… (186)
10.1.1 决策支持系统概述 …… (186)
10.1.2 决策支持系统的结构分析 …… (187)
10.1.3 GIS 支持下的防洪减灾决策支持系统 …… (188)
10.2 防洪减灾决策支持系统的总体结构与功能 …… (189)
10.2.1 系统总体设计分析 …… (189)
10.2.2 防洪减灾系统的结构功能 …… (189)
10.3 防洪减灾决策支持系统组成 …… (191)
10.3.1 防洪减灾数据库系统 …… (191)
10.3.2 防汛地理信息库 …… (194)
10.3.3 防洪减灾模型库 …… (196)
10.4 流域防洪减灾决策支持系统的应用 …… (198)
10.4.1 研究区防汛决策支持系统的建设 …… (199)
10.4.2 流域洪水模拟预警系统 …… (202)
10.4.3 研究区洪水风险图查询评估分析 …… (204)
10.4.4 实时洪水淹没及防洪决策调度分析 …… (206)
参考文献 …… (210)

1 综 述

1.1 洪水与洪水风险

1.1.1 洪水与洪水灾害

洪水灾害(也称为洪涝灾害)是当今世界上发生最为频繁和危害最大的自然灾害之一,其损失占各类自然灾害所造成损失的40%以上。随着人类经济的发展与城市化的快速推进,洪水灾害带来的损失越来越大。洪水灾害的频繁发生还导致了严重的水土流失及生态环境恶化等问题,并已严重危及到人类的生存环境,因此洪涝灾害问题应引起我们的高度重视。

洪水通常是指河水的超大径流漫溢天然水体或人造堤防而出现的大水泛滥现象,分为当地暴雨致涝型与过境洪水致洪型。洪峰流量、洪水总量、洪水历时是描述洪水的三个要素。按洪水成因和地理位置的不同,洪水常分为暴雨洪水、冰川融雪洪水、冰凌洪水、溃坝(堤)洪水和沿海型洪水(如起因风暴潮、海啸等洪水),而我国大部分地区以暴雨洪水为主。按洪水发生流域地点差异又可分为山区型洪水、平原洪涝型洪水,其中,山区型洪水的特征是洪水历时短,流速大,洪水过程陡涨陡落且涨落幅度大,洪峰形状尖瘦;平原型洪水的特征是历时较长,流速小,洪水过程涨落缓慢且涨落幅度小,洪水和涝水交织在一起,洪峰形状较为平缓。

洪水是人类自古以来就不断关心和研究的问题,人类要在水源丰富的江河两岸或洪泛平原上生产和生活,就必须面对不断发生的洪水泛滥问题。在与洪水的不断抗争中,人类逐渐适应了不断发生的洪水,避害趋利,求得人类的生存和发展。

影响洪水特性的主要自然因素是流域气候条件、下垫面地形地貌特征等。洪水能否造成灾害,还与人类社会经济活动有密切关系。我国幅员辽阔,河流水系众多,受季风气候和地理格局的影响,降雨的年际变化和年内分配过程变化十分剧烈,洪涝灾害是对我国人民生活威胁最大、最为频繁的一个主要自然灾害。同时由于我国气象特征与地理类型多样和复杂,因此引发的洪水也具有多种不同类型。

我国东部地区基本是我国主要江河的下游地区,由于地势平缓,河段纵比降小,流域上游洪水一旦进入下游地区往往是峰高量大,通常会大大超过下游河道泄洪能力,如果再加上潮水顶托,即会产生较大的洪涝灾害。我国东部平原地区集中了全国 1/3 的耕地、40％的人口和 60％的工农业总产值，人口密度一般为 300～500 人/km^2，最高达 900 人/km^2（骆承政，1996），是我国重要的政治经济文化中心。同时由于江河、湖泊水域附近城镇密集，河道行洪断面日益缩小，使得行洪能力不断下降，洪水来量与泄量矛盾越来越突出，因此该区域也是洪涝灾害最为集中的地区。

洪水灾害的源和载体在于自然，而承受者则为人类社会和与其密切相关的生态系统（称为承灾体），灾害的形成是自然因素和社会因素综合作用的结果。由于洪水灾害的最终承受客体是人类社会，因而只有对人类社会的部分或整体造成直接或间接损害的洪水才能称为灾害性洪水或洪水灾害。洪水不仅对经济带来重大损失，还影响到社会、环境以及人身安全和生产生活，随着人口和国民经济的不断增长和发展，在同样防洪能力的情况下，洪涝灾害损失将愈来愈大。如 1991 年淮河、太湖流域的暴雨洪水比 1954 年小，但经济损失远远超过了 1954 年。因此，洪水威胁作为中华民族的心腹之患，应当与国防建设一样，予以高度重视。

对于洪水灾害的研究，需要广泛调查搜集洪水灾害和社会经济基本资料，分析研究自然条件、江河、湖泊演变，社会、经济因素对洪水灾害的影响程度，同时还需要分析研究洪水灾害对社会经济发展和生态环境带来的后果，在此基础上不断深化对洪灾发生、发展规律的认识，总结防洪减灾的历史经验，提出今后防洪减灾的对策与措施（骆承政，1996）。

1.1.2　洪水风险研究

由于影响洪水的因素错综复杂，目前人们还未能对洪水形成机制作出全面认识。因此，在流域防洪减灾过程中，在对未来洪水预测和预警的同时，还需要对洪水风险及危害程度作出评价，以便实施正确的防洪减灾措施。洪水风险一般是指某一地区可能造成灾害的洪水发生的可能性。由于目前人类的认识水平尚不能完全预知未来相当长时间内洪水发生的确切时间和真实过程，因此人们虽然可以通过各种工程和非工程性措施减少洪水泛滥的危害程度，但是洪水灾害目前还难以彻底防范和根本消除，洪水风险总是伴随人类的日常生活而存在（徐向阳等，1999）。开展洪水风险分析，定量评价流域洪水发生可能性，将为人们防御洪水灾害，减轻洪水灾害损失提供有力的帮助，其已成为防洪减灾的一项重要非工程性措施，并在世界各地加以推广应用。

洪水风险的存在是客观和确定的，而风险的发生是不确定的。洪水风险分析是指在防洪措施中引进概率的概念，定量地估计某地出现某种类型洪水的可能性，也可视作为超长期洪水概率预报。洪水风险分析是防洪减灾问题的一种宏观战略评价，作为一项防洪的非工程性措施，可使洪泛区居民了解自己所处位置的洪灾风险概率和受灾的严重程度，提高防洪意识，并可提高洪泛区管理水平。它是平原洪泛区规划方案及项目设计的基础，是进行建设开发可行性评估的依据。洪水风险分析还是防汛调度运用和防洪决策的科学依据之一，任何防洪设施可获得防洪效益，同时也存在一定的失败风险，效益与风险并存。因此为取得防洪减灾的最好效益，必须要进行洪水的风险分析。

1.2 洪水风险分析

1.2.1 风险与洪水风险概念

由于自然界和人类社会活动中客观存在的不确定性以及人的认识水平的局限性，人们很难对未来事件(如洪灾)的概率和后果进行准确的预测，有时实际结果往往在人们的意料之外。因此可以说，不确定性是风险发生的原因，没有不确定性就没有风险可言，甚至可以认为风险就是对非期望事件的不确定性的客观体现。也就是说，风险发生的不确定性决定了风险所致损失发生的不确定性，风险发生的概率越大，损失出现的概率也越大，反之亦然。风险通过损失表现出来，其大小可通过所致损失的概率分布特性来描述。

由于风险是指一定时空条件下发生的非期望事件，因此，首先，风险是不以人们的意志为转移的客观存在，它与随机性因素有关，其大小可度量。根据概率论，风险大小取决于所致损失概率分布的期望值和标准差。其次，风险伴随着人类的活动而存在，若没有人类的活动，就不会有什么期望，也就不存在风险，这是风险存在的前提。它的发生直接危害了人类的利益、健康和环境安全，是不幸事件，其后果违背了人们的意志。第三，风险与一定的时间、空间条件有关，当这些条件发生变化时，风险也可能发生变化。

目前对于风险的概念与内涵的理解，还没有一个统一的认识，一般认为风险的定义有狭义和广义两种。前者指“失事”概率，用来衡量风险事件出现概率的大小，其缺点是没有反映该事件造成损失程度的大小；后者建立在贝叶斯(Bayes)框架下，是指事件发生的后果与预期后果背离的程度及其发生的概率。该定义较全面地反映了风险事件的两个方面，将风险看做是风险率与风险后果的函数，认为风险是两者综合作用的结果，其函数式可表达为：

$$R = f(P, C) \tag{1.1}$$

式中：P 是风险率；C 是风险事件的后果；R 是风险值，是 P、C 两者的综合作用结果，表示风险的大小。

狭义的洪灾风险仅指洪水灾害发生的频率，而广义的洪灾风险不仅包括洪水灾害发生的频率，还包括洪水灾害所产生的不利后果。也就是说，广义的洪灾风险还包括在一定的防洪措施或其他各种可能的条件下，发生洪灾时，人员、经济、社会、环境等因素遭受损失的可能性大小。因此，可以用"积"的概念表示广义的洪灾风险，也就是说，洪灾风险值是风险率与洪灾造成的损失的交集，由两者结合而成。

$$R = P \cap L \tag{1.2}$$

或

$$\begin{aligned} R_{\mathrm{LOL}} &= P \cap LOL \\ R_{\mathrm{LOS}} &= P \cap LOS \end{aligned} \tag{1.3}$$

式中：R 表示洪灾风险；P 表示风险率；L 表示洪灾造成的损失，其主要组成部分为 LOS（人员伤亡数）和 LOL（经济损失数）。

近年来，随着社会和科学的进步，为了确切地分析评估洪水灾害可能造成的损失，更好地制定防灾减灾的对策和措施，人们更加重视洪水风险评估的定量化和实用性研究，主要包括洪水风险定量分析、洪水灾害后果定量评估以及洪水风险图制作及应用等内容。

1.2.2 洪灾系统及其特性

洪水灾害的发生、发展及消亡的整个演化过程都是人与自然关系的一种表现。一般而言，形成洪水灾害必须具有两个条件：一是存在诱发洪水的因素（致灾因素）及其形成灾害的环境（孕灾环境）；二是洪水影响区有人类居住或分布有社会财产（承灾体）。致灾因素、孕灾环境、承灾体三者之间相互作用的结果形成了通常所说的灾情。从系统论的观点来看，孕灾环境、致灾因子、承灾体及灾情之间相互作用、相互影响、相互联系，形成了一个具有一定结构、功能及特征的复杂体系，这就是洪水灾害系统（魏一鸣等，1999）。总体上，洪灾系统具有以下特点：

（1）高维性：洪水灾害系统是由孕灾环境子系统、致灾因子子系统、承灾体子系统及灾情子系统四个子系统组成，而每一个子系统又包括各自的子系统，具有极高的维数。

（2）复杂性：子系统之间关联复杂，不仅表现在结构上，而且表现在内容上。

（3）不明确性：洪水灾害的形成受多种因素的影响，表现形式又各不相同，且各因素之间因果表达关系复杂，从而使得系统内部因素间因果层次关系不明确。

（4）不确定性：概括而言，包括随机性、模糊性、灰色性与混沌性等方面。

（5）开放性：作为一个"人—自然—社会"相互影响的系统，洪水灾害系统不断地与环境发生着物质、能量和信息的交换。一方面，洪水灾害的形成需要一定的条件，外部环境系统的作用是洪灾发生的必要条件。另一方面，洪水灾害的发生又对外部环境系统产生影响,甚至产生或引起其他灾害。

(6) 动态性:由于周围环境系统不断地发生变化,系统的输入、输出强度与性质也将不断地变化,从而引起洪水灾害系统随时间而不断地发生变化,并进一步引起洪水灾害系统的结构与功能的变化。

(7) 非线性:洪水灾害系统的输出特征对于输入特征的响应不具备线性叠加性质。

1.2.3 洪水风险的识别与估计

目前,洪水风险的定量化主要包括三个方面:①洪水事件的性质和量级;②洪水事件出现的可能性大小;③洪水事件一旦出现后可能造成的损害。洪水事件的性质是指洪水的最高水位、最大流量以及洪水成因,洪水量级是指洪水的最高水位、洪峰流量以及洪水总量的大小。洪水事件出现的可能性一般是指超过一定量级或数值的洪水出现频率或重现期。洪水事件发生后可能造成的损害则主要包括淹没范围、洪灾经济损失以及人员伤亡等多项内容。

洪水风险分析是对洪水发生的各种风险进行风险识别、风险估计、风险评价,并在此基础上优化组合各种风险管理技术来做出风险决策,对风险实施有效的控制,妥善处理风险所致损失的后果,期望以最少的成本获得最大的安全保障。

洪水风险识别就是要找出风险之所在和引起风险的主要因素,并对其后果做出定性的估计和描述。其首要问题是在众多风险中判明哪些风险应该考虑;其次,找出引起该风险的主要原因,即风险因素;最后,分析这些因素可能引起的后果及其严重程度。由于防洪系统涉及面广,影响因素较多,因而存在的风险因素很多,有较为明显的,也有较为隐蔽的,所以必须要找出主要矛盾,从而使问题的分析简化(姜树海等,2005)。风险识别是风险分析中的一个重要阶段,能否正确地识别风险,对风险分析能否取得较好的效果有极为重要的影响。为了做好风险识别工作,必须有认真的态度和科学的方法。

风险估计是在风险识别的基础上,通过对所收集的大量的损失资料加以分析,运用概率论和数理统计方法,对风险发生的概率及其后果做出定量的估计。在洪灾风险中,由于不同大小的洪水发生的概率不同,相应的造成的洪灾损失值也不同,故应对不同洪灾损失及相应发生的概率进行估计,求出不同程度的洪灾损失的概率分布以及可能遭遇的各种特大灾害的损失值和相应的概率,使决策者对该种风险出现的概率、损失的严重程度等有比较清晰的了解。风险估计是风险分析的关键性内容,科学的风险估计是对风险做出合理评估,制定恰当的风险管理措施,进行风险决策的重要依据。

在洪水风险评价与决策中,通过风险识别和风险估计,能对存在哪些主要风险、产生风险的原因、各类风险发生的概率和后果的严重程度有清楚认识和估计。在此基础上，估计风险大小(等级)，确定风险是否在人们所能承受的范围内。若风险不能承受，则进一步研究人们面对风险应该采取什么措施来回避、分散、转换或消除，研究并提出一些有效的处理风险的措施和对策，然后对这些处理方案进行评价，做出风险决策。

在对风险进行了识别、估计及评价，提出了若干种可行的风险处理方案后，需要决策者对各种处理方案可能导致的风险后果进行分析，做出决策，即决定采用哪一种风险处理的对策和方案。因此风险决策从宏观上讲是对整个风险分析活动的计划和安排；从微观上讲是运用科学的决策理论和方法来选择风险处理的最佳手段。

风险问题的决策与一般确定性问题的决策有重要区别。首先，一般确定性问题的决策，各个方案的效果(目标评价值)是确定的，决策者据此可做出选择。而在风险问题的决策中，风险因素是随机性的。在不同随机状况下，各个方案的效果有很大差别，通常不存在一种方案在各种随机状态下的效果总优于其他方案。其次，风险问题的决策者对待风险的态度对方案的选择有重要影响。第三，在确定性问题的决策中，从理论上讲，最优的决策可获得最佳的效果，决策的正确与否可以用效果的好坏来检验。而在风险问题的决策中，由于不能保证所选择的方案在任何情况下都是最好的，决策的正确与否不能简单地用实施能否得到最优的结果来检验(纪昌明等,2000)。

为了定量地评估洪灾风险，必须分别计算不同大小的洪灾损失及其相应发生的概率。在此基础上全面综合地确定风险值，并以此作为防洪安全决策的依据。

1.3　当前国内外研究状况

流域洪涝灾害及其风险研究的内容广泛，全面涉及自然科学领域和社会科学领域，涉及气象学、地理学、水利水文学科以及经济、社会等，问题异常复杂。因此，要为防洪减灾提供科学的决策依据，就必须不断地更新相关技术，充分运用最新的科学成果，加强新技术新方法的探索与应用，并做好相关的流域洪水成因分析、城市化等人类活动对洪水影响、流域洪水模拟与预测预警、洪水淹没与风险图编制、洪水风险评估以及防洪减灾决策支持系统建设等研究。

当前，随着科学技术的发展，我国流域洪水特征和变化规律的研究、洪水预测预警技术方法研究、防洪减灾对策措施的研究有了很大发展。随着电子技术、遥感和遥测技术、计算机模拟技术的发展以及系统科学的理论方法在水文预测预报中的应用，暴雨洪水理论的深入开展，高质量水文模型的不断创立，使我国水文预报和预警工作有了一个长足的发展。

洪水一般是气象因素和下垫面因素综合作用的结果，而且一些大的洪水往往是多种天气系统的综合作用结果。水文气象研究以及灾害性暴雨研究是洪水研究的重要方面。长期以来，国内外水文学者、气象学者都进行了许多有益探索。影响洪水的因素错综复杂，洪水规律研究也在不断深入之中，新时期下，应从洪水形成规律上，探讨洪水地区分布规律，同时也应从成因角度分析洪水变化特征，为此水文工作者进行了不懈的努力。我国在长江等大江、大河大多已开展了流域地区洪水特性研究，这些研究为地区洪水规律研究创造了条件。国际上，目前较为重视气候变化、大气环流异常对洪水的影响，研究不同尺度水文现象的叠加对洪水过程的影响。

在洪水模拟预测和预报研究方面，从径流形成的物理概念和洪水形成规律出发，模拟降雨经过流域调节后形成径流的整个过程是当前洪水模拟的主要发展方向，而探讨适应不同尺度的以流域栅格为基础的洪水预估模型和以栅格为单元的分布式产汇流模型则成为目前水文模型的研究方向（任立良等，2000；黄振平等，2001）。另外，通过概念性模型来模拟降雨径流已取得较好成果，推动了整个水文模型的研究和发展，其中较著名的模型有 Stanford 模型、Sacramento 模型以及我国的新安江模型等。在河道及洪泛区洪水演进研究方面，非稳定流方程和不稳定流数值计算方法随着计算设备的高速发展也得到广泛应用。为提高洪水模拟预测的预见期，将气象与水文模型相耦合，将气象上的降尺度分析结果作为水文模型的输入，是水文模拟的重要发展方向，如 VIC 模型（Variable Infiltration Capacity）。同时将水量平衡与能量相结合进行大尺度水文模拟分析，也已取得了较好研究成果（Liang et al.，2003）。

但目前所采用的概念性模型或系统模型都是利用流域的输入（降水、蒸发、气温等）和输出（径流）资料来率定降雨径流模型的参数，尽管近年有关参数优化方法的研究有所进展，但其根本缺陷并没有解决，参数不独立问题以及异参同效问题等用数学方法无法克服。同时参数率定还取决于率定期的气候条件和土地利用情况。此外，流域模拟面临的主要挑战还有处理空间的不均匀性和尺度转换问题。如何将流域水文、气象、环境、地质融为一体进行洪水模拟，也是需要进一步研究的问题。

在新技术应用上，随着遥感和地理信息系统不断发展，其在防洪减灾中发挥了较大作用。国家科技攻关从“六五”开始就陆续开展这些方面研究。20 世纪 90 年代后期，RS 技术与 GIS 技术的集成应用有了较大的发展，促进了一系列洪灾监测信息系统、洪水灾情分析模型、洪水灾害评估信息系统等的发展，实现了对洪涝灾害的灾中实时评估（周成虎，1993；陈曦川，1997；陈秀万，1997；杨存建等，1998；陈秀万,1999),极大地提高了洪灾监测、分析及评估的精度和时效性。通过将地理信息系统、对象关系模型数据库、水力演进模型以及三维模拟技术结合,许有鹏等对洪水淹没范围进行了模拟(葛小平等,2002;许有鹏等,2005)。万庆等将地理信息系统技术、计算机模拟技术与交通分配理论应用于蓄洪区灾民撤退过程,实现了对撤退过程的定位、定量的空间动态分析模拟(万庆等,1995)。

利用遥感信息可实时动态监测洪水淹没范围,定时估算灾情损失情况。同时利用遥感信息和 GIS 可以分析确定流域下垫面高程、不透水面面积,辅助确定模型参数。同时利用定时遥感、遥测信息,借助数字高程模型(DEM),可进行洪水淹没及灾情损失预估,如 GIS 支持下的分布式流域洪水模拟和淹没分布研究(Chang et al.,2000; Tamura et al.,2000; Zerger et al.,2003)以及美国加州 Sacramento 河洪水预警决策支持系统研究等都为防洪减灾打下了基础。总之,遥感和地理信息系统技术的发展和应用,为其在水文中的应用提供了极大的便利(陈秀万,1997; Lin et al.,2010)。

在流域洪水风险分析与灾害评估研究方面,洪涝风险分析是定量地估计某地出现某种类型洪涝的可能性,是防洪决策的科学依据之一(魏一鸣等,1999;纪昌明等,2000;朱元甡,2001)。随着社会和科学的进步,为了确切地分析评估洪涝灾害可能造成的损失,更好地制定防灾减灾的对策和措施,人们需要更加重视对洪涝风险评估的定量化和实用性研究。

国外的研究主要包括洪涝灾害风险形成机制的揭示,洪涝灾害风险因子的识别,洪灾风险评估模型的建立、控制和减轻洪涝风险的对策研究等方面。洪灾风险研究是防洪减灾的基础和重要技术支撑,有助于相关防洪规划的制定,有助于规范区域开发管理与防洪工程建设,是实施非工程性措施的重要依据,有助于增强全民防洪减灾意识,促进全社会防洪救灾及洪水保险的开展。美国、日本、欧洲等国家和地区在这些方面做了大量工作,并实现了巨大的经济和社会效益(张万宗等,2001;马建明等,2005)。

美国在 1933 年通过流域管理局对田纳西河流域进行了全面的设计、规划、开发与治理,而在其管理中,重要的前期工作之一就是风险分析。洪灾风险分析为水利工程方案的设计与优化提供了依据,促进了流域整治与综合开发规划的制定,推动了风险区居民的迁移;同时通过洪灾风险评价理论与方法的探讨,开创了自然灾害风险评价的先例(杨郁华,1983)。1968 年,美国设立国家洪水保险计划(NFIP),先后投入近 100 亿美元,绘制了基本覆盖全国的洪水风险图,在居民避难与救助、洪泛区管理以及减灾公共政策的制定等方面得到了广泛的应用,取得了显著的减灾效益,同时还应用到了土地利用开发、城市建设规划中。

日本是一个山多河短、降水丰富的国家,是洪灾多发区。早在 1987 年日本就把洪水风险图作为综合防洪规划的重要技术基础,通过洪水风险图将风险信息提供给风险区居民,为防洪体系和人口疏散等非工程性措施的建设提供了技术保障(王义成,2005)。此外,英国、德国等西欧国家在洪灾研究中也达到了世界先进水平(Carrara A et al. ,1995)。

与国外发达国家的洪灾风险研究相比,我国的风险研究起步较晚。20 世纪 80 年代以来,相关人员在不断探索洪水风险评价的理论与方法的基础上,研制了以一些城市与某些流域的流段、蓄滞洪区为代表的重点区域的洪水风险图(刘树坤等,1991),其中以荆江分洪区洪水风险图管理系统的开发与北江大堤保护范围洪水风险图的试点较为成功(张旭等,1997)。

洪灾评价指标体系与洪灾等级的确定也是洪水风险分析研究的热点。90 年代初,一些学者提出了灾度的概念,进而将灾害损失率作为灾害损失定量评估的相对指标,对我国的灾害经济统计评估系统及其指标体系、洪水的等级划分进行了研究(李翔等,1993;闵骞,1994)。随后有学者进一步提出了用受灾人口、死亡人数、受灾面积、成灾面积、淹没历时、经济损失以及受灾人口占总人口百分比、受灾面积占播种面积百分比和直接经济损失占评价工农业生产总值的百分比等进行洪灾等级划分(刘燕华等,1995;程涛等,2002);许飞琼(1996)详细探讨了灾害经济指标体系及其框架设计,为灾害风险的分析和评估提供了良好的基础。冯平等(2001)探讨了城市灾前价值评估和洪灾经济损失率的确定方法,并在此基础上,构建了用于评估与预测洪灾直接经济损失的相关模型,对城市洪涝灾害的直接经济损失进行了评估与预测研究。

在洪灾评价指标体系的基础上,利用模糊综合评判方法开展洪灾损失单指标因子灾害等级评估(任鲁川,1996,赵黎明等,1997);将人工神经网络技术用于灾情综合评价,提出了智能模型(魏一鸣等,1997)。同时,许多专家学者在洪灾评估研究方面做了有意义的研究。周孝德等(1996)通过建立二维洪水演进模型,计算出不同时刻洪水淹没范围,并得出洪水演进不同时刻的水深分布图、流速分布图以及洪灾风险图。陈德清等(1998)探讨了社会经济统计数据空间化方法,并将其应用在洪水灾情评估中。范子武等(2000)利用一、二维联合洪水演进模型模拟结果,把蓄、滞洪区划分为 5 类风险区,定量评估了洪水风险。王艳艳等(2001)从洪水演进模拟的角度,通过对洪水淹没的预评估,得到洪水的淹没范围、流场分布与受淹区的社会经济信息等。

在对洪水灾害区划的研究方面,在分省的历史暴雨洪灾灾情资料的基础上,通过"相对危险度"与"综合危险度"的构建,李吉顺等(1999)对全国暴雨洪涝灾害的危险性进行了评估,并开展了全国暴雨洪涝灾害区划的研究。汤奇成等(1997)以县(市)为单位,编制了中国的洪灾危险程度图,并进一步根据危险程度及洪灾所属流域和地区，把全国分为 3 个一级区及其下的 9 个二级区。张行南等(2000)人根据气象、径流和地形三大影响因素，对中国洪水灾害危险程度进行了区划分析。

随着 GIS 技术在洪灾风险分析中的不断深入应用，一些学者在以前研究方法的基础上，引入了人类的防洪减灾能力对洪灾风险区划的影响，如李楠等(2010)从致灾因子危险性、孕灾环境敏感性、承灾体易损性及防灾减灾能力等方面进行建模，对山东省暴雨洪涝灾害风险性指数进行计算，并通过 GIS 平台得到山东省暴雨洪涝灾害风险区划图。孙建霞(2010)通过构建致灾因子指标子体系、孕灾环境指标子体系、承灾体指标子体系和防灾减灾能力子体系，采用专家打分和层次分析法相结合的方法确定各因子的权重，在 GIS 和 RS 技术的支持下评价了吉林省暴雨洪涝灾害风险。

由于我国洪灾风险研究起步较晚，在洪灾风险测算的方法与技术方面、洪灾风险中的社会经济属性研究方面、防治洪灾风险综合措施与风险管理体制等方面还有待进一步开展研究，同时，要把非工程性措施当成目前洪灾防治研究需要加强的迫切任务。

1.4 研究意义

目前，由于技术手段和数据来源的限制，洪涝灾害风险性评估体系和预警系统主要存在以下问题：第一，洪涝灾害研究的多学科交叉和综合的不充分性，使得各学科侧重的时间或空间尺度存在较大差异，学科背景不同的科学家之间难以交流。第二，缺乏深入利用遥感信息进行地学数据提取，为尺度转化提供空间数据基础的新技术和新方法；缺乏能够准确反映气象、水文等多尺度致灾因素叠加且体现多学科交叉和综合的耦合集成模型。第三，缺乏对典型区域进行深入的连续观测的资料及高精度长期连续观测资料(如遥感数据)的积累和分析，而且在遥感和 GIS 相结合、数值模拟和数字地球相结合的技术和方法方面也较为欠缺。此外，在洪涝灾害风险性评价体系中难以考虑人类活动干扰等。基于以上种种原因，目前洪涝灾害的风险性评价与预警的方法和手段都无法很好地满足实时准确预警和风险性评价的要求，因此，进行洪涝灾害的风险性评价与预警系统新技术、新方法和新手段的深入研究，从气象、水文和自然地理等多学科综合交叉的角度揭示洪涝灾害的发生、成灾机制，对提高我国的洪涝灾害的预测能力以及防灾减灾的科学决策具有十分重要的现实意义。

城市化与洪涝风险研究可以为城市化地区防洪减灾提供决策依据，具有一定的经济效益、社会效益和应用价值；有助于水利部门确定科学的防洪工程建设规划与防洪标准；促进防汛部门提高指挥决策的科学性、正确性、工作效率；有助于指导城市化发展过程中的城镇建设、土地规划、生产建设和人民生活，降低洪涝灾害损失；还可以为保险业核定洪灾保险额度提供参考标准(赵庆良，2009)。尤其对于快速城市化地区，通过城市化背景下的洪灾风险变化研究，可以掌握城市化发展规划下的洪灾风险变化，从而确保地区平安、社会稳定，促进城市化与社会经济的健康快速发展。此外流域洪水风险研究还可应用于以下几个领域：

(1) 为防洪规划、综合管理服务，包括：①根据城市化区域的洪灾风险大小，确定相应的工程防护标准，促进区域防洪工程规划的制定以及调整。②与保险业结合，促进合理保险费率的确定，提高人们的风险意识。保险公司可以根据洪灾风险等级，督促投保单位采取适宜的措施，从而降低灾害损失的影响。③有助于相关部门结合土地利用信息，制定相应的土地利用规划与城市发展规划，或对其做出相关调整，促进城市化的科学、健康发展。④按照洪灾风险分布中确定的洪灾风险区域和风险等级，对洪水威胁范围内生产、生活活动进行防洪管理，使之符合防洪安全的需求(白薇，2001)。

(2) 促进相关科学研究的发展，为当前人水关系研究提供良好的素材及有力的技术支持，为其他城市化高度发展地区的河流保护、防洪减灾研究提供较好的借鉴和参考，促进城市化对洪灾风险影响的研究。

2 长三角城市化下流域下垫面与水系变化

2.1 引言

城市化引起的土地利用/覆盖变化是流域下垫面变化的一个重要方面，是人类活动改变地表最深刻、最剧烈的过程。快速城镇化过程导致城镇规模不断地扩张，改变了地表下垫面的特性，对区域地表水文过程和洪涝灾害产生了重要的影响。一方面，土地利用/覆盖变化通过改变地表覆盖的截留量、土壤水分状况以及地表蒸发等，影响着地表的容蓄水量，对流域的水文过程产生影响；另一方面，土地利用/覆盖变化改变了行洪路径，影响了地表的粗糙程度，进而控制了地表径流的速率和洪泛区水流的速度。

随着城镇化的快速推进，人类活动使得区域下垫面特征发生了剧烈的变化，主要表现为建设用地面积的大量增加，耕地和林地面积的大幅度减少，由此改变了区域的水循环路径。不透水面面积的大量增加，导致区域河湖萎缩和水系结构破坏，使得该区域的洪涝灾害、水资源与水环境等问题也随之加剧，严重威胁到人类的生存环境和区域经济的可持续发展。

河网水系是中国东部平原河网地区的典型地域性景观，而长江三角洲地区是我国最大的经济核心区之一，也是我国经济增长最快、城镇化水平和发展速度最快的地区之一。随着长江三角洲经济的持续发展和城镇化水平的持续提高，"人河争地"的矛盾将越来越突出，河网水系结构将不断地遭到破坏，并产生显著的环境水文效应。因此利用 GIS 方法和 RS 技术对该流域的土地利用/覆盖时空变化特征进行监测，同时运用水文学相关原理对该区域水系结构变化进行探讨，深入分析城市化所引起的土地利用/覆盖变化对水系结构的影响，可为高速城市化背景下的水环境保护与水旱灾害防治提供科学依据。

随着城市的发展，人口的聚集和大规模的工业建设等使城市不断向郊区扩展。大批建筑物兴建，众多不透水地面和道路铺设，使得原来的林地、农田、水塘等自然生态环境变为沥青、水泥路面和砖石等混凝土建筑。这种变化一方面改变了下垫面的热力学和动力学特性，造成局部气候的变化，形成城市"热岛效应"和"雨岛效应"；另一方面由于众多支流小河道被填埋而消失，导致河流长度、数量、面积不断减少，河网结构趋于简单，水系格局发生了显著的变化。

城市化进程不仅引起了局地气候变化，增加了城市的降雨量，加大了城市暴雨强度；而且使得不透水面增加，增大了洪峰流量，缩短了径流汇流时间，导致洪水发生概率增大。此外，河流水系结构趋于简单，河湖连通受阻，排水不畅，导致了城市地区的防洪压力不断增大。

2.2 区域城市化进程分析

2.2.1 区域概况

长江三角洲是我国最大的河口三角洲，泛指镇江、扬州以东，长江泥沙积成的冲积平原，位于江苏省东南部、上海市及浙江省杭嘉湖地区。地理意义上的长江三角洲以扬州、江都、泰州、姜堰、海安、栟茶一线为其北界，镇江、宁镇山脉、茅山东麓、天目山北麓至杭州湾北岸一线为西界和南界，东至黄海和东海。在区域经济上，长三角地区是以上海为龙头的江苏、浙江经济带，这里是中国目前经济发展速度最快、经济总量规模最大、最具有发展潜力的经济区域，包括江苏省、浙江省和上海市两省一市。

本书研究的长江三角洲主要考虑的是区域经济意义上，同时兼顾部分地理意义上的。因此，在对长江三角洲自然地理基本概况的介绍上主要是基于广义的区域经济概念，而在具体研究上主要采用的是狭义上的区域经济概念，即长江三角洲是我国经济快速发展地区，该地区北起通扬运河，南抵杭州湾，西至镇江，东到海边，包括江苏、浙江两省的15个地级市及上海市，具体为南京、镇江、扬州、泰州、南通、苏州、无锡、常州、杭州、嘉兴、湖州、宁波、绍兴、舟山、台州及上海市，面积11.54万km^2（见图2.1）。区域内河网纵横，水系密布，主要包括黄浦江、东苕溪、西苕溪、曹娥江、甬江、秦淮河、大运河

图2.1 长江三角洲范围图

以及环太湖水系等河流,是我国最大的经济核心区和城市化水平最高、城市密度最大的区域之一,人口 7 500 多万。

2.2.2 城市化发展分析

1）城市化指标

城市化一般认为是指以农业为主的传统乡村社会向以工业和服务业为主的现代城市社会逐渐转变的历史过程。对城市化的理解不同学科有不同的解释:经济学家通常从经济与城市的关系出发,强调城市化是从乡村经济向城市经济的转化;地理学家强调城乡经济和人文关系的变化,认为城市化是由于社会生产力的发展而引起的农业人口向城镇人口、农村居民点形式向城镇居民点形式转化的全过程;人口学家研究城市化则主要是观察城市人口数量的变化情况,城市人口在总人口中的比例,城市人口规模的分布及其变动等。

我国《城市规划基本术语标准》中把城市化定义为人类生产和生活方式由乡村型向城市型转化的历史过程,表现为乡村人口向城市人口转化以及城市不断发展和完善的过程。因此城市化主要有以下三种表征方法:①城市人口比重指标。即以某一地区内的城市人口占总人口的比重来反映城市化水平,其反映了人口在城乡之间的空间分布,具有很高的实用性。但是,行政区划的变更和社会政治因素的影响会导致城市人口的突变,因此会造成城市化水平忽高忽低,缺乏连续性;②非农业人口比重指标。将某一地区内的非农业人口占总人口的比重作为城市化水平。该指标体现了人口在经济活动上的结构关系,较准确地把握了城市化的经济意义和内在动因;③城市用地比重指标。即以某一区域内的城市建成区用地占区域总面积的比重来反映当地的城市化水平。随着遥感技术的发展,对城市建成区的扩展变化进行监测和分析,可以利用不同时相的遥感图像来快速、动态地监测城市化的进程。

2）区域城市化发展状况

新中国成立以来,我国城市化水平大幅提高,城市化进程大致经历了 1949～1957 年的城市化起步阶段、1958～1965 年城市化波动阶段、1966～1978 年的城市化停滞发展阶段、1979～1991 年的城市化快速发展阶段及现今的城市化稳定发展阶段。作为我国最大的经济核心,长江三角洲地区在一定程度上代表了中国整个城市发展的态势,与我国整个城市化进程的格调相一致。

自 1949 年至今的半个多世纪,伴随着工业化的推进,江苏城市化总体上经历了一个城镇数量不断增加、城镇人口规模不断扩大、城镇人口比重不断上升的发展历程。其城市化发展大致也经历了以下 5 个发展时期:①起步阶段(1949～1957年),城镇人口占总人口的比重由 1949 年的 12.4%上升到 1957 年的 18.7%。

②波动阶段(1958～1978 年)。1958 年,城镇人口占总人口的 19.5%;1960 年最高,达到20.62%。1961 年起,城市人口数开始减少;1970 年降至最低,为 12.5%。此后开始缓慢回升,1978 年城镇人口比重达到 13.73%。③稳定发展阶段(1979～1989 年)。这期间,建制镇由 1979 年的 115 个增加到 1989 年的 392 个;城镇人口由874 万人增加到 1 366 万人,增长了 56.1%,年均增长 4.55%,城镇人口比重上升 6.1 个百分点。④加速发展阶段(1990～1997 年)。这期间,全省省辖市(地级市)由 11 个增加到 13 个,县级市由 14 个增加到 31 个,建制镇由 522 个增加到 1 018 个;城镇人口增长 46.2%,年均增长 5.58%,城镇人口比重由 21.56%提高到 29.85%。⑤高速发展阶段(1998 年至今)。到 2008 年,城镇人口由 2 262.47 万人增加到4 168.48万人,年均增加 190.60 万人,增长 84.24%,年均增长 6.30%,城镇人口比重由 1998 年的 31.5%上升到 2008 年的 54.3%。

对浙江城市化发展的进程分析表明,浙江城市化发展在经历了初期阶段后已进入中期加速阶段。在经历了 20 世纪 50 年代的较快发展、60 年代和 70 年代的徘徊不前、改革开放以来的快速推进后,浙江省的城市化水平已经由 1949 年的 11.8%上升到 1978 年的 14.5%、1995 年的 32.6%和 2006 年的 56.5%。

对于上海市来说,城市化进程中还表现出郊区城市化快速发展的特征,其郊区城市化发展大体可以分为 3 大阶段:①1949～1970 年。这一阶段国家实行计划经济体制和城乡分离的二元政策。②1970～1991 年。1970 年以后,发展农村"五小工业"被肯定。③1992 年至今,进入快速发展阶段。

2.3　城市化背景下下垫面变化分析

2.3.1　下垫面遥感信息提取

本节在利用遥感影像进行下垫面特征的信息提取时,依据长三角地区的城市化历程,并考虑遥感资料的可获取状况,共选取 1991 年、2001 年和 2006 年三个时期空间分辨率均为 30 m 的遥感影像 22 景,其中 Landsat TM 影像 14 景,包括 1991 年的 7 景和 2006 年的 7 景,2001 年则采用 Landsat ETM+影像 8 景。

基于遥感影像专业处理软件(ERDAS)对遥感影像进行解译分析。首先对遥感影像(TM/ETM+)进行辐射校正、几何校正、直方图匹配、图像拼接和裁切及图像滤波和增强等一系列预处理工作。然后结合多种遥感图像分类算法、研究区的地物类型、影像光谱差异的特点和对研究区实地的考察分析,进行影像的解译。影像解译方法以监督分类中的最大似然分类法为主,以神经网络、机器学习等算法为辅助。最后完成不同地物类别信息的提取,并建立相应的数据库。

参考中国土地资源分类系统，并根据研究区土地覆盖类型特点，将其土地利用类型分为草地、林地、园地、滩涂、旱地、城镇、水田、水体8个类别，最后依据研究的需要将其合并归类为旱地、城镇用地、水田、水域和林草地5大类别。

2.3.2　下垫面变化特征分析

1）总体下垫面时空变化特征

长三角地区下垫面特征在空间分布上，西南部以林地为主，东北部以水田为主，中部为太湖湖区。从1991～2006年期间的城镇用地空间扩展趋势分析来看，城市化发展表现为沿江、沿海、环湖特征。

1991～2006年期间，长三角地区土地利用/覆盖类型发生明显的变化。数量变化上主要表现为城镇面积的大幅度增加，城镇面积比重由1991年的5%增加到2000的9%和2006年的18%，相比较而言，耕地（水田、旱地）和水域面积呈现减少的趋势，而林草地的变化不太显著，水田占优势的格局没有发生太大的变化；转化方向上主要呈现为耕地（水田、旱地）向建设用地的转移，即城市化发展主要向耕地索要土地。由于城市建设亦通过围湖造地、填河造地等方式向水域索要用地，致使水域面积亦有所减少。城市化的发展速度在20世纪90年代相对缓慢，2000年以后进入高速发展时期，城镇面积所占比重显著增加，各土地利用/覆盖类型之间的转化也更加剧烈，发展趋势与经济社会指标相一致。

2）各区域下垫面变化分析

为了对整个长三角地区土地利用/覆盖变化特征进行更全面的分析，采用水利分区与典型区相结合的方法，选取太湖流域、里下河地区、秦淮河流域、甬曹浦区作为典型区，进一步对城市化进程的共性和特性进行分析评估。

结果表明，太湖流域城镇用地面积由1991年的2 648 km^{2}增加到2006年的10 015 km^2，扩大了近3倍，并且2001以后城镇化速率明显加快，其5年的增加量是20世纪90年代10年增加量的1.5倍。土地利用/覆盖变化以水田向城镇用地转化为主，水田占总体比重从1991年的63%下降到2006年的45%，减少了近1/3。由于城镇用地也向水域索要部分用地，因此在此期间水域的面积也呈现减少的趋势，水面率下降了3个百分点。太湖流域土地利用变化特征很好地说明，在城市化发展过程中，城镇用地的增加是大量水田、水域等转化的结果。

里下河地区城市化发展较为迅速，1991～2006年期间，城镇面积扩大了近9倍；旱地面积从1 373 km^{2}下降到649 km^2，减少了近50%；水域面积从645 km^{2}减少到542 km^2；水田面积总体上略有减少。因此，该地区在城市化发展过程中，城镇面积的增加主要来自于旱地面积的剧减转化，且变化幅度相对较大。

秦淮河流域的城镇建设用地由1991年的321 km^{2}扩展到2006年的647 km^2，

增加了近 1 倍；水田面积从 2 588 km^2 减少为 2 113 km^2，年均减少约32 km^2；水域面积减少了约 50%；而旱地面积总体上变化不大；林草地面积有显著增加，从 284 km^2 扩大到 659 km^2，增加了近 1.5 倍。总体来说，秦淮河流域城市化过程表现为水田和水域向城镇用地的转移。

甬曹浦区的城镇建设用地由 1991 年的 721 km^2 扩展到 2006 年的 2 669 km^2，在 15 年中增加了 2.5 倍；旱地面积呈现大幅减少的趋势，减少了近 3/4；水域面积略有下降，减少了 120 km^2；林地面积缩减少了 1/8；而水田面积有所增加。总体来说，在此期间，该地区的城市化发展主要是向旱地索要土地，同时由于水产养殖业的大力发展，出现部分旱地向水田转移的现象。

2.4 水系变化特征分析

河流是以流域气候、地质构造等为主的自然地理要素长期作用的结果，而城市河网体系是自然作用叠加人类活动影响的产物。随着城市开发力度的加大，土地利用变化等对河网密度与形态的改变日益增强。在人类活动强度大，城镇化高度发展的平原河网地区，人类活动已经成为影响水系发育和分布的重要因素。

2.4.1 水利分区

高强度的人类活动干扰对长江三角洲地区河流水系形态、结构和功能的影响十分突出。本节根据地形、河网水系的特点，选取武澄锡虞区、阳澄淀泖区、杭嘉湖地区、浦西浦东地区、秦淮河地区和鄞东南平原地区 6 个典型区，探讨水系特征和结构变化过程，并分析城市化发展等人类活动与水系格局变化之间的关系，为流域洪灾治理的对策、措施提供支持。

1）武澄锡虞区和阳澄淀泖区

太湖流域地处长江三角洲核心区域，流域面积 3.69×10^4 km^2，其中 80%为平原，流域河道总长约 12×10^4 km，河网密度达 3.3 km/km^2，是典型的平原河网地区。武澄锡虞区和阳澄淀泖区地处我国城市化发展最快、城市化水平最高的苏锡常地区。其中武澄锡虞区面积 4 332 km^2，占流域面积的 11.3%；阳澄淀泖区面积 4 441 km^2，占流域面积 11.9%。这两个分区均属太湖流域腹部的平原河网区，水旱灾害比较严重。

2）杭嘉湖地区

杭嘉湖地区位于太湖流域南部，地理位置介于 30°09′39″～31°01′48″N，119°52′50″～121°15′46″E 之间，区域面积 7 606 km^2。东部平原地势平坦，平均高程 2.15 m，平均坡度 0.008 4%，属典型的格状水系，河流交汇角接近于 90°。

3）浦西浦东地区

浦西浦东地区包括了上海市的大部分地区，并以长江-黄浦江-横撩泾-斜塘-泖河-拦路港-青浦区界-嘉定区界-宝山区界为界分为浦西、浦东两大片区。浦西片地面高程一般仅为2.2～4.8 m（吴淞高程），河道总长7 577.36 km，水面面积99.9 km^2，河道面积144 km^2，平均河网密度为3.80 km/km^2，水面率约为5.00%；浦东片地处长江三角洲东缘，地面高程一般在2～4 m之间，河道总长10 354.96 km，水面面积123.45 km^2，河道面积178.88 km^2，平均河网密度为4.22 km/km^2，水面率约为5.03%，属典型的平原河网地区。

4）秦淮河地区

秦淮河位于城区以南到溧水秋湖山之间，全长110 km，流域面积2 630 km^2。该地区四面环山，沿秦淮河两侧为低平的河谷平原。由于本节重点研究的是城市化过程对平原河网水系的影响，因此，主要选择前埠村至武定门闸和秦淮新河闸之间的流域中下游平原水网地区为研究区。研究区总面积约497.08 km^2，目前河流长度391.12 km，水面面积29.88 km^2，河网密度达0.79 km/km^2，水面率为6.01%。

5）鄞东南平原地区

鄞东南平原在鄞州区内，地理位置介于东经120°08′～121°54′，北纬29°37′～29°57′之间。选取该地区的平原河网地区为典型区，研究城市化发展对小流域河网水系的影响。该研究区总面积为465.6 km^2，河道总长约999 km，水面率约为5.59%，河网密度达2.26 km/km^2。

2.4.2　区域水系变化特征

1）水系提取与分级

本节旨在研究城市化过程中水系格局变化，为城市化下孕灾环境变化提供数据支持，因此选择城市化进程中下垫面变化较为显著的平原河网地区作为研究区。由于平原河网地区，地形高差较小，人工河道众多，难以采用传统的方法（D8算法）基于DEM提取水系，故研究针对各区水系单元资料和研究情况，分别采用不同途径对这7个典型分区（武澄锡虞区、阳澄淀泖区、杭嘉湖区、浦西区、浦东区、秦淮河区和鄞东南平原区）的水系进行提取：其中太湖腹部地区以1960年代、1980年代、2000年代的1∶50 000地形图为基础，将1960年代，1980年代的水系纸质图进行扫描，实现数字化后提取；杭嘉湖地区主要采用遥感影像（Landsat TM）参考大比例尺地形图方法，提取1991年、2001年和2006年间水系；浦西浦东地区的水系提取基于1995年上海1∶10 000数字地形图，并利用2000年上海近红外航空遥感影像和

2007年上海高分辨率遥感影像(QuickBird、ALOS)进行修测;秦淮河地区以1∶50 000地形图为基础,对1980年代的纸质地形图进行数字化后提取水系;鄞东南平原地区以1∶10 000鄞州区电子图、宁波1∶10 000地形图、1990年和2003年宁波土地市利用图等提取水系。

针对长江三角洲地区平原水网地区的特点,按照河流地貌学分类方法进行水系分级:对于通过地形图提取水系的地区,按照河宽大小分级;对于通过遥感影像提取水系的地区,按照河宽所占像元数分级。并在分级过程中参考河流的管理权限,即河流社会等级属性。进而分析各区水系特征变化、水系格局变化及其变化的原因,为长江三角洲地区城市化下孕灾环境变化提供数据基础。

2) 水系特征指标

为定量描述研究区水系变化特征,对不同时期的河流长度和水面面积进行量算统计,并以表征水系结构的参数——河网密度、河网水面率、平均长度比、河网复杂度、河网结构稳定度和河网分维度等作为指标,探讨研究区水系演变的主要特征。

河网密度即流域单位面积上的河流总长度,也就是水系总长与水系分布的面积的比值。河网密度的大小与一个地区的自然环境以及人类活动等密切相关。对于一个流域来说,河网密度大,则流域切割强度大,对降水的蓄积能力较强,而河网密度低则流域水量蓄积能力较弱。

水面率是指河道(湖泊)多年平均水位下的水面面积占区域总面积的比例,是自然地理学中刻划河流特征的基本指标。本节在水面率计算时,根据地图制图标准和水系等级划分原则,将二级河流的平均宽度定为15 m,三级河流的平均宽度定为8 m;湖泊与一级河流则根据实际量算面积进行水面率计算。

河网复杂度(CR)用于描述河网数量和长度的发育程度,其数值越大,说明该区域河网的构成层次越丰富,支撑主干河道的支流水系越发达。该指数是对分支比和长度比的综合。水网长度和河道面积的比值被用于反映河网的结构稳定程度(SR),因为河道长度和面积的不同步演变是水网结构发生变化的直接结果,采用此指标可计算不同年份之间河网结构的稳定程度(袁雯等,2007)。

平均分支比(R_b)、平均长度比(R_l)和水系分形维度(D)是从流域地貌学角度分析河网结构的通用指标,平均分支比和平均长度比分别表示相邻级别河道的数量比值和平均长度比值,水系分形维度可以通过分支比(R_b)和长度比(R_l)的双对数的比值来计算,它表示水系在二维空间的分布情况,$D=1$表示水系为一条直线,$D=2$表示水系充满整个二维空间。

3) 城市化进程中的水系结构变化分析

①城市化进程中,河网密度下降,水面率降低,且具有时空分异规律。在时间

变化上，将各研究区河网密度和水面率分为城市化前和城市化后两个时期进行分析，结果表明，各研究区的河网密度与水面率均呈减小的趋势，且减小的速度有加快的趋势；在空间变化上，武澄锡虞区和阳澄淀泖区、杭嘉湖地区、浦东浦西区、秦淮河区以及鄞东南平原区河网密度分别减少 44.0%、25.4%、19.6%、41%和 7.5%，水面率除秦淮河区略有增加外，其余各区分别减少 26.9%、31.8%、11.6%和 22.1%，结果表明，城市化发展较快的地区，其减小的速率要比城市化较慢的地区更快。

②河网复杂度降低，水系主干化。武澄锡虞区和阳澄淀泖区、杭嘉湖地区、秦淮河区以及鄞东南平原区河网复杂度分别下降 24.8%、38.3%、23.8%和 4.3%，结果表明，各研究区在城市化进程中河网复杂度均出现不同程度的下降趋势，各区域非主干河道的长度衰减速度要大于主干河道，河网组成级别的多元性降低，水系趋于主干化。

③河网结构具有 Horton 分形规律，水系分形维度降低。研究表明，各研究区河道数量、长度与级别之间仍具有指数关系特征。各级水系长度比、分支比和分形维度均呈现不断减小的趋势，水系结构趋于简单。

2.4.3　水系演变的影响因素

考虑长江三角洲地区地质、地貌特点以及研究的时间跨度（大体为上世纪八十年代到本世纪初），该区河网格局变化可认为是人类活动作用的结果，且主要表现为剧烈的下垫面变化。人类城市化活动对下垫面的影响主要是由于城镇建设用地的不断扩张引起的。对于长江三角洲地区而言，城市面积的增加主要来自于水田和旱地的转化，同时，由于城市建设亦通过围湖造地、填河造林等方式侵占水域，使得区域河网密度和水面率下降，河网复杂度和分维度降低，水系主干化程度加剧。这一过程导致了孕灾环境变化，从而加大了长江三角洲地区的防洪压力。

3 长三角城市化对洪涝及孕灾环境影响

3.1 引言

洪涝灾害是当今威胁人类生存和发展的主要自然灾害。据统计，在各种自然灾难中，洪水造成死亡的人数占全部因自然灾难死亡人口的75%，经济损失占到40%。随着经济发展与城市化快速崛起，洪涝灾害损失呈现快速增加趋势。

城市化是人类改变地表的一个非常复杂的空间形态变化和社会经济发展过程，城市在我国社会经济发展中的作用越来越显著。然而，城市化的高速发展也深刻地改变了当地的自然环境和人文社会环境，导致了洪涝孕灾环境和洪灾风险的改变，因而，探讨城市化发展对洪涝灾害及孕灾环境的影响，对防洪减灾具有重要的意义。

本章针对长江三角洲地区下垫面与水系结构状况，结合城市化发展下不同时期的洪涝灾害情况，综合分析城市化发展下流域下垫面变化对洪涝孕灾环境的影响，以及长江三角洲地区洪涝孕灾环境的变化规律，从而为该地区城市化的可持续发展与防洪减灾对策的制定提供参考。

3.2 长三角地区城市化发展下洪涝灾害分析

目前，长江三角洲地区洪涝灾害的发生与变化是该地区自然、社会与人类活动共同作用的结果，城市化发展使得该地区洪涝灾害频繁发生，城市化的水文效应不断显现。1991年、1998年和1999年大洪水所暴露出来的城市化对洪涝灾害的影响问题已十分突出，并在一定程度上影响到该区域经济的持续发展。分析长三角地区洪涝灾害的变化，有必要对其流域洪涝特性及变化规律加以深入研究。

3.2.1 长三角地区流域洪涝特性分析

长三角地区城市的形成多是因为人类临水而居，临水而聚，逐渐形成发展起来的。独特的地理位置使得长三角地区大多数城市坐落在江河湖畔或海滨，在拥有良好的自然条件和区位优势的同时，也极易受到洪涝潮灾的侵袭，城市防洪任务十分艰巨。该地区濒江临海，地势低平，海拔在10 m以下，属平原河网地区；河道比降小,水流宣泄不畅;同时受天文、气象等因素的共同影响,易涝、易洪的特征比较明显;再加上该地区属于亚热带季风气候,常遭受梅雨、台风暴雨、风暴潮以及长江中下游地区洪水的袭击,容易出现外洪、内涝或外洪内涝并发的水灾。

3.2.2　长三角各典型区域洪涝特性分析

1) 浦西浦东区

根据2006年的经济社会统计数据,浦西浦东区的人口密度为2 863人/km^2,在本节所取6个区中排第一,约为6个区平均水平的2.5倍;人均GDP为57 695元,在6个区中排第二,经济社会发展水平在6个区中相对最高。

上海地处长江三角洲东缘,居太湖流域下游,东濒东海,北接长江。全市位于三角洲冲积平原上,地势低洼,平均海拔4 m左右,黄浦江、苏州河贯穿市区,属典型的平原感潮河网地区。受濒江临海的特殊地理环境和气候因素的影响,该市常常受到来自海洋、陆地两大自然地理单元的多种自然灾害的侵袭。对上海威胁最大的主要有台风风暴潮叠加天文大潮造成的高潮位、中心城区的暴雨积水、区域性洪水等水灾,有些年份甚至发生"三碰头"的严重灾害。同时,上海人口高度稠密,财富集聚,经济发达,加上许多城市基础设施严重老化,整体抗灾能力相对薄弱,险情、灾情层出不穷。每次洪涝灾害的发生,都给这座人口密集、经济发达的国际大都市造成重大经济损失,严重制约了工农业生产发展,威胁着人民生命财产安全。

该地区在洪涝灾害方面,大体可分为两个阶段:从上海开埠到1955年为第一阶段。该阶段的特点是"洪涝不分"。当时市中心黄浦江、苏州河两岸大都没有堤防,潮来潮去,洪涝不分,市区潮水上岸次数较多。1956年之后为第二阶段。自1956年起,上海市沿江、沿河开始陆续修建砖防汛墙,到1960年初步形成,1963年基本达到了洪涝分治目标。1956年至2008年,上海市区涝灾几乎每年都会发生,多的年份多达6～8次,少的年份为1～2次,并且平均每隔3～4年会出现一次重大涝灾。出现重大涝灾的大暴雨多为雷暴雨,也有的是受热带气旋影响所致。目前,防洪难点主要表现为以下几个方面:

(1) 受全球海平面上升,潮水顶托影响增大,全市暴雨积水基本上已无自排可能,泵站动力排水将面临越来越严峻的局面。

(2) 受地面沉降影响,上海已成为世界上沿海城市中高程较低的城市之一,全年高潮面高于外滩马路地面的次数已达25%,市区绝大部分暴雨积水都必须靠泵站排水,加剧了市区积水的严重性。

(3) 不透水面面积增加,城市建成区面积急剧膨胀,建筑密度不断增加,地面道路的硬化,使得暴雨的汇流速度加快,洪峰流量增大,洪水总量增加,致使该区域随着城市化的发展而面临更严重的洪水威胁。

(4) 江河水道变化,湿地面积减少。城市建设不断挤占河道、池塘、水田等湿地,致使城市内河部分消失,大量滞水空间被占,降低了城市雨水的调蓄能力,增加了排入河道的洪峰流量。

2) 武澄锡虞区

根据2006年的经济社会统计数据,武澄锡虞区的人口密度为809人/km²,在本节所取6个区中排第四;人均GDP为76 111元,在6个区中排第一,是6个区平均水平的1.5倍。

武澄锡虞区是长江下游太湖流域北部的一片低洼平原,北临长江,依赖长江大堤抵御长江洪水;南滨太湖,依靠环太湖大堤阻挡太湖高水。该区属平原水网地区,地形较平坦,其中平原地区地面高程一般在5～6 m;低洼圩区的地面高程一般在3.5～4.5 m;南端无锡市区及附近一带地面高程最低,仅2.8～3.5 m。大部分地区地面高程均在江、湖高水位和低水位之间,汛期外河水位高于田面。为解决汛期外洪内涝的威胁,低洼地区均建成圩区。

该区位于亚热带向暖温带过渡地带,南北气候差异和季风特征明显。降水量年际变化大,年内又集中在汛期,容易出现突发性的、灾害性的暴雨洪水。6～7月的"梅雨"易引发流域性暴雨洪水,8～9月的台风暴雨一般是区域性洪涝的主要原因,短历时雷暴雨会造成小范围局部洪涝,沿海和沿江地区还面临风暴潮的威胁。特定的地理位置和气候特点,导致局部洪水频繁、流域洪水易发,决定了防洪任务的艰巨性。目前防洪的主要难点有:

(1) 地形因素决定了武澄锡虞区的防洪任务比较艰巨。武澄锡虞区可分为武澄锡低片和澄锡虞高片。区域低洼地总体上形似"锅底",北部的长江属感潮河段,暴雨产生的洪涝水一般只能靠沿江泵站抽排或在两个低潮时抢排入长江,外排洪水的能力受到了极大制约。区域南临太湖,水位在洪水期间不断抬高后,不仅影响地区洪涝水入湖,而且太湖通过望虞河分泄洪水时,还抬高了望虞河沿程水位,大大削弱了望虞河排泄区域东部地区排涝的作用。

(2) 武澄锡虞区城镇化发展较为迅速,但城镇分布较分散,防洪能力低,防洪能力亟待提高。

(3) 随着平原圩区的自保能力加强,排涝能力也大幅度地提高,圩内涝水归槽速度明显加快,但圩外河道排洪能力不足,使地区水位不断升高。外河水位的抬高又促使圩区面积进一步扩大,河网调蓄能力下降,从而加重了区域工程的防洪压力。

(4) 地面沉降严重削弱了现有工程的防洪能力,再加上多年来河道淤积日趋严重,行水能力不断削减,进一步加剧了地区防洪矛盾。

3）杭嘉湖区

根据2006年的经济社会统计数据，杭嘉湖区的人口密度为1 003人/km²，在本节所取6个区中排第二，接近6个区的平均水平；人均GDP为51 955元，在6个区中排第三。

杭嘉湖区位于太湖流域上中游，东接黄浦江，南临钱塘江、杭州湾，西以东苕溪为界，北濒太湖。区域内地势低洼，75%以上的农田和许多重要城镇的地面高程均在太湖高水位和杭州湾高潮位之下。该区河流上游比降大，洪水暴涨暴落，而下游进入地势低缓的平原地区，且河道断面不足，故每遇汛期，常使水流排泄不畅，继而酿成洪涝。该区东部的海岸地带，由于河流淤积和潮汐作用，地面高程超过内地，这里既是抵御海潮西侵的防线，又是洪涝积水东排的障碍。该区地处亚热带季风气候区，降水充沛，年均降水量为1 600 mm左右。其防洪的主要难点有：

（1）近几十年来的盲目围湖垦殖，使太湖流域的湖泊面积大幅减少，尤其是东太湖排水出路被堵与区域大包围，使流域的蓄水面积减少了约1/4太湖面积，调蓄洪水能力的下降，造成太湖水位的增高。遇到特大洪水年份，往往还要受太湖高水位顶托，从而使西部山区洪水侵入东部平原。

（2）由于地面沉降，以地势低洼为特点的太湖水网地区以及滨江临海地区地势更加低洼，使50年代大规模兴建的防洪及排涝等水利设施严重失效，导致本已遏止的洪涝灾害又趋加剧。

4）秦淮河区

根据2006年的经济社会统计数据，秦淮河区的人口密度为840人/km²，在本节所取6个区中排第三；人均GDP为42 486元，在6个区中排第五，接近6个区的平均水平，经济社会发展水平在6个区中属于中等偏下。

秦淮河干流全长约74 km，人工开挖的秦淮新河全长约15 km。流域四周低山丘陵环绕，为较完整的山间盆地，其中低山丘陵岗地约占74.3%，腹部平原地区约占25.7%。秦淮河上游有溧水河、句容河两源，14条主要支流呈扇形分布，下游分别通过秦淮新闸和武定门闸流入长江。其防洪的主要难点有：

（1）流域四周高中间低，易造成洪水的同时汇集，同时出口地形平坦，下游又受长江潮汐顶托影响，使得流域排水不畅，对流域腹部低洼区和下游南京市构成严重的洪水威胁。

（2）随着经济社会的发展，城乡发展较快，防洪系统和防洪标准偏低。

（3）上、中、下游没有同步治理，造成各段调控洪水的能力不协调，致使上游洪水大量下泄，洪峰在中、下游受阻，增加了洪水威胁。

5）甬曹浦区

根据2006年的经济社会统计数据，甬曹浦区的人口密度为551人/km²，在本节所取 6 个区中排第六，只有 6 个区平均水平的一半；人均 GDP 为 45 923 元，在 6 个区中排第四，经济社会发展水平在 6 个区中属于中等水平。

甬曹浦区地处我国东南沿海亚热带季风气候区，每年受梅雨和台风雨影响较大，其中台风暴雨所形成的洪水危害最大。该区多为独流入海的中小流域，流域面积小，调蓄能力差，汇流时间短。洪水主要发生在流域中下游冲积平原上，并以漫淹为主。当洪水泛滥以后，水流扩散，受平原微地形影响，行洪速度十分缓慢。该地区河流短小，洪水过程和淹没时间一般不长，但若遇天文高潮或台风风暴潮增水，其与洪水顶托，则整个平原洪泛区将被洪水淹没，且退水迟缓，淹没历时长，可能导致较大范围洪潮水灾害。该区近年来经济增长较快，工业和城镇规模不断扩大，人口迅速增加，使得洪水危害和损失日趋加剧。

6）里下河区

里下河是淮河下游里下河地区许许多多河网构成的一大片河网洼地的统称。该区域位于运河以东，苏北灌溉总渠以南，东临黄海，主要包括淮安、盐城、泰州、扬州、南通等地。根据 2006 年的经济社会统计数据，里下河区的人口密度为 679 人/km^2，在本节所取 6 个区中排第五；人均 GDP 为 21 265 元，在 6 个区中排第六，不到 6 个区平均水平的一半，经济社会发展水平在 6 个区中相对最低。里下河区城市化水平、市场化程度较低，但发展迅速；农业经济所占比例较重，地方财政收入较少，人均收入较低，抵抗洪灾风险的能力较弱。

根据地形和水系特点，以通榆河为界，将里下河区划分为腹部地区和沿海垦区。里下河腹部地区属水网区，地面高程一般为 1～7 m，四周高，中间低，呈碟型，俗称“锅底洼”。地面高程在 2.5 m 以下的地区占腹部地区面积的 59%，3.0 m 高程以下的地区占 80.2%。由于地势低洼，排水困难，历来是易受洪涝灾害的地区，人民饱受洪水之苦。腹部地区区内河道纵横交错，通过整治改造形成了以射阳河、新洋港、黄沙港、斗龙港四港为骨干的入海水系；沿海垦区已形成多个相对独立、直接入海的排水区。其防洪的主要难点有：

（1）随着里下河地区经济的发展，原有的大量湖荡被开发、利用，使滞涝面积大幅度减少，湖荡调蓄能力降低，一些洪水出路也被挤占。

（2）沿海河道闸下港道淤塞，引排能力衰减严重，客观上增加了致涝概率。同时也造成河网地区水位大幅上涨，一些原不需设防的次高地被淹，一定程度上加重了当地的灾情。

（3）由于各地排涝能力增大，产流汇水加快，而河道淤积使过流能力减小，因此，一些干流河道不能满足迅速下泄大量暴雨涝水的要求，导致内河水位上涨过快。

（4）当上游客水来量大时，外河水位猛涨，内水难以外排，形成大面积内涝。

从上述长三角各典型区域洪涝特点及变化的分析可以看出，随着城市化的发展，该地区洪涝灾害风险以及洪涝灾害损失呈不断加大趋势，城市化对洪涝灾害影响日趋加剧。

3.3 城市化发展对洪涝灾害的影响分析

长江三角洲地区城市化进程中，下垫面性质和格局发生巨大变化，城市能量平衡和水分平衡发生改变，城市热岛效应日趋显著，土地利用/地表覆盖变化致使该地区水循环过程发生较大改变。其中，气候变化加快了流域水循环过程，而城市发展增加了大气边界层湿度，增加降水频率和洪水灾害风险。因此，该地区洪涝灾害频繁地出现，是区域气象因素、下垫面条件、人类活动影响综合作用的结果，这在很大程度上制约了太湖周边地区城市化建设和可持续发展。

由于城市的热岛效应，城市上空的空气稳定度较小，对流容易发生；城市污染比郊区大，空气中的污染颗粒和含尘量比农村大，具有更多的凝结核；城市的建筑物参差交错，下垫面粗糙度比农村大很多。即城市化对降水的影响以城市热岛效应和城市阻碍效应最为重要，城市空气中的丰富凝结核对降水也有促进作用。

城市化不仅影响城市地区降水，产生"雨岛效应"。同时，快速城市化后，建设用地增加，相当比例的透水型下垫面被不透水的硬化表面所覆盖，影响了雨水的截留、下渗、蒸发等水文要素以及产汇流过程，从而增加了产水量、增大了径流系数，进而影响了流域的水文情势和产汇流机制，加大了洪涝灾害发生的频率和强度。

3.3.1 城市化发展对降雨的影响

1）对年降雨量的影响

对长江三角洲地区各个流域 1961～2006 年降雨时间序列进行线性拟合趋势分析表明，随着城市化的快速发展，长江三角洲地区的年雨量整体上均呈现微弱的增多趋势。但在各区域内部的城市和郊区之间以及不同城市化发展阶段，增加幅度不尽相同。在城郊降雨量增幅变化方面，苏锡常流域城区和郊区年雨量递增速度分别为 22.7 mm/10a 和 18.5 mm/10a；秦淮河流域分别为 25.2 mm/10a 和 20.3 mm/10a；杭嘉湖流域分别为 27.5 mm/10a 和 20.9 mm/10a；上海浦东是 46.7 mm/10a，浦西是 30.6 mm/10a；甬曹浦地区分别为 55.1 mm/10a 和 7.8 mm/10a。这些区域的年雨量均呈现明显的增多趋势，且城区年雨量的递增速度显著大于郊区，而在里下河流域，降雨量没有呈现出显著的增多趋势，且城郊降雨差距并未显现。在城市化发展缓慢期，各地区城郊年雨量相对较小；在城市化发展快速期，苏锡常地区、杭嘉湖地区、秦淮河地区、上海浦东浦西区以及甬曹浦地区的年雨量增雨系数(城区雨量/郊区雨量)分别增加5.4%、2.7%、2.9%、3.7%和9.9%,而在城市化发展相对缓慢的里下河地区,城郊差距并不明显。

2)对汛期降雨量的影响

在太湖流域,汛期雨量(5~9月)在年雨量分配上占有较大比重,因此研究城市化发展对汛期雨量的影响较为重要。对不同地区的城郊汛期雨量进行变化趋势分析,得出苏锡常流域城区汛期雨量递增速率是13.4 mm/10a,而郊区是5.5 mm/10a;秦淮河流域城区汛期雨量递增速度是12.0 mm/10a,而郊区是7.3 mm/10a;杭嘉湖流域城区递增速度是10.4 mm/10a,而郊区是5.1 mm/10a;上海浦东汛期雨量递增速度是23.0 mm/10a,浦西是10.1 mm/10a;甬曹浦区城区汛期雨量递增速度是17.8 mm/10a,而郊区是−0.9 mm/10a。里下河流域城区汛期雨量递增速度是−2.5 mm/10a,而郊区是−4.3 mm/10a,即里下河流域汛期雨量没有呈现增多的趋势,且城郊降雨差距不显著。研究结果表明,和年雨量一样,随着城市化的快速发展,长江三角洲地区的汛期雨量呈现增多的趋势。同时城市化发展越迅速的地区,城郊差距越明显;而城市化发展相对缓慢的地区,城郊差距并不显著。

3)对不同量级降水的影响

将整个长江三角洲地区1961~2006年日降雨量分为4个等级进行统计(小雨($R<10$ mm)、中雨(10 mm$\leqslant R<25$ mm)、大雨(25 mm$\leqslant R<50$ mm)、暴雨($\geqslant 50$ mm))。随着城市化快速发展,长江三角洲地区的大雨和暴雨日数以及降雨量均呈现不同程度的增加。其中,苏锡常流域、杭嘉湖流域、秦淮河流域、甬曹浦区城区的大雨雨日数和暴雨雨日数分别增多5.1%和29.2%、9.2%和50.9%、9.2%和22.2%、34.4%和32.1%,相应的郊区分别增加3.9%和18.2%、5.5%和43.5%、8.2%和10.4%、17.2%和28.9%。上海浦东大雨雨日数和暴雨雨日数分别增多14.5%和27.8%,浦西则分别增多8.1%和22.2%。以上的分析表明,在长江三角洲地区城市化快速发展的苏锡常流域、杭嘉湖流域、秦淮河流域、上海浦东浦西区、甬曹浦区,城市化对大雨和暴雨雨日数产生影响,城市化的快速发展使大雨和暴雨雨日数有增多的趋势;而在城市化发展相对缓慢的里下河流域,大雨和暴雨雨日数增多的规律并不显著。

上述城市化对降雨的影响主要表现为:①在空间上,城市化发展相对快速的地区年雨量、汛期雨量、大雨和暴雨雨日数均有所增多,且城区的增多趋势大于郊区;城市化发展相对缓慢的地区,降水并没有呈现较显著的增多趋势,城郊降水差距并不显著。②同一地区,城市化快速期与缓慢期相比,增雨系数增大,城郊降水差距增大,且这种变化趋势仍将持续。③城市发展对降水影响的空间分布仍具有不确定性。

3.3.2　城市化发展对径流的影响

目前,长江三角洲地区太湖流域上游的苕溪流域具有较完整的径流资料,因此选择东、西苕溪两流域作为城市化对径流长期影响的代表性区域。

应用长期水文影响模型(L-THIA)探讨城市化对径流的长期影响,所选用的数据包括水文气象数据和空间数据两大类。(1) 西苕溪流域水文气象数据主要是流域 7 个雨量站 1972～2005 年日降水数据以及同时期赋石水库、老石坎水库日出流以及横塘村日径流资料。空间数据主要包括土地利用数据、土壤数据以及基础要素数据。土地利用数据源于研究区 1985 年、2002 年土地利用现状图,然后根据研究区土地利用类型的数量和分布特征,将原数据的土地利用类型进行合并,得到 7 种土地利用类型,即耕地、林地、草地、水域、城镇用地、农村居民点及未利用地;土壤数据由研究区 1985 年全国第二次土壤普查图数字化得到;道路、水系、居民点、等高线、行政区划等基础要素来源于研究区 2002 年 1∶10 000 地形图。(2) 东苕溪流域水文气象数据主要包括逐日的降雨量、逐日的径流数据以及 20 年的气象数据。研究区范围内有 2 个水文站,一个是在流域上游的桥东村站,位于河流出山口处,是流域山区径流控制站,作为本次研究区的入口站;另一个是在流域出口的青山水库站。空间数据包括 1∶100 000 地形图、土地利用图和土壤类型图。其中土地利用和土壤图来源于浙江土地利用图和土壤图。

最后,为了实现研究区域在城镇化发展过程中年平均径流量在纵向时间上的对比,利用 CLUE-S 模型,基于 1985～2002 年土地利用转移矩阵,并假定未来土地利用政策等条件不发生改变,对研究区未来 15 年各用地类型的需求量进行预测,得到 15 年后的土地利用图。

长江三角洲地区典型流域城市化对径流的长期影响研究结果如下:

1) 西苕溪流域

根据土地利用数据分析得到,1985～2017 年,研究区建设用地增加 104.3%,径流深度由 1985 年的 759.9 mm,增长到 2002 年的 793.8 mm,预计到 2017 年将增长到 821.4 mm,即年径流深度呈递增变化。在土地利用变化对丰、平、枯水年的产流影响方面,各时期径流深度在绝对量上的变化表现为丰水年>平水年>枯水年,而在相对量的变化上却表现为枯水年>平水年>丰水年。这表明年径流深度对土地利用变化的响应,以枯水年最为明显,丰水年最弱,其主要因为径流深度的变化除受土地利用变化影响外还受到降雨特征的影响。在枯水年时,降水量少,降雨特征的影响较小,主要受土地利用变化的影响,而在丰水年,降雨量大,径流变化受降雨特征的影响更大,弱化了下垫面对径流的影响,增幅反而较小。

2）东苕溪流域

选用径流深度和径流系数来反映该地区城市化对径流的影响。将临安集水地分为 1964～1977 年城市化前和 1977～1988 年城市化后两个时期分析径流的变化。结果表明，临安集水地在城市化前后两个时期内的年均径流系数分别为 50%和 48%，两者相差不大。造成这种现象的原因，一方面是城市用地在临安集水地所占面积比例仍不是很大，无法对整个集水地的产流造成显著影响；另一方面，流域中青山水库的面积也在不断扩大，其调蓄作用对研究结果产生了一定影响。就未来土地利用情景进行假设，当临安市建成区面积占总面积的 20%时，其对径流具有显著的影响。利用 1964～1988 年日雨量记录及模型预测临安市长期年平均径流深度。模拟结果显示，临安集水地年均径流深度达到 758.1 mm，年均径流系数为 53%，与 1964～1988 年观测的实际径流深度 669.5 mm，年均径流系数为 48%相比，年均径流深度增加了 89.6 mm，径流系数也增加了 5%。

上述分析可以看出，西苕溪流域径流深度由 1985 年的 759.9 mm 增长到 2002 年的 793.8 mm，预测到 2017 年将增长到 821.4 mm；东苕溪临安集水地在未来土地利用情景下，径流系数将增加 5%。由此可见，在城市化的影响下，年均径流深度和径流系数均呈增加的趋势。

3.3.3 城市化发展对水位的影响

1）太湖腹部地区城市化进程中的水位变化

本节主要研究对象为太湖流域的武澄锡虞区和阳澄淀泖区两个水利分区，行政上属于江苏省。河网水位分析选择的代表站点包括：常州、陈墅、无锡、青阳、甘露（望）、白芍山、北国（武澄锡虞区）；苏州、常熟、湘城、平望、瓜泾口、陈墓、昆山、直塘（阳澄淀泖区）。所选代表站点均是能反映主要河湖水位变化的控制点，是构成水网的主要节点，并且资料系列长，与周边水位站水位资料有稳定关系。

太湖腹部地区城市化进程中的水位变化研究结果表明：①1990～2000 年代水位显著高于 1970～1980 年代，非汛期（10～4 月）的上升幅度要大于汛期（5～9 月）的上升幅度，并且在各水文变化指标中，最高水位和最低水位以及非汛期的 1～3 月平均水位的水文变异程度是变化最显著的。由于这里采用的是平水年的水位数据，从一定程度上消除了降水变化对水位的影响，因此该结论是以人类活动为主要作用因素的结果。②河网水位序列，在时间变化上，1950 年代以来，研究区站点极值水位、年代平均水位有增加的趋势。在空间变化上，最高与最低水位空间变异加大。半变异函数分析结果表明，突变后极值水位的空间自相关性减弱。③采用水位历时曲线（LDC）的方法分析水位变化，结果表明，1980 年代和 1990 年代的 LDC 曲线坡度较高，且 1990 年代是 LDC 曲线坡度最高的年代。

2）秦淮河地区城市化进程中的水位变化

基于1950年设定的东山水位站的1960～2008年逐日水位数据，分析秦淮河水位的时序变化特征及其变化规律。

秦淮河地区城市化进程中的水位变化研究结果表明：自20世纪60年代开始，秦淮河水位总体呈显著上升的趋势。最高、平均以及最低水位均呈不同程度的上升，其中以最低水位的增加趋势最为明显。年平均水位上升速度最快的是60年代至70年代，其次为80年代至90年代，进入2000年后，年平均水位抬升幅度虽有所减小，但平均水位值达7.12 m，为近50年来最高值，给秦淮河流域的防洪排涝造成很大的压力。

3）奉化江流域城市化进程中的水位变化

作为东部小流域的一个典型区，本节分别选用位于鄞西平原和鄞东南平原的黄古林、五乡碶、姜山3个典型水位站1957～2007年的逐日水位资料，然后运用多种统计方法分析变化环境下的水位长期变化。其中黄古林和五乡碶两站逐日水位数据较完整，序列长度为1960～2007年；而姜山站则因为历史原因，1971～1987年缺测，因此在数据处理上，通过五乡碶站对这部分数据进行插补，从而统一了3个典型水位站的资料序列长度。

奉化江流域城市化进程中的水位变化研究结果表明：3站年平均水位表现出明显的季节性特征，但变化幅度普遍较小，这与鄞奉平原地区四通八达的河网调蓄功能有关。五乡碶和姜山站自1972年以来，除个别年份（1978年、1979年、1996年）外，年平均水位均高于平均值1.04 m，黄古林站则表现出低水位期与高水位期交替出现。从年代际变化来看，黄古林站年平均水位呈现出先减后增再减的变化过程，五乡碶和姜山两站水位代际变化过程恰与之相反。

4）杭嘉湖地区城市化进程中的水位变化

选择该地区的余杭、菱湖、屿城、王江泾、大钱闸和塘栖6个代表站点年平均水位和汛期（5～9月）平均水位进行水位变化分析。

线性趋势分析结果表明：所有水位均呈现增加的趋势，其中余杭、屿城、王江泾和大钱闸站年平均水位增加达到显著水平；余杭、屿城和王江泾站汛期平均水位增长达到显著水平（$\alpha=0.05$）。由于该地区在此期间内降水量呈微弱增加，因此可以认为下垫面状况的改变是引起水位变化的主要因素。

上述城市化对水位的影响主要表现为：①太湖腹部地区20世纪50年代开始水位有增加趋势。1990～2000年代水位显著高于70、80年代，并且非汛期上升幅度大于汛期。②秦淮河流域自20世纪60年代水位开始上升，并且年最低水位增加最明显。③奉化江地区水位变化较小，这与该地区四通八达的河网调蓄功能有关。④杭嘉湖地区水位呈上升趋势，并且在80年代后期开始出现突变点。

综上所述，从长江三角洲地区城市化对该区洪涝灾害的影响分析可以看出：对降水而言，不同分区随着城市化的快速发展，在年雨量、汛期雨量、大雨和暴雨日数上，城市化发展相对快速的区域都有所增多，且城区的增多趋势大于郊区；而城市化发展相对缓慢地域，城郊降水差距并不显著。对径流而言，年均径流深度和径流系数呈递增变化，并且以枯水年最为明显，丰水年最弱。对水位变化而言，太湖流域、秦淮河地区和杭嘉湖地区水位呈逐渐升高的趋势；而奉化江地区水位变化较小，主要是由于该地区河网水系四通八达，河网调蓄能力强。

3.4 流域洪涝孕灾环境

3.4.1 流域洪涝孕灾环境内涵

流域洪涝灾害是由自然界的洪水作用于人类社会而产生的，所以洪水灾害的形成必须具备以下条件：其一，存在诱发灾害的因素（致灾因子）及形成灾害的环境（孕灾环境）；其二，洪水影响区存在人类居住或存在社会财产的分布（承灾体）。其中孕灾环境包括大气环境、水文气象环境以及下垫面环境；致灾因子包括暴雨洪水、台风暴潮等；承灾体包括人员、工农业、交通及环境等。洪水灾情是由于致灾因子在一定的孕灾环境下作用于承灾体而形成的。从基于流域尺度和城市化影响角度上看，洪涝孕灾环境是指流域内引起致灾因子危险性、承灾体易损性以及孕灾环境脆弱性各组分变化的综合体。

从城市化影响的流域层面来分析，孕灾环境的主要影响因素可概括为自然和人文要素两大类。可通过降水、下垫面、土地利用/覆盖变化（LUCC）、河湖水系等方面探讨其具体指标要素对流域洪涝孕灾环境的影响及其水文效应。孕灾环境的稳定程度可以通过致灾因子的危险性、承灾体的易损性以及孕灾环境本身的脆弱性进行综合分析。洪涝孕灾环境稳定程度是一个重要表征指标，其动态变化和变异过程是孕育、诱发、加速和加剧灾害发生的重要原因。

因此，孕灾环境是灾害发生的基础背景，其内部组分的变化直接影响到孕灾环境的变化过程。在城市化快速发展和人类活动影响日益加剧的背景下，现代洪涝灾害更多的受人类活动的影响，洪涝孕灾环境的影响因素也更为复杂，尤其在城市化过程为主地区。

在洪涝灾害孕灾环境中，异常降雨是洪涝爆发的直接原因，是洪涝灾害的最直接致灾因子。因而，在影响洪涝孕灾环境的气候因子中，引起孕灾环境变化的主要因素指的是引起降雨发生变化的要素。对孕灾环境中的河湖水系而言，河网水系结构、河湖水面率以及河湖蓄水容量的变化等都是影响孕灾环境的主要指标因素。河湖围垦、河道的冲淤变化、水系的截弯取直、河湖的填埋与消失、渠道化等水系的变化是孕灾环境变化的重要因素,也是当前研究的热点问题。

人类城市化活动对地表的影响最直接的表现为大范围土地利用格局的变化。首先,城市化土地利用属性的转变,尤其是城镇面积和地表不透水面面积的快速增加,导致城市化水文效应凸显。其次,城市化活动对地表地貌形态和要素的改变,如坡度、高程的影响等,也都反映了城市化对地表属性和下垫面性质的改变。

从人文影响因素而言,随着经济活动的快速发展,人类不仅是洪涝灾害的受害者,同时也是洪涝灾害加剧的驱动者。一方面城市化进程中的各种活动不断降低洪涝承灾体的易损性,如提高了堤防水平和减灾能力。但另一方面,人类活动的影响涉及孕灾环境的不同尺度层次,并对洪涝灾害孕灾环境的各组分影响也最为显著,因而不断加剧对孕灾环境的不利影响。同时,由于经济的高速发展,承灾体高度集中,单位面积的洪涝经济损失明显增加。当前城市化最主要的影响就是对土地利用和河湖水系的改变,这两大因素也成为当前对孕灾环境研究和洪涝风险评价的热点。20 世纪以来,全球洪涝灾害的频率远远高于以往任何时期,由城镇化引起的土地利用/地表覆盖变化或许是重要原因之一。

由于洪涝灾害是我国乃至全球最主要的自然灾害之一,随着全球环境变化和人类活动尤其是城市化过程的加剧,越来越多的学者开始对洪涝孕灾环境中各致灾因子变化所产生的灾害效应进行大量研究,如气候变化的影响、城市化过程中地表不透水面面积的增加,尤其是土地利用变化的综合影响等。在洪涝灾害研究中,对洪涝灾害孕灾环境的研究主要在对洪涝灾害的稳定性或脆弱性的分析上,并主要是基于流域尺度层面展开的。

国际上,如对欧洲多瑙河流域、美国洛杉矶城市区、韩国釜山等地的研究都表明,快速城市化的发展导致地表径流量增加、洪峰强度增大、洪峰时间提前等,城市化的负面水文效应显著。国内外对气候变化背景下城市化活动的影响如水系格局的演化,渠道化、不透水面面积的增加等土地利用变化所引起的灾害效应等问题也十分关注。

3.4.2　城市化与洪涝灾害孕灾环境分析

孕灾环境是洪涝灾害发生的背景条件,城市化地区洪灾孕灾环境包括天气因素和下垫面因素两部分。其中天气因素包括暴雨、台风等;下垫面因素则相对复杂,一般由地形、河网、湖泊(包括水库)和防洪设施等组成。下垫面因素中,地形对洪水起着关键性的作用,城市的绝对高程越低,相对周边地区的地势越低,洪水的危险性就越大。河网对洪水的影响较为明显,离河道越近的地方,遭受洪水侵袭的可能性越大,洪水的冲击力越强。湖泊、池塘、水库属于低洼地段,对城市洪水能起到调蓄的作用。城内的湖泊、池塘可以蓄水,减少积涝之患;城外的湖泊、池塘能降低洪水水位,防止或减轻洪水侵城之灾。但有的城市湖泊处于相对地势较高的区域,甚至呈围绕城市的状态,这不仅使其防洪能力减弱,而且在洪峰来临之时还会加重城市洪涝灾害的威胁。另外,城市本身的防洪建设,如护城河、防城堤、海堤等在减轻外部洪水侵害,保护城市安全方面也起着重要的作用。承灾体是洪水的作用对象,洪水影响范围内的社会经济发展水平、防洪救灾能力不同,造成的洪灾损失和社会影响也差异显著。

虽然从全国范围来看,长三角地区总体上属于暴雨频发、地势低平、临江近海、水系发达、经济繁荣的区域,但从长江三角洲地区内部来看,无论是暴雨发生频次和强度、地形地势、水系等自然因素,还是人口密度、经济发展水平、城市化程度等均存在地区差异,即洪灾危险性和承灾体易损性存在内部差异,这决定了各地洪灾风险的差异。为此,从洪水灾害形成机制出发,将长江三角洲地区分为以里下河区、秦淮河区、苏锡常区(包括武澄锡虞、阳澄淀泖及湖西区)、浦西浦东区、杭嘉湖区和甬曹浦区为代表的6类城市化地区开展分析。

自20世纪70年代末以来,长江三角洲地区城市空间增长过程开始发生剧烈变化,城市用地增长呈明显的加快趋势。在这种背景下,城市化过程中最显著的特征就是对地表属性的改变、对水系及地貌环境的改造,并引起局地降水因子的变化,如城郊降水差异,由此导致洪涝灾害孕灾环境中地表属性组分和水系特征的变化,从而反过来影响洪涝灾害主要特性变化,如水位、洪峰、历时等。因而,基于城市化视角,长江三角洲地区孕灾环境变化的主要指标要素可归于下垫面特性的变化,分为土地利用/覆盖变化、湖泊水面率的变化、水系结构特征的变化等。

3.4.3 流域洪涝灾害系统分析

洪涝灾害是人类长期面对一个灾害问题,对灾害机制研究是人们要努力实现的目标,而其中,对孕灾环境的研究是探讨灾害机理的重要基础。洪水灾害往往是由导致灾害的暴雨洪水等致灾因子、产生人员财产损失的承灾体以及形成灾害的孕灾环境等几个方面组成的一个较为复杂的大系统,要探讨流域洪涝灾害特性以及孕灾环境规律,就必须对该系统有一个较全面的认识。

洪涝灾害系统识别是洪涝灾害与风险分析的前提,科学合理地确定风险因子对认识洪涝灾害危险性、易损性和风险性具有重要意义。一般而言,洪涝灾害是由于致灾因子在一定的孕灾环境下作用于承灾体而形成的,其因果关系可用图3.1

所示的逻辑关系来表示。

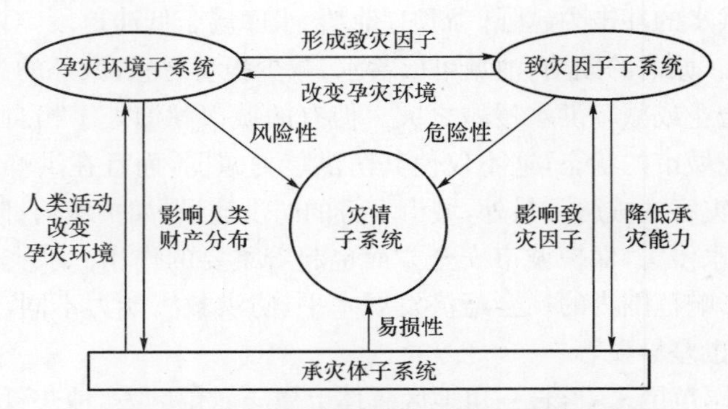

图 3.1　洪水灾害系统逻辑关系图(万庆等,1999)

在研究洪涝灾害系统特性时,既要分析反映致灾因子和孕灾环境特性的洪水灾害自然特征,又要分析描述承灾体状况的洪水灾害社会特征。自然属性由洪水发生时间、位置、范围、程度、动态变化等来描述,社会属性则以受洪水威胁区域的人口、房屋、工商企业、农作物、基础设施等指标来表征。

致灾因子和孕灾环境所反映的灾害自然属性,对特定区域而言是绝对的,存在于一定的时间和空间范围内;而承灾体的衡量指标所反映的灾害的社会属性,与区域的社会、经济发展等诸多因素都有关系。在灾情的形成过程中,孕灾环境、致灾因子、承灾体缺一不可,三种因素在不同的时空条件下,对灾情形成的作用会发生改变。因此从整体性角度出发,要认识一个洪水灾害系统的特性,就应对洪水灾害危险性和易损性两部分进行评价。

3.5　长三角地区城市化对孕灾环境的影响

3.5.1　城市化下孕灾环境变化的分析

城市化作为当前长江三角洲地区人类活动最重要的表现形式,其对洪涝灾害的影响涉及对洪涝灾害孕灾环境的不同组分的影响,主要表现对土地利用/覆盖变化(地表下垫面属性变化)、湖泊水面率、水系结构特征的改变等。城市化过程使得土地利用格局以及地表下垫面属性发生变化,使得相当比例的透水型下垫面为不透水的硬化表面所覆盖,影响雨水的截留、下渗、蒸发等水文要素以及产汇流过程,进而影响流域的水文情势和产汇流机制,加大洪涝灾害发生的频率和强度。

在洪涝孕灾环境中,降雨是孕灾环境大气圈的主要组分,同时也是洪涝灾害发生的最直接致灾因子。在流域降水变化中,城市化导致降水发生变化可能的主要机制是由于城市化各种活动导致地表属性的变化，产生“雨岛效应”等，导致城郊降水的差异性，这在前述的研究已有证明，这种降水差异性显然就是城市化对孕灾环境的影响结果。而在长江三角洲地区，降雨还受季风的进退与强弱、副高的强度与位置、厄尔尼诺现象和拉尼娜现象、大气环流与高空场的特征等影响，这些要素也可以作为反映洪涝孕灾环境中流域大气环流变化的指标。

流域水网格局中的河湖水体是受人类城市化过程影响最为直接的孕灾环境之一。城市化过程的主要影响表现在对河网水系结构的改变、河湖水面率的增减、河湖蓄水容能力的改变等，使得洪涝灾害特征较之于城市化前和自然条件下出现显著差异。目前导致流域孕灾环境变化的活动主要有河湖围垦、河道的冲淤变化、水系的截弯取直、河湖的填埋与消失、渠道化等。

洪涝孕灾环境的下垫面正遭受前所未有的人类城市化活动影响，其直接表现就是地表属性的改变，在当今尤以大范围土地利用格局的变化为主，如城镇面积和地表不透水面面积的快速增加、林地的减少、地表地貌形态和要素的改变等。这些要素的改变，导致地表下渗减少，从而使得地表径流量显著增加，加剧了洪峰流量，致使水位趋高及洪峰提前出现。

城市化过程对植被覆盖的影响主要体现为土地利用性质的改变引起植被覆盖、绿地环境等的减少，导致植被水土保持功能降低，森林植被对降雨截留能力减弱，地表下渗减少，从而增加了地表径流，由此加剧降水致灾因子的影响，使得洪涝灾害灾情加重。同时，由于水土涵养功能的降低，导致水土流失严重，水系输沙量增加，下游河道泥沙淤积严重，使河道容蓄调蓄能力减小。

3.5.2　降雨径流的孕灾环境影响

1）降雨的孕灾环境影响

降雨是洪涝灾害的主要致灾因子，没有异常的降雨就难以形成洪涝灾害。基于流域尺度，对长江三角洲地区而言，城市化的快速发展以及孕灾环境变化的影响，使得洪涝致灾因子的降水环境也发生了较大的变化。前述通过选取城区和郊区雨量站点，对站点年雨量、汛期雨量、大雨和暴雨雨日数进行对比分析，探讨城市化影响下降水的变化特征。分析结果表明，城市化发展速度和程度对孕灾环境的影响具有不同的贡献。城市化发展快速且城市化水平较高的大中城市，如上海、南京、杭州、苏州、无锡等，年雨量和汛期雨量都呈现明显的增加趋势，且城郊降雨差距较显著；城市化发展相对缓慢的中等城市化水平的城市，如常州、湖州、嘉兴、泰州、盐城等，年雨量和汛期雨量也都呈增多趋势，但并不显著，且城郊降雨差距也不明显；城市化水平较低且发展相对缓慢的地区，如里下河地区，城郊降水差异并不显著。可见城郊降水差异同城市化水平存在较好联系。研究结果同时表明，城市化快速期与缓慢期相比，增雨系数增大，城郊降水差距增多。

随着城市化的发展，尽管长江三角洲地区的城郊降雨量差距在增大，但由于城市的大规模发展，郊区的城镇化发展也较快，城市化对降雨的影响存在一定的区域性和不确定性。

2）径流的孕灾环境影响

在城市化对径流的长期影响上，通过对西苕溪流域的分析发现：年径流深度对土地利用变化的响应，以枯水年最为明显，丰水年最弱。这主要是由于径流除受土地利用变化的影响外还受到降雨特征的影响。在枯水年时，降水量少，降雨特征的影响较小；在丰水年，降雨量大，径流变化受降雨特征的影响更大，弱化了下垫面对径流的影响，增幅反而较小。对东苕溪流域的研究也表明，在相同降雨情况下，城市用地产生的径流深度明显大于非城市用地。对未来土地利用情景的模拟结果显示，在降雨量相同的情况下，当城市规模发展到一定程度时，整个流域的径流开始受到城市化的显著影响，流域径流深度和径流系数都有明显增大。

而在水位变化上，研究表明，由于土地利用和河网水系结构的变化，在设定的未来 15 年（相对于 2006 年）城市化情景下，2021 年太湖上游区在 1991 年降水条件下相对于 2006 年增加的产水量，将使太湖水位升高 0.26 m，太湖最高水位将可能超过 4.3 m，其中产水量增加造成水位上升的比重接近 6%。

可见，在长江三角洲地区洪涝孕灾环境发生变化的情景下，人类城镇化活动的加强，使相当一部分原来为透水性的地面变成不透水性的地面，从而增大了径流系数，造成水位变化对城镇化敏感性有所上升，这对区域洪涝防御具有参考意义。在当前长江三角洲地区城市化快速发展，土地利用性质迅速转换，河网水系结构发生变化等背景下，城镇化的水文效应十分显著，极易导致洪涝水位增加，对长江三角洲地区城市防洪威胁加大，增加了防洪减灾的难度。

3.5.3 土地利用与河湖水系的孕灾环境影响

从前述分析可得出，长江三角洲城市化面积不断增加，水域和水田面积剧减。这意味着更多的水田和水域被占用，地表下垫面属性发生显著变化，表明人类的城市化活动导致更多不透水面面积的增加，使得地表径流增加，汇水时间缩短，导致洪涝水量增加，洪峰提前并增大，由此导致洪涝水文过程发生变化。这种变化趋势说明，此时期快速的城市化导致土地利用格局的剧烈变化，城市化活动通过围湖造地、填河造地等方式占用了河道，改变了水系的格局，导致水系结构发生变化，河湖水体的调蓄、容蓄能力降低，孕灾环境水文效应对长三角地区的影响日益加剧，使得洪涝灾害潜在威胁增加。

综上所述，人类城市化活动对洪涝灾害孕灾环境的改变，其实质是对孕灾环境组分的影响，改变了洪涝水文特性，从而影响了洪涝灾害灾情。综合城市化活动的主要影响以及洪涝孕灾环境的基本构成与特性，城市化对洪涝水文过程特性影响的机制主要为：通过对孕灾环境相应要素和组分的改变，城市化过程加剧了致灾因子的危险性程度，增加了承灾体的易损性和暴露性特征，并导致孕灾环境脆弱性的增加，从而通过孕灾环境的变异、动态过程和时空变化等，孕育、诱发、加速和加剧洪涝灾害的发生，导致洪涝灾害的频率和强度发生变化，并致使洪涝灾害的水文特征发生改变，如洪峰提前、洪峰流量增高、径流增加、水位增高和洪涝持续时间延长等。

4 长三角地区洪涝灾害成因分析

防洪减灾是人类需要长期面对的话题，对洪涝灾害形成机理的研究是近几十年来日趋热点的领域，而其中对洪涝因子的研究是探讨灾害机理的重要基础。1987 年 12 月 11 日，第 42 届联合国大会决定，将 1990 年开始的 20 世纪最后 10 年定为"国际减轻自然灾害十年"。随着这一行动的开始，世界各国迅速行动，系统地探讨灾害发生的基本环境。

由于洪涝灾害是我国乃至全球最主要自然灾害之一，随着全球环境变化和人类活动尤其是城市化过程的加剧，越来越多的学者开始对洪涝因子中各致灾因子变化所产生的灾害效应进行大量研究，如气候变化的影响、城市化过程中地表不透水面面积的增加，尤其是土地利用变化的综合影响等。在洪涝灾害研究中，对洪涝灾害洪涝因子的研究主要在对于洪涝灾害的稳定性或脆弱性的分析上，往往基于流域尺度层面展开，并主要围绕影响洪涝灾害的因子进行分析。

我国是受东亚季风影响较为显著的国家，每年汛期常受到暴雨洪水危害，其中长江流域暴雨洪水危害较为严重。长江是世界上第三大河流，也是我国最大的河流，流域面积占全国总面积的 19%。长江三角洲地区是我国经济最为发达的地区之一，近年来该地区经济迅猛发展，城市化快速发展使得该地区洪涝灾害损失日趋加大，因而探讨该地区洪涝灾害的形成机制，研究分析洪涝孕灾环境的变化规律，对该地区防洪减灾具有重要意义。

长江三角洲地区洪涝灾害的形成主要与该地区气象要素、流域下垫面状况以及人类活动关系较为密切，对该地区洪涝灾害形成原因也将从这几个方面加以分析。

4.1 长三角暴雨洪涝天气系统分析

长江三角洲地区受亚热带季风气候控制，区域内气候温和湿润，四季分明；年降雨量在 1 000 mm 以上，雨季较长，降水较多，雨热同期。该地区总体上受梅雨和台风暴雨影响较大，一旦该地区季风环流系统出现异常，往往会引发大的暴雨，并由此引发洪涝灾害。

4.1.1 暴雨形成条件

暴雨是引发洪涝灾害的主要因素，当 24 h 雨量大于等于 50 mm 时即形成暴雨。暴雨尤其是连续性暴雨和特大暴雨，往往是中、高纬度天气系统和低纬度天气系统相互作用的结果。一次暴雨过程的出现经常是在大尺度环流背景下，多种尺度天气系统共同作用的结果。暴雨形成也可能和一些中小尺度天气系统有直接关系，如雷暴、飑线、中尺度低压等，其主要特点是活动时间短，水平范围小。人类活动和城镇化的发展对这类系统产生了较大的影响，从而对流域暴雨也产生了影响。

暴雨形成的物理条件有：①要有充沛的水汽条件。一个地区的暴雨，特别是持续时间久、强度大的暴雨，不仅要依靠当地大气中的水汽含量，而且要依靠从水汽源地向降水区源源不断输送的水汽。本区大范围、持续时间久的降水及暴雨，其水汽主要来自于西太平洋。②要有垂直上升运动条件。大气中的垂直运动通常需要靠有关的天气系统来提供。仅有大尺度天气系统，其降水量是达不到暴雨强度的，暴雨往往是由具有强烈上升运动的中小尺度天气系统造成的。③具备对流不稳定。暴雨一般都是在强对流条件下发生的，而对流往往是大气中不稳定能量释放的结果。④地形影响。一般山区的迎风坡雨量比背风坡大得多，有的甚至可大到 2～3 倍。

暴雨是各种尺度天气系统相互作用的产物，特别是持续时间久的连续性暴雨和特大暴雨更是多种尺度天气系统，如行星尺度天气系统、大尺度天气系统以及中小尺度天气系统，相互作用下的产物。此外，一些持续时间久，能造成大范围洪涝灾害的异常降水现象，往往与大气环流的异常变化有密切关系，而大气环流的异常变化又与其他因素有关，如太阳黑子的活动异常以及厄尔尼诺现象等。

长江三角洲地区大暴雨的形成与变化主要与我国东部地区季风驱动下的水循环变异有关，其中副热带环流系统与该地区暴雨关系最为密切，尤其是副热带高压的进退、维持与强弱变化对本地暴雨都有较大影响。其次是台风，也往往在该地区形成较大暴雨。

4.1.2 暴雨洪水特征分析

事实上，一场洪水过程是气象因素和下垫面综合作用的过程。长江三角洲地区洪涝灾害主要由暴雨造成，主要包括以下三种类型：大尺度气象系统如梅雨引发的洪水、由热带气旋和台风引发的洪水以及一些中小尺度天气如东风波引发的洪水，此外由热带气旋引发的风暴潮灾害对该地区也会造成较大灾害。对这几种类型暴雨洪水分析如下：

1）梅雨锋暴雨洪水

梅雨锋暴雨是指初夏我国江淮流域一带，由于锋面活动和气旋波活动所引起的暴雨。每年 6 月上中旬开始，受季风环流的影响，当副热带高压脊线北跳西伸到 22°N 左右时，江淮地区即进入梅雨期，其特点是暴雨带呈东西向，暴雨中心在地面静止锋北侧、切变线南侧和低空急流轴的左前方。这种每年初夏对本区影响较大的梅暴雨，其暴雨强度虽不及台风暴雨，但由于梅雨锋稳定，降雨持久，暴雨频数高，雨季长，往往形成整个流域的大洪水。

梅雨形成的环流条件是在亚洲的高纬度地区对流层中部有阻塞高压或稳定的高压脊，大气环流相对稳定少变；其次是中纬度地区西风环流平直，频繁的短波活动将冷空气输送到江淮地区；同时西太平洋副热带高压有一次明显北跳西伸过程，500 hPa 副高脊线稳定在北纬 20°～25°之间，暖湿气流从副高边缘输送到江淮流域。在这种环流条件下，梅雨锋徘徊于江淮流域，并常常伴有西南涡和切变线。在梅雨锋上，中尺度天气系统活跃，不仅维持了梅雨期的连续性降水，而且为暴雨提供了充沛的水汽。梅雨所形成洪水往往历时长、总量大，但洪水过程变化也较为平缓。

2）台风暴雨洪水

台风暴雨洪水也是本区主要的洪水灾害。台风是在西北太平洋和南海热带海洋上形成的比较强的热带气旋，按世界气象组织的规定，热带气旋可分为热带低压、热带风暴、强热带风暴、台风四级，我国习惯上把风力大于 8 级的热带气旋统称为台风。台风往往带来狂风、暴雨和惊涛骇浪，具有很大的破坏力，是一种灾害性天气。每年影响我国的台风平均有 7～9 个，而对本区域产生危害的有 2～3 个。

台风除了系统本身的降水外，还有与其他系统相互作用而产生的降水。当行星尺度环流呈经向型时，中纬度低槽的发展，常引起西太平洋台风深入内陆。如遇深厚阻塞系统，台风减速停滞，台风系统内低空辐合集中，再遇有利地形，则降水显著增加，造成特大暴雨。

本地区台风危害主要发生在 7～9 月的台汛期，并且台风暴雨的特性与台风路径以及当时天气系统状况有关：①当台风在本区以南登陆时，本区受其外围影响，雨量大小取决于当时天气系统情况，所形成洪水一般不会造成很大危害。②当台风路径是沿海北上时，本区有可能形成具有一定危害的洪水。③在本研究区域登陆的台风，可在山前迎风区形成多个暴雨中心，这类台风暴雨所形成的洪水加上台风暴潮影响往往造成较大危害。

台风所带来的暴雨的特点是强度大、历时短，所形成的洪水往往陡涨陡落。研究区还受风暴潮频繁威胁。台风影响时，常引起潮位升高，特别是当台风增水过程与天文高潮相遇时，易造成咸潮倒灌、海塘受损及江河下泄洪水受阻而加重受淹灾情，尤其对沿海地区，狂风、暴雨和高潮位往往造成较大经济损失和人员财产损失。

此外，一些中小尺度天气系统，如东风波扰动的热带云团也会引起大暴雨。暴雨虽然是流域地表水、地下水的重要补给源。但高强度暴雨，往往使江河水位猛涨，堤坝决口，造成洪水灾害，同时还可能形成地面和道路积水，造成内涝损失。或由于河流受潮汐影响、海水倒灌、大洪水排水困难，形成内涝。

由于本研究区人类活动较为频繁，目前该区暴雨洪水已是人为干预下的洪水过程，流域不同单元内洪水形成规律由于人类活动影响而有所差别，分析时要分别加以考虑。

4.1.3　暴雨的环流背景

根据长三角地区汛期降雨资料统计分析，考虑区内各典型区域的降雨量变化，以江淮下游里下河地区为例，选定 1962 年、1980 年、1991 年、2003 年、2005 年五个典型降水偏多年份，分析不同降水异常年型下天气系统中环流背景的变化。

采用基于 1971—2000 年的气候均值标准，对不同年型组进行 850 hPa、500 hPa 和 200 hPa 高度的位势高度和风场合成距平分析。所采用的资料为美国 NCEP/NCAR 的再分析资料，格点分辨率为 2.5°×2.5°。图 4.1 即是该地区降水偏多年 6～8 月位势高度和风场叠加的合成图，分别为 850 hPa(见图 4.1(a))、500 hPa(见图 4.1(b))和 200 hPa(见图 4.1(c))高度。

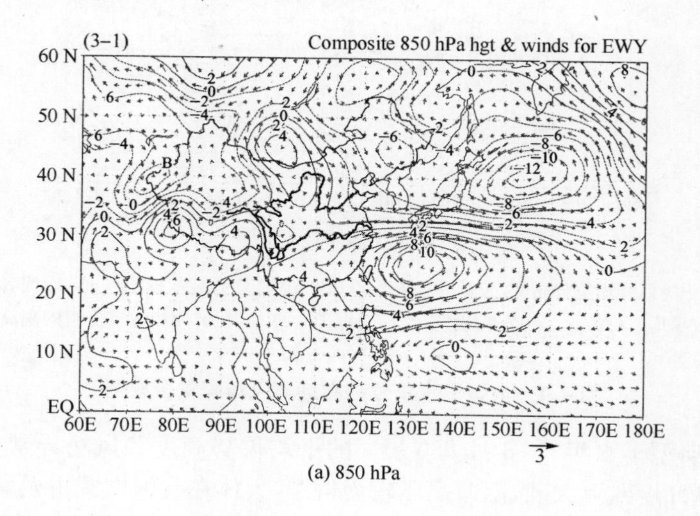

(a) 850 hPa

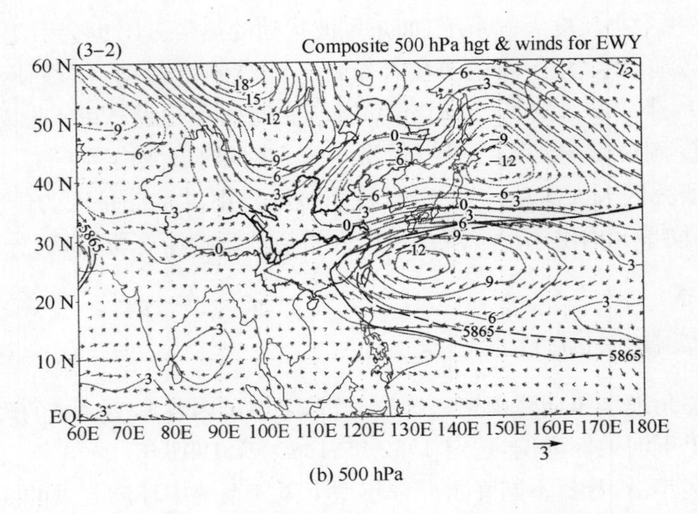

(b) 500 hPa

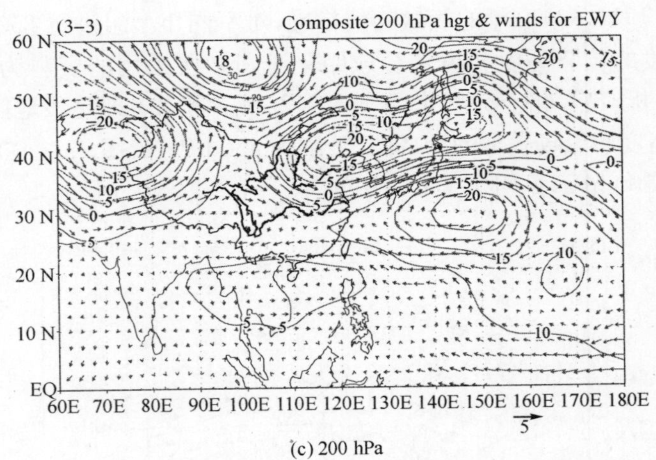

(c) 200 hPa

(图中等值线为位势高度,矢量为风场;500 hPa 图中,位势高度标识 5 865 虚线者为气候平均态(1971—2000 年)副高位置,而标识 5 865 实线者为相应年份组的副高平均位置)

图 4.1　典型丰水年位势高度与风场异常合成图

从汛期典型丰水年 6～8 月 850 hPa 的平均位势高度和风场异常合成图上可以看出,中高纬度欧亚大陆,阻塞高压较为偏东,大体在我国内蒙古及蒙古国,且势力直抵河套地区;而在贝加尔湖以东地区、我国东北地区和日本东北部海面上空出现 3 个显著的高度负距平区域,且上述区域以北中高纬度地区皆呈高度正距平。综合 850 hPa 高度场可以看出,在典型丰水年时,东亚地区环流由南向北经向呈现“+、-、+”的高度距平异常,且高纬度地区经向急流波列破碎,欧亚大陆上空呈现显著的阻塞高压。该阻塞高压能增强环流的经向性,使冷空气更容易输送向我国东部地区,加强了汛期冷、暖湿气流的交汇,从而加强了我国夏季降水区的降水强度(马音等,2011)。

在 500 hPa 高度上,中高纬度地区的阻塞高压更为显著,我国东北部地区和日本东北部洋面上空的位势高度负距平异常也更为明显。相应的,副热带地区的副热带高压正距平较强,且副高脊线位置亦较气候平均态偏西偏北,交汇处位于淮河下游与长江中下游地区之间,导致该地区降水偏多。

而在 200 hPa 位势高度上,中高纬度地区呈现大范围的气旋和反气旋距平异常,在研究区上空高层为典型的气旋控制,北方冷空气影响强烈。青藏高原及其东南侧高度场为正距平,显示南亚高压相对较强东移,研究区高层亦为西北风和偏西风控制,东风减弱,易成洪涝。

因此,综合对降水量多寡具有主要影响的大气环流场配置来看,典型丰水年的大气环流中,位势高度距平及风场都较正常年份存在较大的异常,说明典型丰水年大气水循环过程中的主要因素发生了变异,反映了水循环过程的变异特性。而西太平洋副高是影响中国夏季降水的重要系统之一,对夏季降水的位置、强度和持续时间有重要的影响。

在环流风场上,从 850 hPa 和 500 hPa 合成风场图上可以看出,副热带地区反气旋势力强盛,且我国东北和日本东北部地区冷涡气旋异常。典型丰水年的中低层大气在 32°N 左右存在显著的风场辐合,表明来自中国北方的冷空气与西太平洋副高西侧的西南暖湿气流交汇于淮河流域上空,从而有利于形成淮河下游地区降水偏多,且典型丰水年多为弱季风时期,可知其反映的是弱东亚夏季风的影响。同时,研究区及其以南地区为较强的西南风距平,显示了季风所带来的较多水汽;其以北多为西北风及偏西风,较好地显示了两股冷暖气流的交汇辐合上升,反映了典型的梅雨锋面系统,使雨带易于停留在淮河下游一带,造成降水偏多。

而在 200 hPa 风场上,研究区和东北西部分别有显著正负距平异常,伸展到同纬及偏北的日本以东地区,反映了东亚西风急流轴略向南移。由此引发的急流入口区次级环流的异常上升支恰好位于淮河下游及研究区附近,有利降水增加(马音等,2011)。

从本研究区典型洪涝年份的位势高度与风场合成图上可以看出,典型年大气环流形势的配置有利于研究区的汛期降水,表明这种特定的环流配置是造成降水量异常偏多的主要大气环流系统。在这一特定大气环流场配置下,研究区呈现较为典型的梅雨天气系统。较弱的东亚夏季风以及副热带高压北源偏西南风丰富的水汽的影响,都反映了研究区较为显著的水循环过程的特征,由此导致研究区降水较正常年份异常偏多。

显然，没有异常的降水也就难以出现洪涝，而降水是大气环流运动下特定天气系统的结果，且降水量对大气环流的异常具有较好的敏感性。对不同大气环流因子的分析都表明，在不同强弱季风驱动的情形和特定大气环流系统的异常配置下，该地区易于出现降水异常，致使研究区水位异常偏高，引发高洪涝水位。

4.2 影响洪涝的下垫面因素

长三角地区城市化发展所引起流域下垫面土地利用变化、河流水系退化等也是洪涝形成的主要因素。自 20 世纪 70 年代末以来，长江三角洲地区城市空间生长过程开始发生剧烈变化，城市用地增长呈明显的加快趋势。在这种背景下，城市化过程的最显著特征就是对地表属性的改变、对水系及地貌环境的改造，并引起局地降水因子的变化，如城郊降水差异，由此也导致洪涝灾害洪涝因子中地表属性组分和水系特征的变化，从而反过来影响洪涝灾害主要特性变化，如水位、洪峰、历时等。因而，基于城市化视角，长江三角洲地区洪涝因子变化的主要指标要素可归于降水量的变化以及下垫面特性的变化，而下垫面的变化主要表现为土地利用/覆盖变化、湖泊水面率的变化、水系结构特征的变化等。

4.2.1 土地利用/覆盖变化的影响

流域地表径流过程是气象与下垫面共同作用的产物。当前在气候变化的大背景下，流域土地利用/地表覆盖变化对产汇流过程产生了较大影响。城市化等人类活动使得城镇建设用地面积不断扩展，不透水面面积的大量增加，天然河网水系的剧烈衰减，从而减少了地表入渗，缩短了汇流时间，使得洪峰流量加大，峰现时间提前，加速了流域洪涝灾害的形成。

随着长江三角洲经济的快速发展，城市化的迅速崛起，有力地提高了当地人们的生活水平，但也带来了洪涝灾害加剧等水文问题。1991～2006 年期间，长江三角洲地区土地利用结构发生了很大的变化，城镇面积比重由 5%增加到 18%，水田、旱地及水域面积却呈大幅度减少趋势。各类建设用地大量增加，流域可调蓄水面面积的大幅度减小，共同改变了洪涝形式，增加了洪涝灾害风险。

在长江流域的太湖地区，城镇面积由 1991 年的 2 648 km^2 增加到 2006 年的 10 015 km^2，扩大了近 3 倍。在此期间，该流域在 1991 年和 1999 年发生了 2 次流域性洪涝灾害。采用 1991 年的降水数据，计算得出 1991 年、2001 年和 2006 年下垫面条件下的产水量分别为 $42.7\times10^8\ m^3$、$47.6\times10^8\ m^3$ 和 $50.92\times10^8\ m^3$。计算结果表明，随着城市化的发展，不透水面面积的增加，太湖流域的产水量呈持续增加的趋势，增加了区域防洪减灾的压力。

在长江流域的秦淮河地区，不透水率由1998年的3.4%增加为2006年的12.14%，并且在2003年后增加的速率为前一时期的两倍。在此期间，该流域年径流深呈逐渐增加的趋势。通过构建年径流深和降雨量图进一步分析得出，在相同降雨条件下，2003年以后的年径流深点均高于2003年以前的径流深，这表明2003年以后的年径流深在相同降雨量的情况下有增加趋势，进一步说明随着不透水面面积的增加，径流深也在不断增加。

4.2.2　湖泊水面率的变化

流域内城市化扩展的一个重要方式是对流域内水体和林草地的侵占。长江三角洲河湖水体的利用近年来呈现了较大变化，由此导致湖泊水面率减少，湖泊容蓄能力降低。自20世纪70年代以来，长三角地区太湖流域主要湖泊的水域面积一直处于萎缩状态。1971～2002年期间，水域面积总计减少188.87 km^2，平均每年减少5.90 km^2，这与该区域湖泊的围垦利用强度是一致的，说明人类活动对湖泊水面率的影响在显著加剧。

4.2.3　水系结构特征的变化

随着长江三角洲地区经济快速发展和城市化过程的推进，河流水系的结构发生了较大变化。杨凯等(2004)对长江三角洲上海市河流水系结构的研究发现，在非高度城市化地区，河网水系总体上具有Horton分形率的特点；在高度城市化的城区水利片，不同等级河网水系发育的自相似性特征已受到破坏，其影响集中表现为河网水系分支比和水面率的减小，即高度城市化地区河网水系结构趋于简单，非主干河道减少，河网水面率与城市化水平成反比。同时，孟飞等(2005)对浦东新区的研究表明，2000～2003年，浦东新区水域面积减少，河网密度快速降低。城市化不同发展程度对河网水系有不同的影响规律，城市化率很高的主城区，河网水系稳定，变化很小；城市化水平较低的城市边缘区，城市化进程迅速，河网水系缩减迅速；远离市区的地区及城市化水平低，建设用地新增速度慢的地区，河网水系变化小。河网缩减具有显著的区域分异特征，流失的主体部分集中在城乡交替地带，同城市扩展同步。

而对于长江三角洲的太湖流域而言，在城市化的影响下，水系变化显著的特征就是湖泊围垦，圈圩堵河，减少了调蓄水面，抬高了河湖水位(韩昌来等，1997)。水利工程设施也是太湖流域洪涝因子变化的重要影响因子，特别是自1991年以来，太湖兴建了治太骨干水利工程，这些工程在为湖区社会稳定和经济发展奠定了良好的水利基础的同时，也破坏了江河水系直接的水力联系，使原有湖泊水面被堤坝隔绝，造成江、湖、河隔离，使湖泊水系结构变化，亦使湖泊可交换水体的面积减少。

太湖南河水系结构的研究表明(苏伟忠等,2008),南河流域中下游城市化水平高的地区,河网数量节点度高,长度节点度低,等级节点度高,而圩区使得河网数量节点度增加,等级节点度和长度节点度降低,河流交汇点连接的河流数量增加。

4.2.4　经济发展导致地下水开采的影响

由于长江三角洲地区城镇化进程加快,工业生产及城镇生活用水迅速增加,地表水源不断受到污染,人们转向对地下水无控制的开采,导致地下水开采过量,流域内出现大面积的地下水漏斗,并相应出现地面沉降。其中以上海、苏州、无锡、常州、嘉兴地面沉降最为严重。

城镇超采地下水导致地面沉降,结果是降低已建防洪工程的防洪效益,加剧洪涝期间的灾害程度。以常州市为例,1974 年运河最高洪水位曾达到 5.33 m,市区并未出现大面积受淹;而 1999 年大水时,运河水位达 5.3 m,市区由于地面下沉 0.9 m 受淹,而受淹地区 95%为地下水严重超采和一般超采区。地面沉降除降低了原有的城市防洪标准外,也加大了流域防洪调度的难度。

随着太湖流域社会经济发展,产业结构有了明显的调整。许多原来种水稻的农田,现已改种苗木花卉或开挖成鱼塘、建成家禽饲养场等。这些改变可提高单位面积上的经济产值,但和水田相比,其承淹能力较差。水田受淹 2～3 d 不至于使水稻减产,还可滞蓄部分涝水;而这些特色农业、水产养殖业承淹能力很差,受淹半天损失就很大。1999 年大水期间,吴江市、昆山市、嘉善县等特种水产养殖大户,因鱼塘漫淹,甲鱼、螃蟹逃逸,经济损失惨重。

城市的新区、开发区、小城镇防洪设施薄弱,目前防洪能力仅为 10～20 年一遇。城市新拓展地区往往没有充分考虑防洪要求,成为不设防城市。如杭嘉湖地区的菱湖、南浔、千金、善琏、练市、王江泾等小城镇,在 1999 年大水中都被淹了 5～10 d。

4.3　长三角地区洪涝灾害特征分析

4.3.1　流域洪涝灾害影响因子分析

由于我国城市化与工业化、人类活动与财产主要集中在流域中下游地区,因此该区域防洪减灾任务就更加迫切。在洪涝灾害的发生过程中,洪涝因子的脆弱性、致灾因子的危险性和承灾体的易损性特征决定了洪涝灾害灾情的严重程度。

在洪灾发生发展过程中,洪涝因子是基础背景,因此洪涝因子稳定程度的动态变化和变异过程是孕育、诱发、加速和加剧灾害发生的重要原因。当前，在城市化快速发展和人类活动影响日益加剧的背景下，现代洪涝灾害更多的是受人类活动的影响，洪涝因子的影响因素也更为复杂，尤其在以城市化过程为主的地区。从流域城市化影响方面来考虑，洪涝因子的影响因素可以概括为自然和人文要素，其具体指标包括降水、下垫面、土地利用/覆盖变化、河湖水系等方面。

在洪涝灾害洪灾因子中，异常降水是洪涝爆发的直接原因，是洪涝灾害最直接的致灾因子。因而，在影响洪涝因子的气候因子中，引起洪涝因子变化的主要因素指的是引起降雨发生变化的要素，在我国主要表现为季风的进退与强弱，副高的强度与位置的变化，大气环流与高空场的特征等。

近年来，长三角地区城市化发展迅速，人类活动对土地利用格局变化造成很大的影响。尤其是不透水面和城镇面积的大量增加，一方面引起水系结构变简单、河湖水面率和河湖调蓄容量的减少；另一方面，大量建筑物的兴建、众多纵横交错的道路以及人工排水系统的建设，使得城镇区内河流水系的水文特性发生较大的变化，增大了洪峰流量，缩短了径流汇流时间，增大了径流系数，改变了城市径流的形成条件。两者共同使得城市洪水发生概率加大，同频率等级洪水流量加大，洪涝灾害发生变易。

综合而言，人类城市化活动对洪灾因子的改变，其实质是对洪灾因子组分的影响，并通过其组分对洪灾因子的变异、动态过程、时空变化等的改变，影响洪涝灾害的孕育、诱发、加速和加剧，从而导致洪涝灾害的频率和程度发生变化，并致使洪涝灾害的水文特征发生改变。本章以太湖流域与里下河地区为典型区域，讨论洪灾因子变化对洪灾的影响。

4.3.2　太湖流域洪涝成因分析

太湖流域位于长江三角洲南缘，流域面积达 3.7×10^4 km^2。流域地貌主要包括山地丘陵与平原河网两大类，其中平原河网面积占 80%以上，是我国城市化发展最为迅速地区，已形成了以上海为中心的苏州、无锡、常州以及杭州、嘉兴、湖州都市圈，形成世界上少有的城市化群。城市化发展有力促进了该地区经济发展，但同时使得流域下垫面性质发生了剧烈变化，加剧了洪涝灾害发生的风险。

太湖流域的洪涝灾害，主要由大量降水造成，另外，由于风暴潮的影响，导致潮水漫溢或冲毁堤岸，也是太湖流域沿海地带的灾害之一。

受亚热带季风气候的影响，太湖流域的主要洪水出现在 6～7 月的梅雨期(以 1954 年梅雨最典型)和 8～9 月的台风期(以 1962 年台风雨最明显)。冬季和春季降雨较少，但也会出现锋面型降雨，造成冬汛和春汛(如 1997 年冬汛和 1998 年春汛)。根据 1954～2006 年的降雨量统计数据分析，太湖流域多年平均降雨量大约为 1 181.6 mm，且多集中在夏季，其中 5～9 月份降水量占全年降水量的 59.9%。梅雨所致太湖最高洪水位大多出现在 7 月份，台风雨所致太湖最高洪水位或强降雨地区的最高洪水位则可以迟到 9 月份。

近 53 年来，太湖流域西部、北部年降水量减少，变化幅度较小；东南部年降水量增加趋势较明显。通过对太湖流域历史上的洪涝灾害的分析，太湖以东地区易发生洪涝灾害，太湖流域降雨的空间变化特征对全流域的防洪，尤其是下游洪泛区的排涝带来不利影响。1954 年洪水太湖最高水位 4.15 m，直接经济损失约 10 亿元。1991 年洪水太湖最高水位 4.79 m，流域受灾面积 696.9 万亩，成灾面积 158.4 万亩，粮食损失 18.8 亿斤，倒塌房屋 118 473 间，人员伤亡 83 人，直接经济损失113.9亿元，其中苏锡常地区损失最为严重。1999 年洪水太湖流域最高水位 5.08 m，受灾县(市、区)49 个，受灾人口 746 万人，倒塌房屋 3.8 万间，受灾面积 1 031 万亩，成灾面积 500 万亩，堤防损毁 8 138 km，直接经济损失高达 141 亿元。

可见，随着城市化的发展，太湖流域洪涝灾害的最高水位越来越高，这说明，除降水因素外，城市化对地表属性的改造导致径流增加的水文效应日益显著，加剧了洪涝灾情。在长江三角洲地区洪涝因子发生变化的情景下，人类城镇化活动加强，使相当一部分原来为透水性的地面变成不透水性的地面，从而增大了径流系数，造成水位变化对城镇化敏感性有所上升，这对区域洪涝防御具有参考意义，应该引起重视。

1）洪灾特征分析

洪水过程是气象因素与下垫面综合作用的结果。太湖流域是典型的洪灾多发区，本地区的洪水主要是暴雨洪水，主要有梅雨锋型的暴雨洪水和台风型的暴雨洪水。

(1) 梅雨锋型的暴雨洪水：太湖流域由梅雨所引发洪涝的概率最高，梅雨所引发的洪水往往历时长、总量大，但其洪峰流量一般不会很大，且洪水过程变化也较为平缓。梅雨往往导致平原河网水位的普遍持续上涨，是长三角地区洪涝灾害的主要原因。当梅雨覆盖范围较大时，长江与太湖容易同时爆发大洪水，从而使太湖的入江通道因长江高水位顶托而阻塞，致使洪涝灾害异常严重。

新中国成立以来，太湖水位有 10 次超过 4.00 m，除了 1962 年和 1989 年是由台风型暴雨引起外，前 7 位均是由梅雨型暴雨所导致的。其中，1954 年、1991 年和 1999 年等较大的流域性洪水，都是典型的梅雨锋型暴雨洪水。1954 年洪水是长江流域的全流域性大洪水，该年梅雨期长达 62 d，同时太湖流域普降暴雨，太湖最高水位达 4.68 m。1991 年洪水为江淮下游大洪水，与 1954 年相比，雨带较窄(陈家其，1995)，期间主要有三次集中降水，30 d、45 d 与 60 d 的时段降水量都超过了 1954 年，太湖水位陡涨，超警戒水位和危急水位历时分别长达 81 d 和 38 d，超过了历史最高水位。常州、无锡和苏州等地的受灾情况严重，其受灾面积分别达到 901 km^2、781 km^2 和 796 km^2，主要集中在宜兴、溧阳、金坛等太湖以西地区及东太湖湖滨的大片圩区。淹没区主要是滆湖、长荡湖的湖滨坪田区等被围垦的湖滩地。此外，从徐舍到溧阳（滆湖与长荡湖）以南的低洼地区受淹也较严重，这主要是由于两次的阵雨中心都集中在这里，第 1 次（6 月 12 日～17 日）降水量为306 mm，第 2 次（6 月 30 日～7 月 13 日）降水量为 554 mm，都达到百年一遇，致使河湖水位陡涨，漫堤破圩，大片农田被淹。1999 年，太湖流域 6 月 7 日入梅以后，先后出现 4 次强降水过程，梅雨期长达 43 天，流域面平均梅雨量为常年均值的 2～3 倍，大大超过 1991 年。受强降水影响，河湖水位普遍超历史记录，太湖水位达创纪录的 5.08 m，超警戒水位时间长达 116 d，是 20 世纪有纪录以来的最大洪水（国家防汛抗旱总指挥部，1999）。

（2）台风型的暴雨洪水：1962 年洪水为历史罕见的强台风型暴雨洪水。雨区涉及整个太湖流域，暴雨中心位于苏州，其中 9 月 5 日、6 日两天的降水量就高达 436.9 mm 以上，虽然此次降水前流域较干旱，河湖水位不高，但由于降水历时短，强度大，加之下游洪水顶托，河道水位上涨速度快。

综合来看，该地区的洪涝灾害主要有以下特点（戴甦等，2004）：

①洪涝灾害异常频繁。平均每 4～5 年就有一次洪涝灾害，其中 20 世纪 90 年代连续出现 5 次大水。

②分布范围广。受该地区地理位置及以平原河网为主的地形特征的影响，极易形成区域性的大面积洪涝灾害。

③洪灾与涝灾混杂。区内以平原洼地为主，每逢大范围持久降水或局部大暴雨时，难以区分洪灾和涝灾。尤其是在无圩与破圩的地区，洪涝水混杂；而未破圩的地区，受外河水位及圩内排水条件的限制，易发生因涝致洪或因洪致涝的现象。

④灾害损失巨大。该地区我国经济最发达的地区之一，人口密度高，经济总量大，每遭洪涝，经济损失严重。

2）洪灾成因分析

太湖流域成为洪涝灾害的典型多发区，是由其自然条件决定的，而不当的人类活动在一定程度上加重了其危害性，即该地区洪灾是自然条件与人类活动综合作用的结果。

（1）自然原因

该地区的洪涝灾害主要是由大规模的降水造成的。历时长、强度大的梅雨是全区性洪涝灾害的主因，短历时、高强度的台风雨往往造成局部地区洪涝灾害。此外，太湖流域大部为冲积平原，四周较高，中部低洼，且河水会受到潮水顶托，因此，一旦发生大范围、高强度的降水，极易导致洪涝灾害。

(2) 社会原因

①大规模围湖造地及泥沙淤积。该地区围垦历史悠久，致使水面率锐减，加上泥沙淤积，调蓄容积被大大削弱；同时湖荡相通的河道被切断，导致行洪不畅。

②大范围联圩、并圩。大范围的联圩、并圩打乱了原有的水系，阻塞了原有河道，导致上游地区排水不畅，洪水威胁加重。圩区建设与区域防洪之间的矛盾亟待解决。

③地下水的大量开采。地下水的过量开采，导致了大范围地面沉降的出现，加剧了洪涝灾害，减弱了防洪设施的效应，导致水文资料失真，加重了流域洪水预报调度的困难。

④城市化的快速发展。城市化的快速发展，一方面造成城市热岛效应和城市阻碍效应，同时在城市上空产生丰富的凝结核，使得城市化地区降水有增加趋势，降水强度增大，降水的时间延长；另一方面造成下垫面大量向不透水面转变，河流、湖泊等蓄水体减少，降水下渗量减少，使得地面径流成分增多，汇流速度加快，结果使洪水总量和洪峰流量增大，峰现时间提前。此外，城市是人员和资产高度集中的区域。城市经济类型的多元化及资产的高密集性，致使城市的洪灾承灾体迅速增多，价值增长迅猛；若以供水、供电、交通、通信及金融信息网络等为主体的城市命脉因灾中断，则会导致城市工业、商业、服务业及对外贸易等的间接经济损失比重不断增加。

4.3.3　里下河地区洪涝成因分析

里下河地区系长江三角洲北缘、江苏北部的平原水网地区，城市化发展相对较为滞后，是长三角地区经济相对欠发达地区。分析该地区洪涝灾害成因对深入了解长三角洪涝灾害特点有较大帮助。

下面从影响洪涝的自然因素和人类活动因素两方面，分析里下河腹部地区水循环变异下洪涝灾害的影响，综合分析“季风驱动—水循环变异—降水异常—洪涝事件”的“作用链”过程及模式。

1) 自然因素的影响

(1) 降水因子：里下河腹部地区位于我国北亚热带向南温暖带的过渡带地区，1957～2006 年间的多年平均降雨量为 1 000.4 mm，最大年降水量为 1991 年的1 685 mm，降水主要集中在主汛期 6～8 月，汛期 5～9 月降水占年降水量的 70%左右。前述研究表明，汛期最大 30 d 降水量是洪涝的主要水量构成，并且主要洪涝年汛期降水与年最高日均水位(以兴化站为例)对应关系较好(见表 4.1)。

表 4.1　主要洪涝年降水与年最高日均水位对应关系

特征值(mm)	1954 年	1962 年	1965 年	1980 年	1991 年	2003 年	2006 年
5～9 月面降水量	641.5	1154.0	1055.6	934.5	1283.9	964.2	794.4
最大 3 d 降水量	179.3	172.98	197.32	102.42	204.33	145.27	183.71
最大 15 d 降水量	316.1	375.2	308.9	166.47	533.6	428.8	274.47
最大 7 d 降水量	195.1	301.7	261.7	247.09	341.2	265.2	365.57
最大 30 d 降水量	503.2	501.5	533.5	435.74	660.8	560.7	434.19
兴化站最高水位(m)	3.09	2.91	2.88	1.97	3.35	3.24	3.02

从降水的空间分布上也可以看出，里下河腹部地区汛期降水呈现东南较多、西北相对偏少的分布特点，并且表现出由东南向西北减少的趋势。多年汛期平均降水量(见图 4.2(a))和典型丰水年汛期降水量(见图 4.2(b))的空间分布上，高值中心出现在安丰、兴化、盐城一带，次级高值区域在高邮、沙沟、宝应一带。由于里下河三大洼地主要在兴化、溱潼、建湖片区，射阳镇站所处位置亦为射阳湖所在的低平湖荡区，而且暴雨降水往往在中东部和周边地区，因此一旦发生强降水，往往造成“四水投塘”，导致暴雨降水演变为洪涝灾害。

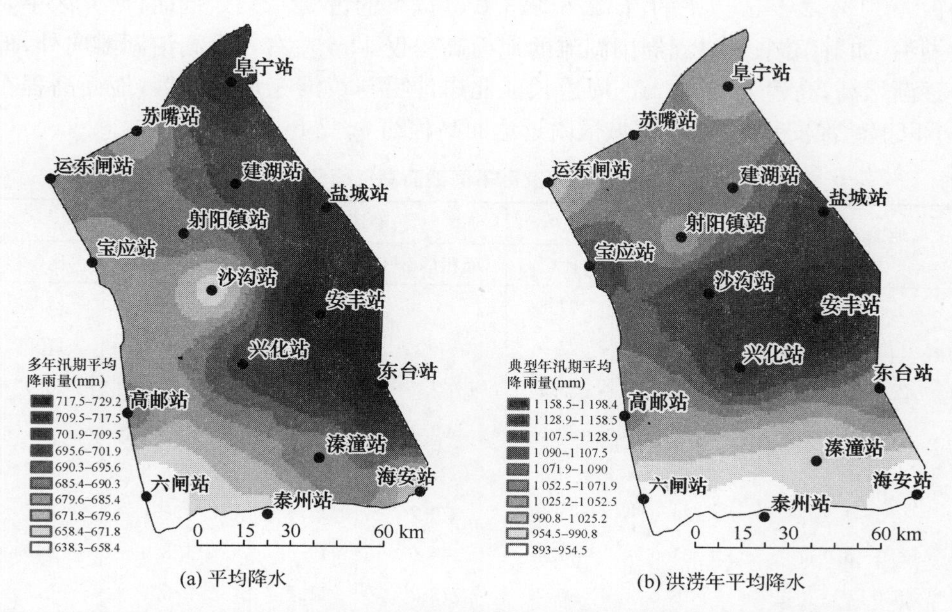

图 4.2　研究区 50 年汛期平均降水及主要洪涝年汛期平均降水的空间分布

已有关于江淮流域洪涝的研究表明，影响里下河地区降水的天气系统复杂，但主要是6月梅雨和7～9月间台风暴雨（杨秋明，2002；张庆云等，2003；龚振淞等，2006；何金海等，2007）。1991年夏季，副热带高压西伸北抬，脊线稳定在23°N附近。由于副高稳定少动，流域受副高边缘西南暖湿气流控制，同时中纬度西伯利亚冷空气侵入，冷暖气流交汇，造成江淮流域长时间的暴雨天气（钱步东等，1994）。受此影响，兴化市1991年梅雨期长达57 d，梅雨总量1 302 mm，是平均梅雨量的5.7倍。说明副热带高压活动异常、中高纬阻塞、热带对流活动偏弱及南北冷暖气流交汇等大气环流系统是造成降水偏多的主要天气原因，而研究区异常的暴雨降水是导致洪涝发生的最主要的致灾因子。

（2）“锅底洼”地形：里下河腹部地区是里下河地区洪涝最为严重的区域，呈现典型四周高、中间低的地貌类型，俗称“锅底洼”。对于低海拔平原地区而言，地形地貌对洪涝具有重要的影响作用，影响到流域洪涝的排泄、水位的变化、淹没范围的大小。

从研究区不同地面高程分布可知（见表4.2），研究区总面积11 722 km²，而地面高程2.5 m以下的占全区总面积59%，接近6成；高程3.0 m以下的占80.2%。其中，沿里运河、灌溉总渠的自灌区面积2 340 km²，除有部分属自灌区坡地外，其余大部分已建圩，高程3.0 m以下的占28.0%。圩区总面积9 382 km²，高程2.0 m以下的占40.1%，2.5 m以下的占72.6%，3.0 m以下的占93.2%。同时，研究区主要大湖泊，如射阳湖、大纵湖周围湖滩的地面高程仅1 m左右。由湖泊湖滩向外，地势逐渐增高，高程为3～5 m。周边长江北岸沙嘴与黄淮三角洲沙嘴，地面高程在5 m以上。淮安楚州区、江都城区附近地面高程约6～7 m。

表4.2　研究区不同地面高程面积

地面高程(m)	圩区		自灌区		合　计	
	面积(km²)	占比(%)	面积(km²)	占比(%)	面积(km²)	占比(%)
1.5以下	1 669.1	17.8			1 669.1	14.2
1.5～2.0	2 095.7	22.3			2 095.7	17.9
2.0～2.5	3 047.5	32.5	97.1	4.1	3 144.6	26.9
2.5～3.0	1 929.6	20.6	560.3	23.9	2 489.9	21.2
3.0～3.5	363.1	3.9	595.2	25.5	958.3	8.2
3.5～4.0	126.0	1.3	370.7	15.8	496.7	4.2
4.0～5.0	135.0	1.4	444.0	19.0	578.0	4.9
5.0以上	16.0	0.2	272.7	11.7	288.7	2.5
合计	9 382	100	2 340	100	11 722	100

地形对洪涝形成的影响主要表现在两个方面：地形高程及变化程度。对于低

海拔平原水网地区而言，地形高程越低，地形变化越小，降水越难以排泄，越易出现洪涝。绝对高程可直接用 DEM，而地形变化可以用坡度来表示。本节采用栅格 3×3 邻域内的 9 个栅格（包括其自身）计算某处高程的标准差来表征该处地形变化程度。研究区 DEM 及高程标准差见图 4.3，标准差越小，表明该栅格附近地形变化越小。

从图 4.3 可以看出，无论是研究区高程 DEM（见图 4.3(a)），还是高程标准差（见图 4.3(b)），都很好地显示了里下河腹部地区低海拔平原的“锅底洼”特性。研究区南、北边缘及西部少数地区高程相对较高，其余地区明显偏低。同时，里下河腹部地区被众多的湖荡、沼泽所分割，景观破碎度高。

由此可见，里下河腹部地区是典型的周围高、中间低的“锅底洼”地形，这种地貌形态不利于洪水排泄，导致洪涝频繁，且一旦洪涝发生，淹没范围偏大。因此，“锅底洼”地貌是易发洪涝的孕灾环境大背景，使得研究区具有更大的洪涝脆弱性特点。

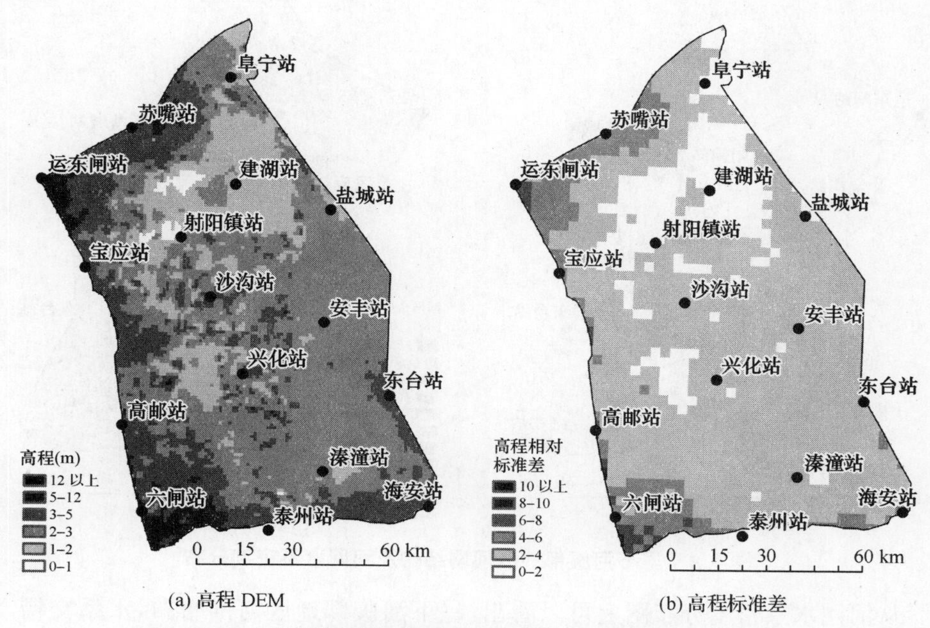

图 4.3　里下河腹部地区高程 DEM 及高程标准差分布

(3) 河网水系格局：里下河地区是淮河流域洪泽湖下游重点防洪区域，而里下河腹部地区更是防洪的重中之重。研究区外部既受流域性洪水和海潮威胁，更频繁的受其内部的区域性洪涝危害。由于“锅底洼”地形地貌的影响，里下河地区历史上是流域洪水走廊，为此，里运河东堤修建有五条入海堤坝。1950 年后，基于抵御洪水、潮水目标，加固了洪泽湖大堤，开挖了灌溉总渠，并加固了里运河堤防，又沿通扬公路进行了水系封闭，以阻抵通南地区高地洪水入境，致使里下河腹部地区的水系成为一个相对独立封闭的水系。而在向外排泄洪水方面，里下河腹部地区联圩并圩，逐步改造，疏通了射阳河、新洋港、黄沙港、斗龙港，形成了以四港自排入海为主的自流排水体系。可见，受水利改造影响及"锅底洼"地形限制，里下河腹部地区形成一相对封闭的水网格局，水系交错，格局复杂。

依据 1∶50 000 比例尺地图提取的里下河腹部地区水系如图 4.4(a)所示，图中里下河腹部水网区水系密集、河网交错。而同时，受人类活动的影响，部分支流水系受损乃至消失，河网数量和长度都发生了变化。针对里下河腹部水网区平原河网的特殊性，本书以 1 km×1 km 的格网为单位，以每个格网内河流的长度除以格网面积来表示格网的河网密度，然后进行栅格化，得到河网水系密度分布，如图 4.4(b)所示。

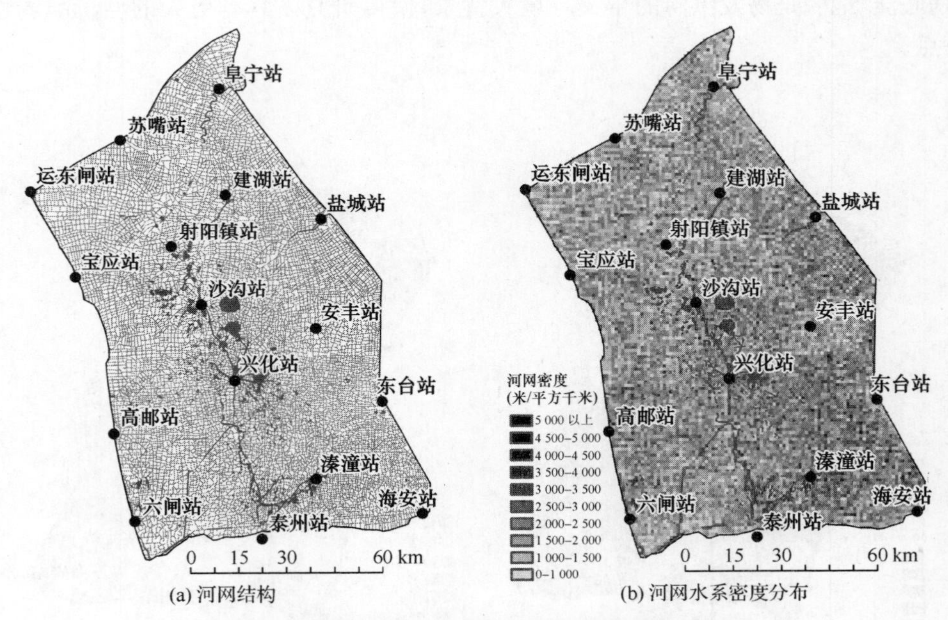

(a) 河网结构　　(b) 河网水系密度分布

图 4.4　里下河腹部地区河网结构及河网水系密度分布

从河网水系密度分布图上可以看出，里下河腹部地区河网密布，水系交错，河网结构复杂，且河网密度总体都处于较高的水平，属于典型的水网地区，这是该地区洪涝发生的基础因素。而从空间分布上看，兴化、溱潼、建湖、射阳镇等地区是相对河网密度的高值区，也较好地反映了研究区兴化、溱潼、建湖三大洼地的特征。因此，基于河网密度角度，里下河腹部地区的兴化、溱潼、建湖等都属于洪涝灾害危险性较高的片区。加上地势较低，自排能力较弱，使得洪水难以排泄，也加剧了洪涝的发生。虽经治理后具有相对独立的引排水系统，但这种封闭式流域格局仍然是洪涝多发的主要影响因素。由此可见,研究区复杂的河网水系格局较之其他地区具有更大的洪涝易损性特征。

2) 人类活动的影响

(1) 河道淤积:里下河腹部地区水系相对封闭,洪水主要靠沿海港闸和入海河道排泄入海。然而,由于沿海垦区大量修建闸,导致潮波变形,加之上游抽水站影响、用水量增加以及滩涂围垦等因素,导致下泄径流量减少等,造成港道淤积,使得港道排涝能力急剧下降。2006 年汛前,"四港"闸下港道淤积 5 020.4×10^4 m^3,过水能力大大降低。垦区也由于港道淤积,独立自排功能无法实现。东台新港闸、三仓闸、竹港闸先后淤废,川东港闸接近淤废;王港闸、三里闸、四卯西闸淤积也日益加剧。里下河沿海部分挡潮闸的闸下港道淤积情况如表 4.3 所示。可见,由于排洪水道淤积严重,导致排水受阻,进而导致洪涝水量滞留,使水位趋高。

表 4.3 里下河地区闸下港道淤积情况表

闸 名	平均过水面积(m^2)			河床容积($\times10^4$ m^3)			平均淤高(m)
	建闸初	2003 年	减少量	建闸初	2003 年	淤积量	
射阳河	2 290	875	1 415	3 480.9	1 334.9	2 146.0	1.0
黄沙港	654	354	300	896.0	486.5	409.5	0.6
新洋港	1 841	304	1 537	1 951.6	320.2	1 631.4	5.3
斗龙港	521	258	263	349.1	172.3	176.8	2.2
西潮河	174	97	77	17.1	9.5	7.6	0.8
川东港	105	15	90	126.0	18.0	108.0	1.0
梁垛河	111	1	110	5.39	0.05	5.34	1.0
方塘河	153	60	93	6.57	2.13	4.44	1.3
夸套闸	62	29	33	17.98	8.29	9.69	0.9
双洋闸	119	49	70	13.07	7.82	5.25	1.3
运粮河	144	96	48	26.60	17.30	9.30	1.8
环洋洞	87	22	65	6.44	1.31	5.13	1.2
射阳港	52	0	52	2.39	0.00	2.39	2.0
运棉河	297	111	186	19.34	6.64	12.70	1.8
利民河	207	118	89	26.08	14.68	11.40	1.9

数据来源:里下河地区水利规划,2004。

同时,里下河腹部地区排水主要靠动力抽排,但圩内抽排动力有限,目前抽排动力为 42.32×10^4 kW,总抽排流量为 6 100 m^3/s,排涝模数为 1.04 m^3/(s · km^2),折合圩内排水仅为 89.4 mm/d,与里下河地区暴雨降水量相比,相差较大,导致无法及时排出涝水，进而演变成区域洪水（江苏省水利厅里下河地区水利规划，2004）。1991 年里下河腹部地区 6 月 28 日到 7 月 12 日共 15 d 向外排水量仅占产水量的 44.3%，有 55.7%涝水滞积于里下河腹部，造成严重洪涝（钱步东等，1994）。可见，由于淤积导致排涝能力降低以及抽排能力较小是洪涝水位偏高的人类活动影响效应，其主要原因为河道淤积导致水位趋高。

（2）湖荡萎缩：湖荡水体具有重要的洪涝水量调蓄能力，然而，由于大范围、高强度的人类围垦活动，里下河腹部地区湖荡调蓄能力急剧下降。20 世纪中期，里下河地区在 0.5 km² 以上的湖荡有 51 处，有水域、湖荡滩地 1 300 km² 以上；1965 年，尚有湖荡水域滩地 1 073.1 km²；1979 年为 495 km²；1986 年为344 km²；1992 年为 216 km²；到 1997 年只剩下 38.4 km²；到 2005 年时虽有所恢复，约为 58.1 km²，也只占 1965 年湖荡总面积的 5.4%，绝大部分湖泊湖荡已经基本消失，大于 0.5 km² 的在 1991 年时只剩下 24 处（江苏省水利厅里下河地区水利规划，2004）。

1981 年，研究区大纵湖和蜈蚣湖的水体面积分别为 28.04 km² 和 17.10 km²，到 1997 年时分别为 24.74 km² 和12.90 km²，分别减少了 11.77%和 24.56%。兴化市得胜湖 80 年代初面积为15 km²，是里下河腹部继大纵湖和蜈蚣湖之后的第 3 大湖泊，但在 1997 年的遥感图像上，该湖已基本消亡；且兴化洼地的敞水面积也由 1988 年的 313.55 km² 减少至 2006 年的 228.37 km²，减少了 85.16 km²（谢文君等，2000）。

进一步分析里下河腹部地区湖荡面积与相应年兴化站最高日均水位关系也可以看出（见图 4.5），1980 年代以来，随着湖荡面积锐减，其相应年最高水位总体呈升高的反相变化趋势，反映了湖荡调蓄能力降低的水位趋高效应，可见，由于湖荡萎缩，减弱了湖荡水体对洪涝水量的调蓄能力，使得水位趋高。

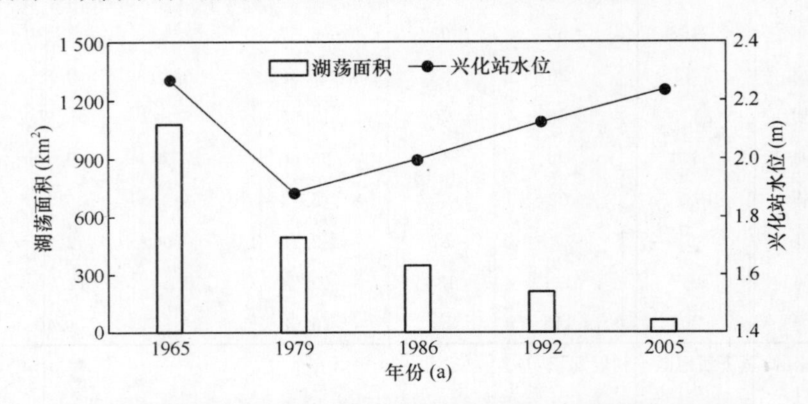

图 4.5　研究区主要年份湖荡面积与相应年兴化站最高日均水位

里下河腹部地区对湖荡利用的方式主要是圩垸垦殖。研究区目前有圩区

1 398处，圩堤总长度 13 239 km，相应圩内面积为 5 885.93 km^2。从圩堤高程上看，高程在 4.0 m 以上的占 88.1%，4.5 m 以上的占 62.9%。有圩口闸 10 683 个，圩口闸顶高程在 3.5 m 以上的占 73.3%，4.0 m 以上占 16.8%（江苏省水利厅里下河地区水利规划，2004）。可见，由于圩垸活动，水道被逐步堵塞，湖区面积缩小，湖荡的洪涝调蓄作用大大降低。目前湖荡调蓄防洪库容已由 20 世纪 50 年代的 $20\times10^8 m^3$ 锐减到仅约 $1\times10^8 m^3$，导致圩外河湖水位抬高，洪涝风险增加。同时，由于在洪涝期间，圩垸区争先向圩外排水，使圩外水量增加，人为导致圩外防洪压力加大。

此外，人类活动导致滞涝面积不足也是洪涝多发的另一原因。由于圩垸垦殖，滞涝范围逐渐缩小，目前，自由湖荡的滞涝面积仅为 58.1 km^2，仅仅能够勉强维持 2.0 m 以下洪涝水位；2.5 m 水位时启用的滞涝面积也仅为 216 km^2；3.0 m 水位时启用的滞涝面积约为 695 km^2。并且，由于有的滞涝圩内居住人口较多，事实上已难以实现滞涝功能，使得滞涝面积减少，实际滞涝圩可利用率剧减。由此可见，里下河腹部地区湖荡面积明显减少，滞涝面积严重不足，导致湖荡调蓄能力丧失，河网水位升高，加剧了洪涝灾害。尽管建设了大量外部引排水利工程设施，但洪涝灾害的风险仍然很大。

（3）城镇化水文效应：变化环境（全球气候变化和人类活动影响）是水循环变异的主要影响方面，从当前人类活动的影响角度看，最为典型的人类活动是城市化过程，而其中土地利用/覆盖变化（LUCC）是"变化环境"的主要表现之一，直接体现和反映了人类活动的影响水平（周广胜等，1999）。LUCC 代表了一种人为的"系统干扰"，是直接或间接影响水文过程的第二个主要边界条件（万荣荣等，2004）。在较长时间尺度上，气候变化对水文水资源的影响明显；但在短时间尺度上，LUCC 是水循环变异的主要驱动要素之一（李昌峰等，2002；Defries et al.，2004）。

随着里下河地区城市化的发展，不透水面增加，这必将导致径流系数增加，产水率加大。基于城市化不透水面面积增加的事实，本节以城镇建设用地指标反映城市化水平的发展，得到研究区部分地区（未含盐城地区）1991 年、2001 年、2006 年土地利用变化过程（见图 4.6）。

由图及数据分析可知，里下河腹部地区城市化发展较为迅速，1991～2006 年期间，城镇面积扩大了近 9 倍，城镇面积从 129 km^2 增加到 1 258 km^2；水田面积总体上略有减少，从 1991 年的 4 434 km^2 下降到 4 104 km^2，年均减少 22 km^2；旱地面积减少超过 50%，从 1 373 km^2 减少为 649 km^2；水域面积从 645 km^2 减少到 542 km^2。该区土地利用变化主要表现为旱地向城镇用地的转移，且变化幅度相对较大。可见，由于城镇用地增加，导致地表不透水面积增加，减少了雨量的下渗，增加了径流水量，致使径流汇集时间缩短，出现相同频率降水但汇流增加的局面，加

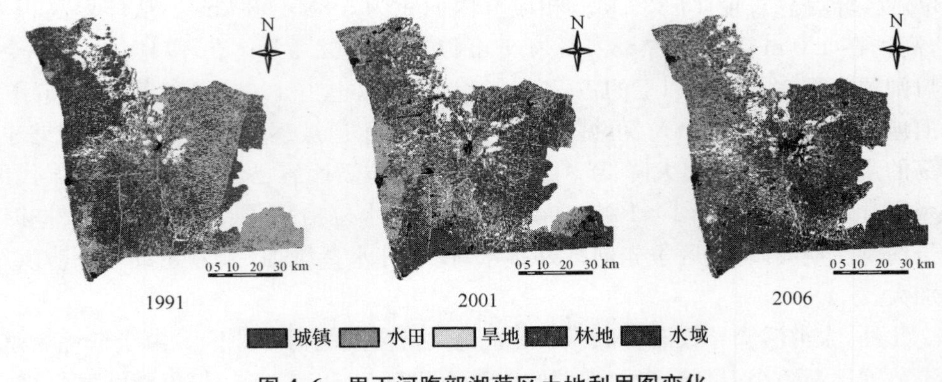

图 4.6　里下河腹部湖荡区土地利用图变化

重了洪涝程度。如 2006 年，里下河腹部地区汛期最大 3 日降水量重现期为 28 年一遇，较其他典型洪涝丰水年都小，但兴化站最高日均水位却达 3.02 m，是典型的城镇化径流增加等不利水文效应影响的结果。同样，2005 年汛期降水量重现期仅为 9 年一遇，但兴化站最高日均水位却达到 2.35，超过警戒水位。可见，快速城镇化过程导致城镇规模不断地扩张，改变了地表的下垫面特性，形成了不同于自然地表的“城镇第二自然格局”，对地表水文过程产生了深刻的影响（袁雯等，2007）。城镇化过程使得相当比例的透水型下垫面为不透水的硬化表面所覆盖，影响了雨水的截留、下渗等水文要素以及产汇流过程，进而影响了流域的水文情势和产汇流机制，加大了洪涝灾害发生的频率和强度（Marshall et al.，2008；陈莹等，2009）。

同时，由于里下河腹部地区农田推广麦套稻种植方式，导致汛期田间可持水幅度大大减少，未能充分发挥其蓄水效应，也导致了河流水位居高；且由于农田排涝能力下降，造成田间积水时间加长。随着拦蓄水工程和抽排能力增大，主干道汇水加快，加之一些地区盲目向干流抢排，导致干流水量壅集，水位上涨加快，加重了涝灾灾害。

5 流域洪水模拟与预警研究

我国大部地区主要受季风气候的影响，每年6～9月汛期往往会形成较大范围的流域洪涝灾害，而这些流域洪水基本都是由流域暴雨所致。因此，探讨我国东部流域暴雨洪水的形成规律，开展流域暴雨洪水的模拟分析，预测未来洪水的发展以及可能产生的洪涝灾害程度，开展流域洪涝风险的预警分析，对城市化高度发展的地区的防洪减灾具有重要意义。

对于流域中下游平原城市化地区，洪水风险主要表现为两类：一类是由于本地暴雨洪水不能及时排出而造成的渍涝灾害，而另一类则是上游暴雨洪水对本区产生的溃决淹没灾害。本章重点介绍流域上游暴雨洪水的模拟预测与预报方法，基于流域水文模拟模型，开展流域产汇流计算分析，模拟分析流域暴雨洪水过程，预测未来洪水变化趋势，以便为流域洪水调度提供依据。而第6章将介绍洪水淹没模拟的计算分析方法，重点对流域下游洪水的可能淹没范围以及洪涝灾害的风险图编制进行探讨分析，以便为流域防洪减灾决策提供支持。

5.1 流域洪水模拟模型参数研究

5.1.1 模拟模型参数分析

1）遥感信息在水文模型中应用分析

随着计算机应用的普及和发展，已广泛采用数学模型来模拟流域的水文动态过程，并据此进行流域洪水监测预报以及水资源评价等水文计算工作。在此基础上，相应的建立了一批水文数学模型，其中最早是一些统计回归模型，而目前应用较多的是具有一定物理概念的确定性水文模型，并已发展到采用一些分布式的水文模型。这类模型以径流形成的物理机制为出发点，由降雨的输入通过模型转换计算，最后形成径流的输出。模型的转换过程即反映流域下垫面的径流调蓄过程，而模型的参数则反映了流域下垫面特性，当模型应用于不同的流域时，模型参数必须根据该流域特征加以确定。这类模型在流域水资源估算、洪水预报的应用中均取得了较好的效果。但不足的是，在应用模型进行分析计算时，受流域下垫面资料的限制，大多数情况下，模型参数只能利用流域的实测水文资料率定求得，这样求得的模型参数值往往失去了原模型参数的物理意义，因此在一定程度上也就影响了模型的应用价值。而遥感信息的应用可较好地弥补这一不足。因此有必要将目前的水文模型和遥感信息相结合，利用遥感信息确定或辅助确定模型中的相关参数，进行水文和水资源研究。这对我国广大无资料地区水文预报和水资源估算具有特别重要的意义。

卫星遥感技术可较快速、较准确地提供大范围的流域地质地貌、植被覆盖、土地利用、土壤类型以及土壤水状况等信息，这就为流域的径流估算、洪水预报等地表水的动态模拟提供了较便利的条件。

目前，资源卫星遥感对流域下垫面土地利用、不透水面面积、流域水文网密度、冰和雪的覆盖范围、地下水补给和排泄区域等都具有较高的分辨率，这些都有助于水文模型的参数推求。特别值得一提的是，微波和红外波段的遥感可透过流域下垫面覆盖层，监测流域表层 0～10 cm 的土壤湿度。随着遥感技术的不断发展，目前已出现许多先进的传感器和遥感平台，法国 SPOT 卫星分辨率可达 2.5 m；美国 IKONOS 全色波段可达 1 m 分辨率，而多光谱波段也可达 4 m 分辨率，因而可获得较高分辨率的影像信息；而 Quickbird 影像分辨率已达 0.6 m，这就为正确反映流域下垫面水文特性创造了有利条件。同时气象卫星可在一天内获取同一流域两次以上的影像，为利用遥感信息进行实时水资源动态监测提供了可能。遥感飞机、气象雷达和卫星遥感的联合利用，更为水文模型参数快速、准确地推求创造了良好条件。

由于目前遥感技术不能直接量测出水文变化量的数值，只是记录了综合反映流域下垫面特征的光谱信息，所以水文模型的任务首先是要将这些光谱信息转变成水文信息。利用遥感信息确定水文模型参数是遥感在水文中的一个应用尝试，实践表明，在水文遥感研究中，此项工作具有较高的理论和应用价值，是一个较有前途的发展方向。

由于遥感信息对流域下垫面地质、地貌、土壤有一定分辨率，同时对植被覆盖和土地利用有较高的分辨率。因而遥感信息在水文模型的最初应用是利用陆地卫星影像分析下垫面地理要素，对流域地质、地貌和植被等进行分类及编制下垫面类型图。将这些下垫面地理要素和流域内径流等水文特征值建立相关关系，利用所建立的回归相关模型来估算流域内水资源数量(年径流或多年平均径流量)。这一研究对无资料地区的水资源评价、估算具有较大意义。

目前，我们所采用的水文模型通常代表一个指定流域的平均情况。大多数是采用集中参数模型，故模型所需的输入和参数值都是面上平均值。而现行水文气象资料是点上观测资料，因此需要根据这些点上观测资料推求出面上平均值。由于观测点的密度有限，一般所推求的面上平均值都带有许多误差。而利用遥感信息所获得的就是流域整个面上状态，可以帮助克服常规点观察资料所带来的误差，因而有助于改善模型的输入。

2）利用遥感信息确定水文模型参数的方法

径流过程是气象因素和下垫面共同作用的产物，大多水文模型主要是对影响径流形成的这两方面因素进行模拟分析；或根据流域观测实验资料进行统计分析，建立统计回归模型；或模拟径流形成的各个物理环节的过程，建立确定性的概念模型。其中，确定性的概念模型是根据水量平衡原理，利用模型结构和参数来反映降雨后入渗、蒸发、地面径流和地下径流的各环节，并利用模型参数来综合反映下垫面地质、地貌、植被和土壤等因素对上述径流形成各环节的影响，因此模型参数确定的正确与否对模拟精度具有重要的影响。由遥感技术所获得的流域下垫面信息，不仅反映了流域植被覆盖、土壤类型和土壤含量特征，而且还反映了这些因素的各种组合以及相互作用情况。基于这种遥感空间特性确定的水文参数要比从常规单一图件提取的参数具有更多的优越性。它可以综合分析下垫面因素对模型参数的影响，更好地保持模型参数的原有特性，因而可减少模型参数的率定工作量。由于水文模型是先于遥感信息而独立发展起来的，故目前大部分水文模型的结构和参数不完全具备应用遥感信息的条件，要使这些传统水文模型能较好地利用遥感资料，必须对模型和参数作适当的调整，使其既要保持原模型的结构特性，又能尽可能利用遥感的信息。

目前在利用遥感信息确定模型参数研究中，模型参数的确定大致有三种途径：一是完全利用遥感信息确定参数；二是遥感信息结合常规资料加以确定；三是某些参数仍然用常规资料加以确定。在实际模型参数确定中往往要综合利用上述三种途径。在利用遥感信息时，首先要对卫星影像信息进行几何和辐射校正等预处理，使其和所研究流域相一致；再采用计算机图像处理或者光学图像处理，选择最佳波段组合，以便获得能较清晰反映流域下垫面特征的图像信息；然后结合航片以及其他常规资料，利用目视解译的方法，进行下垫面植被覆盖分类、水文土壤分类等，并绘制相应的图件，以便进行各种类型面积及权重统计，为水文模型参数提取打下基础。卫星影像信息另一处理方法是采用数字图像处理方法，此方法主要包括原始影像数据的几何校正，主成份分析和最大似然法监督分类。主成份分析即 $K-L$ 变换，此变换是压缩或降低原始数据维数，使之减少计算量，同时能增强分类效果。目前也发展用 $K-T$ 变换来进行此项工作，效果较好。监督分类是在流域内所选定的典型样区基础上，用最大似然法来进行下垫面覆盖等的分类。上述方法都是在根据遥感信息所获得的各种分类资料基础上，按照水文模型各参数的物理意义，分别采用不同的方法确定其参数值。对模型中反映流域透水面积和不透水面积等参数可以直接加以确定，对那些和地表覆盖以及土壤特性有关的参数则可通过转换函数加以推求，有些参数仍要借助常规资料推求。

在上述确定模型参数的方法中，由于所应用的遥感信息具有整体性好、分辨率高的优点，因此所确定的参数能较好地保持原有特性，有利于保持模型原有物理特性。同时遥感信息具有快速、准确的特点，因此和常规方法相比，在一定程度上可节约时间和经费。在条件具备时，还可实现参数的自动提取，这就为水文预报自动化打下较好的基础。该方法为广大无资料地区水文模型的应用以及参数推求创造了有利的条件。不足之处在于对传统水文模型的参数确定上还不能充分利用遥感资料，并且还不能利用遥感信息来确定模型所有参数。

本节主要尝试利用美国 Landsat TM 影像信息，辅助确定有关水文模型参数，进行流域日水文过程和次洪水过程的模拟计算。以萨克拉门托(Scramento，以下简称萨克)流域水文模型为例，曹娥江流域为典型实验区，探讨利用遥感信息和 GIS 帮助确定或辅助确定模型参数，进行流域水文动态监测研究。以新安江模型为例，以曹娥江上游长诏小流域为典型区，探讨了遥感和 GIS 信息辅助不同类型洪水参数确定，进行次洪水模拟分析。

曹娥江流域位于我国浙江省绍兴市境内(见图 5.1)，系我国东南沿海的独流入海的中等流域，流域面积 3 302 km^2(花山站以上)。流域位于绍兴市境内，属中

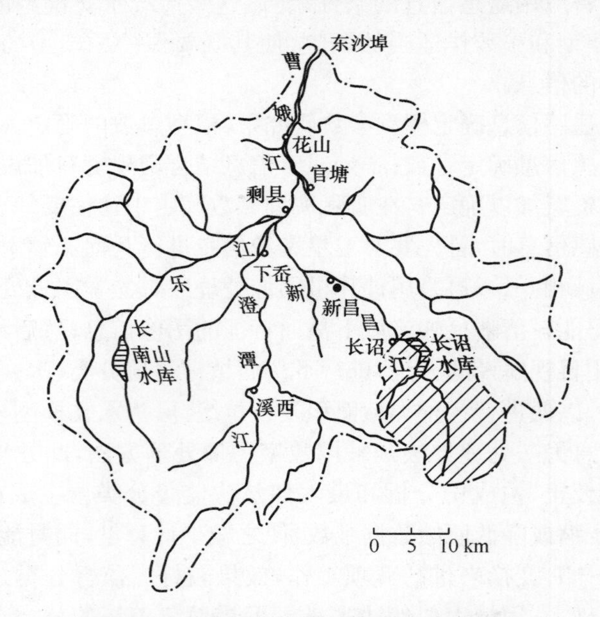

图 5.1　研究区曹娥江及长诏流域水系图

亚热带季风湿润气候区。曹娥江干流澄潭江发源于天台山脉的齐公岭，由南向北注入杭州湾，干流以上有新昌江、黄泽江和长乐江。这四条河流汇聚于峡县盆地，形成扇形的流域形态。流域内广泛分布火山岩系，构成了中、低山地貌，局部有砂页岩、花岗岩和玄武岩组成的低山、丘陵和台地。河谷和山间盆地内覆盖着第四纪

冲积物(由砂砾和亚黏土组成)。在平原上广泛分布水田、台地,缓丘上有旱地分布,中山大多数覆盖以马尾松为主的森林,低山多松林、杉木和硬阔叶林,丘陵及部分低山遍布疏林灌草、竹林和茶园。600 m以上的山地主要分布黄壤,600 m以下的低山丘陵分布红黄壤和黄红壤,其中以红黄壤分布最广。流域内水文特性的研究较为透彻,可选用经还原计算的水文资料进行分析验证。

该流域内,长诏水库流域位于曹娥江的支流新昌江上游,水库坝址以上流域面积276 km^2,流域植被以马尾松和新炭林为主,其次是松杉竹混交林,植被覆盖较好,生长茂盛,水土保持良好。耕地以旱地为主,有少量水田,流域土壤大部分为轻壤土和砂壤土,其次是黏土和黄土,土壤发育较好。流域内基岩主要为火山凝灰岩和变质岩。流域呈扇形水系,河流为山溪性河流,源短流急,洪水传播快,汇流时间短,流域洪水汇流时间一般为3～4 h。

该流域位于东部沿海亚热带季风气候区,每年3～5月为春雨期,雨量不大。6～7月为梅雨期,此时流域阴雨连绵,降雨在流域上分布较为均匀,所形成洪水过程长,总量较大而峰值不高,一般洪峰均小于300 m^3/s。7月份出梅后,受副热带高压控制,天气炎热少雨,一般出现伏旱期,此期仅有少量雷阵雨。8～10月则进入台风期,此时台风活动频繁,每当台风过境或受台风边缘影响时,往往会形成强烈台风暴雨,形成的洪水过程短,总量大,洪峰高。流域多年平均年降雨约1 620 mm,多年平均径流量$2.40\times10^8 m^3$,平均径流系数为0.56。

5.1.2 遥感和GIS信息在水文动态模拟中的应用

1) 萨克拉门托水文模型

萨克模型是目前国内外水文研究中应用最为广泛的模型之一。该模型是以渗透、土壤含水量贮存,出流和蒸发等特性为基础,模拟整个流域水循环过程的流域水文模型。模型是美国萨克拉门托流域预报中心在20世纪70年代中期研制的。此模型是在斯坦福Ⅳ号模型(Standford Ⅳ)的基础上发展的,其模型结构如图5.2所示。该模型是以降雨在流域上形成径流的物理机制为出发点,具体模拟径流形成的每一个过程,特别是土壤水的变化过程。模型结构上将流域分为透水面积、不透水面积和变动不透水面积三个部分,在透水面积上的土壤水模型又将土壤分为上层和下层两部分,每层都分成薄膜水和自由水两部分,并考虑了蒸发因素,径流由直接径流、地表径流、壤中流、浅层地下径流和深层地下径流5部分组成。模型共有17个参数,这些参数综合反映了下垫面地质、地貌以及植被、土壤等自然地理特性。萨克模型可以连续模拟流域水文过程(特别是土壤水过程)的动态变化,并且模型参数都具有明确的实际含义,便于利用遥感信息来分析确定。

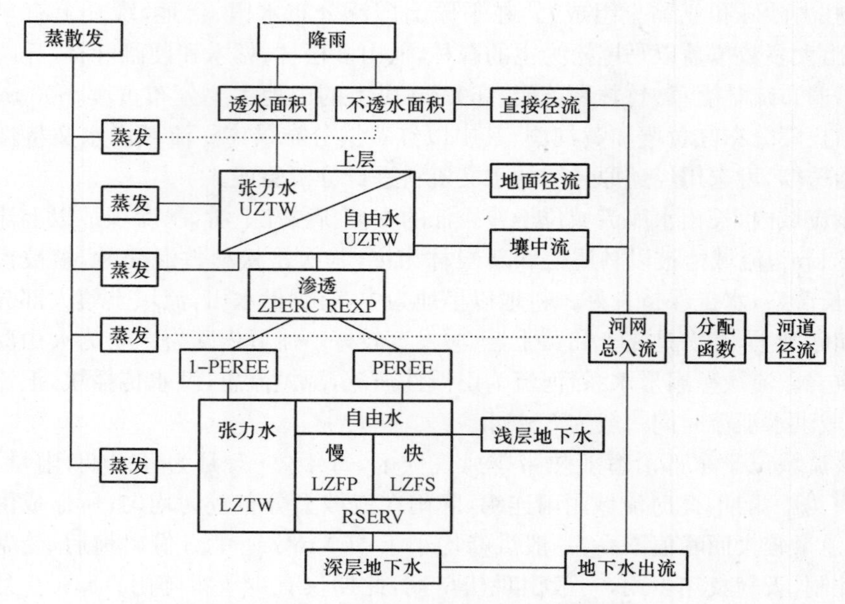

图 5.2　萨克拉门托(Scramento)模型结构图

萨克模型共有 17 个参数,其中直接径流有 3 个参数,即流域永久不透水面积百分比 PCTIM、变动不透水面积 ADIMP 和水面积 SARVA;上层土壤含水量有 3 个参数,即上层薄膜水最大值 UITWM、上层自由水最大值 UZFWM 和上层自由水日出流系数 UZK;土壤渗透率有 2 个参数,即渗透系数 ZPERC 和渗透指数 REXP;下层土壤含水量有 9 个参数,即下层自由水占渗透水的比例 PEREE、下层薄膜水最大值 LZTWM、下层浅层自由水最大值 LZTSM、下层深层自由水最大值 LZFPM、下层浅层自由水日出流系数 LZSK 和下层深层自由水日出流系数 LZPK 等。

该模型以其结构和物理特性明确而著称,同时又由于参数适中,目前在水文研究中得到了广泛应用。但此模型在应用时,常常因流域特性资料缺乏,而只能利用流域水文资料率定的方法来推求模型参数,这样就削弱了原参数的物理意义,同时也影响了模型的应用范围。由于目前卫星遥感信息(如 TM 影像)已具有较高的空间分辨率,可提供较丰富的流域下垫面信息资料,而流域 GIS 空间数据库可提供流域的空间基础信息,因此为模型参数确定带来了较大便利。在应用遥感和 GIS 信息前,首先对该模型的结构在保持原模型基本特征的基础上进行了适当调整,同时修改和删去了相应参数,以便使模型和参数能更好地适应遥感和 GIS 信息的特点。修改后的萨克模型的主要参数如表 5.1 所示。

表 5.1 萨克拉门托水文模型主要参数

参数	意义	参数	意义
PCTIM	流域永久不透水面积百分比	LZSK	下层浅层自由水日出流系数
UZTWM	上层薄膜水最大值	UZK	上层自由水日出流系数
UZFWM	上层自由水最大值	LZFPM	下层深层自由水最大值
LZTWM	下层薄膜水最大值	ZPERC	渗透系数
LZTSM	下层浅层自由水最大值	REXP	渗透指数
LZPK	下层深层自由水日出流系数		

2）利用遥感信息分析确定模型参数

本节主要采用遥感信息和GIS结合的方法来确定模型参数。首先利用光学彩色合成和计算机图像处理的方法，分别制成多幅20世纪80年代以来的流域下垫面TM影像图。对于大范围地区采用目视解译制图方法进行流域下垫面覆盖分类；部分小区则采用数字图像处理方法进行自动分类；将遥感图像与常规资料综合，进行流域土壤水文特性分类。然后依据这些分类信息，直接或间接确定模型参数(其过程如图5.3所示)。在参数确定中，直接径流的3个参数由遥感信息直接确定，上层土壤水中3个参数则利用遥感信息和常规资料联合确定，下层土壤水的9个参数采用常规资料分析确定。

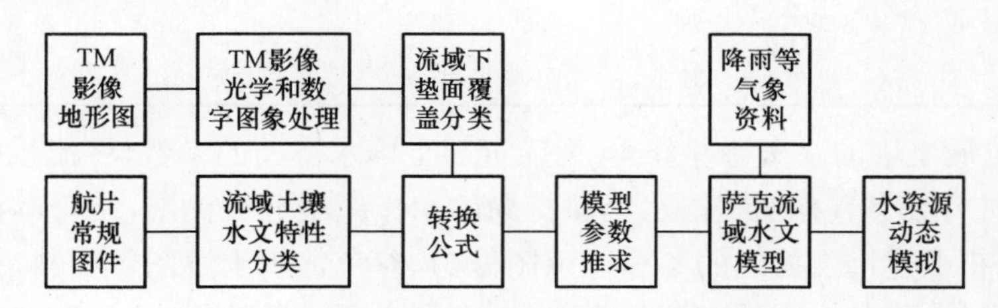

图 5.3 利用遥感信息确定萨克模型参数框图

萨克模型是模拟连续水文过程(特别是土壤水过程)的模型。模型参数数量适中且大都具有明确的物理意义，因而可利用 Landset 卫星 TM 信息来直接确定或转换确定。本研究保留原模型的基本结构，并根据国内研究成果，对原型参数进行适当调整、修改，修改后的计算成果经验证和原模型基本一致，并且能更好地利用遥感信息来确定绝大部分的参数。

(1) TM影像处理和下垫面覆盖分类：以 Landsat TM 影像资料作为流域下垫面特征分析的主要信息源，先后获取20世纪80年代典型时段流域的数字磁带，并分别采用光学处理和数字图像处理的方法，经过反复实验比较，获得最佳的流域TM假彩色合成图像，其波段组合方案分别为 TM2/B＋TM3/G＋TM4/R；TM5/

R+TM3/G+KL2/B。最后以计算机处理的初夏图像为基础，结合不同年份多季相图像，并经过室内目视解译和野外实地考察，编制了 1∶100 000 曹娥江流域下垫面土地覆盖类型图。为使模型参数更加符合实际，考虑到流域内不同地区的差异性，将研究流域划分为 5 个小区，即新昌站以上的新昌江，下岙以上的澄潭江，官塘以上的黄泽江，嵊州以上的长乐江(包括新昌、下岙以下的流域范围)以及东沙埠至嵊州、官塘之间的区间流域。然后按 5 个小区量测和统计的各种下垫面覆盖类型的数据，将各小区下垫面覆盖类型划分为：水田、旱地、覆盖好的林地(森林覆盖率大于 50%的林地)、覆盖差的林地(森林覆盖率为 30%～50%的林地)、疏林灌草、裸地、居民地和水体等 8 类。各小区每种土地利用类型所占面积如表 5.2 所示。各小区上述 8 种土地类型所占面积的差异，反映了下垫面结构对径流形成影响的空间差别，这些数据为模型参数的确定提供了基本依据。

表 5.2　娥江流域各小区下垫面覆盖分类(单位：km²)

项　目	Ⅰ₁水田	Ⅰ₂旱地	Ⅱ₁ 覆盖好的林地	Ⅱ₂ 覆盖差的林地	Ⅲ 草　灌	Ⅳ 裸　地	Ⅴ 主　要居民地	Ⅵ 水　体	总面积
澄潭江	22.0	240.3	419.0	104.8	3.9	1.2	48.6	1.2	841
新昌江	9.1	27.4	239.1	93.5	3.7	0	16.9	7.3	397
长乐江	169.1	197.8	393.4	191.1	11.8	0	74.1	4.7	1042
黄泽江	36.8	180.9	263.1	51.3	13.0	12.3	38.1	2.5	598
区间流域	45.8	86.8	233.5	13.0	17.7	2.7	23.4	0	424

(2) 流域土壤的水文特性分类：为确定与土壤水有关的参数，将流域内土壤按水文特性进行分类。参照美国水土保持局的水文土壤分类标准，结合本流域的特点，重点分析上述增强处理的冬季遥感图像，并参考常规土壤图等资料，按土壤质地和渗透特性，将各小区的土壤分为三类：Ⅰ类主要由砂粒组成，具有较高的下渗率；Ⅱ类主要由壤土组成，具有中等下渗率；Ⅲ类主要由亚黏土和黏土组成，具有较低的下渗率。各类水文土壤的持水性和下渗特性系参考世界气象组织编写的《水文手册》及国内实验成果分析得出，并且在分析时将砂土和沙壤土定为Ⅰ类，壤土和粘壤土定为Ⅱ类，Ⅲ类则包括粉粘壤土和粘土。

在澄潭江小区，根据常规资料，结合数字图像处理后的 TM 图像和航片判读结果，进行水文土壤分类，并将此分类图和下垫面覆盖分类图相叠置，以此来推求模型中土壤水和下渗特性等有关的参数。其他小区则主要以目视解译图并参考常规资料进行水文土壤分类。

(3) 模型参数的分析和推求：根据上述遥感信息等推求得出的流域下垫面覆盖分类和水文土壤分类数据推求萨克模型参数。在参数推求中，将下垫面覆盖类型中的水田、水体及居民地相应统计累加，从而求得不透水面积参数 PCTIM。对其他下垫面覆盖类型和水文土壤类型，参照其持水特性和实验资料，分别确定自由水和张力水的容量值。按模型参数特性，各种类型自由水容量取表 5.3 中全持水量均值；张力水容量则取田间持水量均值。根据模型结构特征和流域内水保站观测资料以及其他地区的研究成果（黄宜凯，1993），将本区土壤水的上层平均厚度定为25 cm，下层定为 30 cm。据此求得Ⅰ、Ⅱ、Ⅲ类土壤以 mm 为单位的上层和下层张力水和自由水容量值，并根据各上类的稳定下渗率，确定下层浅层和深层水的出流系数。

表 5.3 不同土壤的持水和下渗特性

土壤类型	全持水量（容积%）	田间持水量（容积%）	凋萎点（容积%）	稳定下渗率（mm/h）
沙土	—	9～22	3～11	7.8～11
沙壤土	45～52	14～29	6～13	3.6～7.8
壤土	30～35	24～39	11～18	3.6～7.8
粉土	32～42	30～43	14～21	1.2～3.6
粘粉土	40～45	34～47	16～23	1.2～3.6
黏土	35～45	37～51	18～25	0～1.2

由于萨克模型的参数是集中参数，因此由各种类型和各个小区推求出的各个参数值，都要转变成全流域的平均值。在每个小区内，凡由同一覆盖类型中的不同水文土壤类型所推求而获得的参数值，则按其中各土壤类型的面积权重 f_k，求得该覆盖类型的模型参数值。对于整个小区，则考虑不同覆盖类型对模型各参数的影响，确定出覆盖类型的转化系数 δ_j，其中覆盖好的林地的转化系数 $\delta_1=1.3$，一般林地 $\delta_2=1.2$，疏林灌草地 $\delta_3=1.1$，旱地、裸地 $\delta_4=1.0$。据此转化系数求得各个小区的模型参数值。整个流域的模型参数则主要按各小区所占面积的权重系数 β_i 来推求，推求过程可用下述转换公式表示：

$$WP_m = \sum_{i=1}^{5}\beta_i \sum_{j=1}^{4}\delta_j \sum_{k=1}^{3} f_{ij}^{k} WP_{mk}\quad (m=1,2,\cdots,7) \tag{5.1}$$

式中：WP_{mk} 为第 m 个模型参数在 k 类水文土壤类型中的推求值；f_{ij}^{k} 为 第 i 个小区第 j 类覆盖类型中第 k 类水文土壤类型的面积权重；δ_j 为第 j 类覆盖类型系数；β_i 为第 i 个小区的面积权重；WPm 为萨克模型第 m 个参数在整个流域上的推求值。表 5.4 即为按上述转换公式所推求出的模型参数值。萨克模型中的其余参数，主要按经验与参考常规资料分析确定。

表 5.4 由遥感信息推求的槽型参数

项 目	UZFWM	UZTWM	LZTWM	LZFSM	LZPK	LZSK	PCTIM
澄潭江	72.32	42.43	46.13	74.82	0.037	0.187	0.085
新昌江	66.12	38.76	42.18	68.4	0.034	0.171	0.083
长乐江	44.37	15.78	19.72	45.90	0.022	0.115	0.238
黄泽江	50.17	29.41	32.01	51.92	0.026	0.130	0.129
区间流域	52.14	30.57	33.36	53.94	0.027	0.135	0.163
全流域	57.98	34.23	37.12	59.95	0.031	0.152	0.151

（4）实验区应用效果：利用上述方法确定的模型参数，在实验流域对萨克模型进行了流域水文动态模拟分析验证。为避免受 1990 年高速公路建设影响所造成的资料不一致性的影响，本次计算时选用了实验区 1977～1980 年和 1982～1984 年共 7 年的资料系列。前 4 年的资料用于分析检验，后 3 年的资料供预报模拟用。模拟时，以流域 10 个站面平均的日降雨量和流域逐日水面蒸发量作为输入，为了提高精度，当降雨量大于 20 mm 时，分四段输入模拟。透水面积上的土壤水变化过程以 5 mm 为步长模拟计算，以求更接近实际。在前 4 年模拟分析检验时，对采用经验和常规资料确定的部分参数作了适当修正，其他参数不变，进行日、月、年径流的模拟计算，然后再用这些参数对后 3 年的径流进行模拟预报精度检验。

从整个实验区 7 年水文动态模拟成果图（见图 5.4）中可看出，模拟计算的径流过程与实测过程的拟合较好。由模拟计算误差统计表 5.5 可以看出：模拟计算 7 年的年径流相对误差均小于 9%；最大月相对误差，除个别月以外，均在 8%以下；年内分配相对误差，也大致在 21%以下。可见此模拟计算的结果符合现行水文计算的标准。

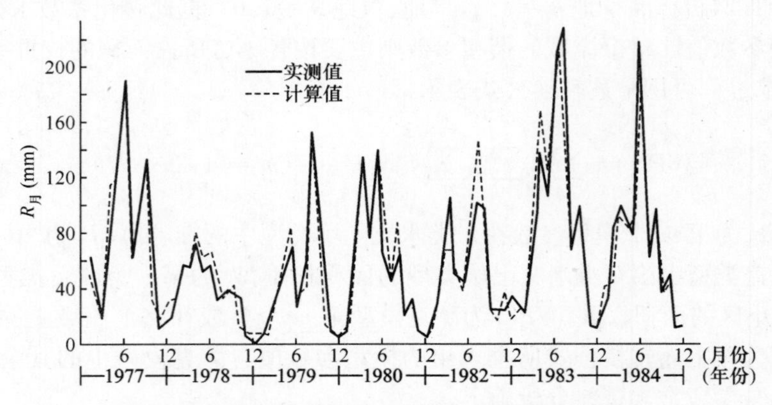

图 5.4 模拟计算和实测月径流过程（曹娥江流域）

因此可以认为应用遥感信息确定萨克模型参数，进行水文动态模拟是基本可行的。由于该模型参数众多，并且模型大部分参数物理意义较为明确，故十分有利于应用卫星遥感信息加以确定。利用上述遥感信息可替代常规资料确定模型大部分参数，因而可使模型及参数保持其原有的物理特性，有利于提高模型的模拟精度以及便于向缺少资料地区推广使用。同时，可相应减少模型调试、参数率定的计算工作。虽然，遥感信息还不能取代常规资料来确定该模型所有参数，但在该模型参数推求中遥感信息应用前景是乐观的(见表5.5)。

表5.5 模拟计算误差统计

年 份(年)	计算年径流(mm)	实测年径流(mm)	年绝对误差(mm)	年相对误差(%)	最大月相对误差(%)	年内分配相对误差(%)
1977	874.6	911.7	−37.1	−4.1	−7	14
1978	506.6	472.3	3.43	7.3	8	20
1979	523.4	507.2	16.20	3.2	4	21.4
1980	692.6	637.3	55.3	8.7	4	12.8
1982	642.4	635.5	6.9	1.1	−16	25.6
1983	1 068.4	1 057.3	11.1	1.1	3	10.9
1984	855.7	852.2	3.5	0.4	−1	15.2

注：年内分配相对误差计算式为：$[(R_{月计}-R_{月实})/R_{年实}]\times 100\%$

5.1.3 遥感和GIS在洪水过程模拟中的应用

前文主要进行了日径流模拟估算研究，本节主要选用新安江三水源模型，根据该模型参数的物理意义，探讨了将遥感信息和GIS相结合直接或辅助确定模型参数的方法和途径，并进行洪水过程动态模拟检验。新安江模型是目前在国内外较有影响一个概念性水文模型。本节将现行模型及参数在保持原模型特征的基础上，加以调整并适当修正，以便和遥感信息相适应，并尽可能利用遥感信息确定模型参数。最后利用水文模型，结合气象资料，进行洪水计算研究。通过这些研究，使水文模型在洪水模拟计算中向省时、省力和快速准确的方向又迈进了一步，同时也提高了水文模型在洪水监测中的应用价值，以便为应用遥感信息和GIS推求概念性模型的参数提供经验和模式。

1) 新安江三水源模型结构和参数

新安江三水源模型的特点是结构合理，概念清晰，使用方便，计算精度较高，目前在我国东部湿润地区得到了广泛地应用且效果较好。该模型的输入为实测雨量P和水面蒸发E_M，输出则是流域出口断面的流量过程。模型结构主要包括蒸、散发计算、产流量计算、分水源计算和汇流计算四大部分(赵人俊，1991)。模型在蒸、散发计算中采用了三层蒸发模式，产流计算采用“蓄满产流”模式。在分水源计算中，模型把总径流划分为地表径流、地下径流以及壤中流 3 种水源。在汇流计算中，壤中流 R_I 和地下径流 R_G 对河网的总汇流都可用线性水库来模拟。地表径流的汇流计算采用无因次单位线或滞后演算法进行计算。此外，对较大流域，模型可分单元进行产汇流计算。模型中有由于 3 种水源划分，使汇流的非线性程度大大降低，采用滞后演算法即可获得较满意成果。和单位线法相比，滞后演算法具有参数少、调试容易、参数稳定的优点，模拟结果也令人满意，模型的结构及参数参见图 5.5。

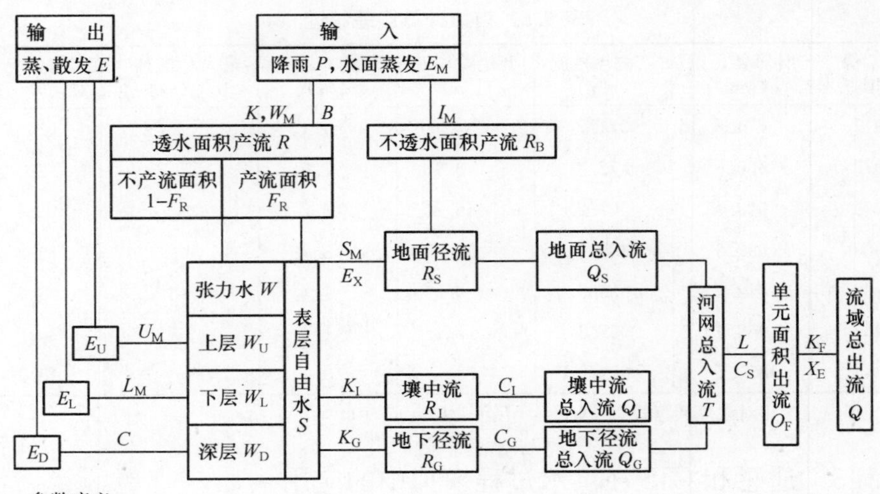

参数意义：

K—蒸、散发能力折算系数；C—深层蒸、散发系数；W_M—张力水容量，分为上、下、深三层；$W_M=U_M+L_M+D_M$；B—张力水蓄水容量曲线的方次；I_M—不透水面积比例；S_M—表土自由水容量；E_X—表土自由水蓄水曲线的方次；K_G—自由水对地下水的出流系数；C_G—地下水的消退系数；K_I—自由水对壤中流的出流系数；C_I—壤中流消退系数；C_S—河网蓄量的消退系数；L—河网汇流滞后时间

图 5.5　新安江模型流程图

新安江三水源模型中的 15 个主要参数大多具有一定的物理意义，一些参数可直接推求，但由于观察手段限制，许多参数一般不能通过观测取得，只有通过系统辨识、参数率定方法，在参数物理意义范围内率定求得。该模型参数分为四个层次（赵人俊，王佩兰，1988）：①蒸、散发层，包括 K、WU_M、WL_M、C 4 个参数。这一层的参数主要由气候因素决定，最为稳定，能影响长时段内的产流总量，但对次洪水的产汇流过程影响较小。②产流量层，包括 W_M、B、I_M。此层参数主要影响产流量的大小。③分水源层，包括 S_M、E_X、K_G、K_I，此层主要影响模型中各种水源的划分。第二、第三层事实上决定了产流在水源上与时间上的分配，与降雨过程及流域条件关系密切，变化比蒸、散发层敏感得多。④汇流层，包括 C_G、C_I、L、C_S。这层是将流

域面上各种水源的产流过程汇集成为流域出口的流量过程。上述各层参数之间基本上可以看做是独立的，但在每层参数之间则明显存在相关性，参数间独立性差，这就给参数优选造成了许多困难。此外，上述有些参数较敏感，有些则不敏感。其中较敏感的参数主要有：K、K_G、K_I、C_G、C_I、S_M、C_S、L 8个参数，因此在模型参数优选中将重点分析优选这几个参数。

本研究以 Landsat TM 影像信息为主要信息源，主要采用数据图像处理方法，并结合 GIS 空间数据库以及数字高程模型（DEM）来分析确定模型的大部分参数，少数参数仍采用经验方法推求，整个参数推求如图 5.6 所示。

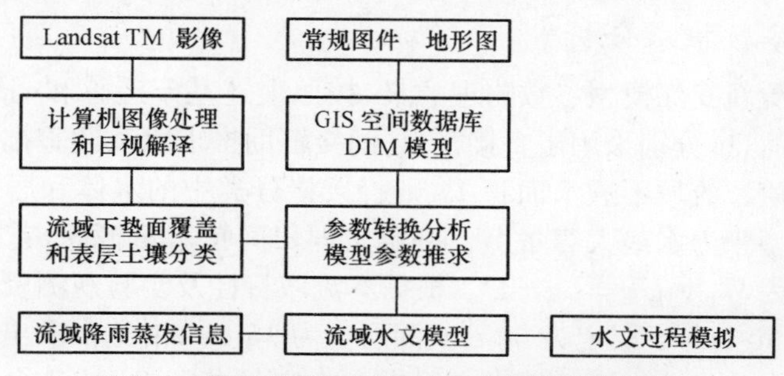

图 5.6　利用遥感信息和 GIS 确定模型参数框图

2）流域下垫面覆盖分类和水文土壤分类

遥感信息源同样利用了 20 世纪 80 年代 5 月的 Landsat TM 1～7 波段影像磁带，利用遥感图像处理软件进行数字图像处理分析。首先进行最佳波段组合分析，经过反复实验比较，最后确定选用了 4、5、6 三个波段为最佳组合流域覆盖图像。采用监督分类方法，获得流域下垫面覆盖类型图。考虑地表覆盖类型对模型参数影响，本次地表覆盖类型分为耕地、覆盖好的林地（森林覆盖率大于 50%的林地）、覆盖差的林地（森林覆盖率为 30～50%的林地）、疏林草灌、居民地、裸地和水体共 6 类。

考虑流域内不同土壤特性对模型中土壤含水量有关参数的影响，特将流域土壤按水文特性进行分类。同样主要依据各时期卫片以及有关常规图件等，将流域内土壤按质地以及渗透特性分为三个类型（具体分类参见 5.1.2 节的分类计算方法）。

利用手工数值化方法将实验流域土壤类型、基岩分布输入 GIS 空间数据库中。同时将实验流域河网水系、地形等高线（30 m 间隔）输入空间数据库中，建立 DEM 模型，以便借助 GIS 进行实验流域空间特性分析，为汇流参数确定打下基础。在计算机中将实验流域下垫面覆盖类型图和土壤类型图相叠加，以便分析流域中不同覆盖类型中的不同土壤类型情况。同时进行相应类型的面积统计，从而获得流域各种覆盖类型以及土壤类型的面积比重（见表 5.6）。流域中这些类型面积差异反映了下垫面对径流影响的空间分异。

表 5.6 流域地表覆盖类型及土壤类型分类(%)

项 目	砂壤土	壤土	黏土
Ⅰ耕地	0.52	4.25	5.23
Ⅱ₁ 覆盖好林地	4.13	39.92	32.12
Ⅱ₂ 覆盖差林地	0	6.78	3.22
Ⅲ草灌地	0	1.49	0.56
Ⅳ居民地、裸地	0	0.07	0.07
Ⅴ水体		2.29	

3）模型参数推求分析

根据三水源新安江模型参数物理意义，按照上述基于遥感和 GIS 的下垫面覆盖和土壤分类信息，分别采用了直接推求、间接辅助推求以及经验推求等多种方式推求模型参数值。流域不透水面积 I_m 则直接将分类中的水体和居民地面积比重累加求得。模型张力水最大容量 W_m 按定义即田间持水量概念，首先推求不同土壤的 W_m 值。因 $W_m=U_m+L_m+D_m$，根据本流域特性及实验观测资料将本流域土壤层上层定为 20 cm，下层定为 50 cm，深层定为 15 cm，由此推求出每种土壤类型各层张力水最大值。分水源计算中表层自由水容量参数 S_m 按其含义应和各种土壤的全持水量有关，由于不同岩性风化的土壤质地有较大差别，因而也影响土壤自由水孔隙大小。可见 S_m 值和岩性关系较大，为此各种土壤中 S_m 推求，上中层考虑了土壤全持水量特性，下层则根据研究重点参考了岩性情况，最后按各层厚度加权平均。自由水库对地下水出流系数 K_G 则根据各土壤稳定下渗率数值加以推求。

由于所选用的模型为集中参数模型，故所推求参数应转换为全流域平均参数。为此在流域内同一覆盖类型中，将不同类型土壤所推求的参数值按其面积权重比例 β_j 求得其参数值。考虑到下垫面覆盖类型的差异对径流形成有显著影响，根据实验观测结果和计算经验，对各种覆盖类型中参数分别乘以不同的影响系数 α_i，其中覆盖好的林地 $\alpha_1=1.3$；覆盖差的林地 $\alpha_2=1.2$；疏林灌草 $\alpha_3=1.1$；裸地和耕地 $\alpha_4=1.0$。最后再按各覆盖类型所占比重 γ_i 求得整个流域参数值。其转换计算式为：

$$Eptr_k=\sum\gamma_i\alpha_i\sum\beta_j\times ptr_{ijk}\quad(k=1,\cdots,5)\tag{5.2}$$

式中：ptr_{ijk} 为第 k 个模型参数在第 i 类覆盖第 j 类土壤类型中的参数值，$Eptr_k$ 则为第 k 个参数的全流域平均值。此式主要推求了 W_m、WU_m、WL_m、S_m、K_G 5 个参数。自由水库对壤中流出流系数 K_i 的推求，则考虑到自由水库壤中流一般三天左右时间可基本退出，即 $K_G+K_i=0.7$，K_i 即可按此式进行计算。蒸、散发能力折算系数 k 则借助 DIS 中的 DEM 模型推算出流域平均高程，然后和观测点高程相比较，求得校正折算系数 $k=0.98$。汇流计算中滞后演算法中的参数，河网消退系数 C_s 以及河网汇流滞后时间 L，选用时变线性汇流模型，根据赵人俊(1991)的研究，可根据流域河网和地貌特性加以推求。同样借助于 GIS 中空间数据库 DEM 模型的帮助，统计分析流域等流时线、河网以及河流地貌等特性，通过计算分析确定出 C_s 和 L 值。其他水文参数根据计算经验加以分析确定：b＝0.25；c＝0.15；e_x＝1.5；c_g＝0.95；c_i＝0.7。利用遥感和 GIS 确定的模型参数见表 5.7。

表 5.7　基于遥感和 GIS 的模型参数值表

I_m	W_m	W_{um}	W_{1m}	W_{dm}	S_m	K_G	K_i	K	C_S	L
0.024	90	24	48	18	34.5	0.287	0.413	0.98	0.45	1

4）检验分析

以实验流域 1986～1990 年日降雨径流资料以及期间台风期 8 场洪水资料为例，根据上述基于遥感和 GIS 所确定的参数值，利用新安江三水源模型进行日径流和次洪水模拟计算的分析检验。在日模型中，汇流参数取经验值 C_s＝0.2，L＝0，并对次洪模型中和时段有关参数作相应调整计算。整个模拟计算成果见表 5.8 和表 5.9：

表 5.8　日模型模拟计算误差统计表

年　份	相对误差	绝对值误差	对数误差
1986	−0.073	0.569	0.368
1987	−0.011	0.387	0.243
1988	0.032	0.558	0.351
1989	0.037	0.488	0.310
1990	0.033	0.521	0.283
1986～1990	0.012	0.455	0.308

表 5.9　次洪水模拟计算误差统计表

洪水号	总量差 (m³/s)	相对误差 (×100%)	计算洪峰 (m³/s)	峰差 (m³/s)	峰相对差 (×100%)	滞时差 (h)	ABS (×100%)	LOG (×100%)
8609	−284.22	−0.143	93.81	−2.19	−0.023	−2	0.369	0.132
8709	245.90	0.021	799.57	132.57	0.199	3	0.345	0.110
8908	−1 152.95	−0.245	141.57	−17.43	−0.110	1	0.257	0.084
8991	1 078.08	0.289	112.74	−1.26	−0.011	−2	0.385	0.126
8992	−2 153.64	−0.251	256.75	85.25	0.249	0	0.384	0.119
8993	−166.77	−0.024	697.14	−202.86	−0.225	1	0.184	0.072
9081	−446.07	−0.169	188.59	−21.41	−0.102	1	0.226	0.082
9082	252.72	0.012	986.93	−18.07	−0.018	1	0.187	0.072
总平均：	相对误差：0.166			峰相对误差：0.127			ABS：0.270	LOG：0.099

从表中计算成果可以看出日模型计算成果基本合格，次洪水模拟计算成果也大致满足精度要求。因而可以看出利用遥感信息结合 GIS 的帮助分析确定新安江模型参数是基本可行的，精度基本可以满足要求。

前述探讨了概念性模型利用遥感和 GIS 信息的方法和途径，它将有利于无水文资料地区参数确定和水文模型的应用。同时有利于概念性水文模型，特别是分布参数模型的深入研究。该研究只是一个初步探索，其目的在于推动遥感和 GIS 在水文模型参数确定中应用研究。

通过上述研究可以看出：①应用航天遥感资料确定水文模型参数，进行水文动态模拟是可行的，同时随着遥感技术的发展，将遥感技术和流域地理信息系统相结合，通过计算机图像处理，能更省时省力地确定水文模型参数，并可快速地进行洪水预测，实现水资源动态模拟监测的自动化。②应用遥感信息有助于现有水文模型参数的推求，并可保持参数的物理特性，但由于遥感信息还不能完全代替常规资料，只有将两者紧密结合，相互补充，才能更有效地确定模型参数。③为了充分利用遥感信息，应改善现有遥感水文模型的功能，力求建立以遥感信息为基础，直接利用遥感资料作为输入的新水文模型。这就要求在水文模型的结构上，既能较好地适应遥感信息的时空特性，又能反映流域气象的下垫面变化的状况。这是当前遥感水文模型研究的主要发展方向。

这一研究目前仍处在探索阶段，随着遥感技术的发展，更高空间分辨率和时间分辨率的遥感信息将会不断涌现。同时随着各种遥感手段的联合运用，将会为水文过程模拟提供大量的有用信息。但由于目前传统水文模型在建模初期已进行了简化，使得这些模型无法充分利用信息，因此有必要结合目前遥感信息而发展新一代水文模型，以便更好地适应遥感信息的时空特点。在这方面，那种能反映流域各点变化的分布参数模型将更适合利用遥感资料。同时，既支持地理信息系统又结合了遥感信息的新一代水文应用分析模型也是一种发展趋势。遥感技术的发展为水文、水资源科学的发展开创了一个新的更广泛的领域，随着遥感信息在水文研究中的深入，一定会出现更多、更完善的遥感水文模型。

5.2 流域实时洪水模拟与预警

5.2.1 实时洪水模拟与预警分析

上节分析了利用遥感和 GIS 作支持辅助确定洪水预报模型参数的方法和途径，为实时洪水预报时模型参数确定创造了条件，但在实际洪水实时预报时，为提高预报精度，还需要利用实际洪水资料对模型参数进行率定校正，以减少模型的计算误差。同时在实时预报时还要加上校正预报模型来进一步提高预报可靠性。本节主要开展上述实时预报问题研究,并且还探讨了实时预报模型参数分组智能选取的方法,为提高模型预报精度提供了途径。

1）流域洪水预报和预警分析

洪水预报是预测江河未来洪水要素及其特征值的一门应用技术学科。作为防洪辅助决策的基础,也是防洪减灾非工程措施的重要组成部分,它是在人类与洪水灾害斗争的长期实践中发展起来的。近些年来,随着计算机技术的广泛应用,信息采集和自动化程度的提高以及洪水预报理论、技术与方法的深入研究,使我国洪水预报技术水平有了较大提高和发展。洪水预警则是在洪水预报基础上,对可能造成危害的超出警戒线洪水发出预警。

水文情势预测预报工作在防洪非工程性措施中发挥了无法替代的重要作用,它依据暴雨洪水理论分析,以快速水情信息采集和传输以及模型分析计算为基础,其预报精度好坏直接影响到人民生命财产的安全和所能取得的效益大小。因此水文预报方法一定要力争做到真正地反映客观的实际规律,各种预报模型要概念正确,参数的物理意义要明确合理。

流域洪水预报要做到有较好的精度,并且尽量要有较长的预见期。一个完好的洪水调度必须依靠及时准确的水情测报信息以及洪水预警和预报成果。目前洪水预报方法,主要是依据上游已经出现的水文情况和已降落到地面的雨量,采用流域和河道内的流体力学和水量平衡原理,借助土壤、地貌、河网的特征进行产流和汇流演算,计算出下游断面的水位、流量过程(包括洪峰、总量)。因此,在一个流域内要进行洪水预报工作,首先要有一个比较完整的雨量、水文收集站网,其次要有利用经历史资料验证过的预报模型或方法。洪水预报的预见期是以上游洪水向下游传播时间或由降雨形成洪水过程的滞后时间为依据的,对于中小流域或区间的洪水预见期较短,要利用各种方法提高预见期。当前通常希望利用降水的预报来增长洪水预报的预见期。随着短期降水预报精度的提高,在增长洪水预报预见期方面,将逐渐发挥更大的作用。

目前流域的洪水预报、预警工作大致可分为 5 个阶段:第一阶段是在有暴雨的天气形势或有台风影响时,根据降水的定量预报或可能的降雨量进行洪水的趋势预报,使防汛部门心中有数,作好思想上的准备;第二阶段是根据已经降雨的实时信息,逐时段地用降雨径流的模型连续作洪水预报;第三阶段是在上游已经出现洪水时,用相应水位(或流量)作出下游河段的洪水预报;第四阶段是出现的实况(观测值)与预测值有较大差别时,作出实时校正预报;第五阶段是若采取工程调洪措施后,其可作为调整的洪水的补充预报。这 5 个步骤预见期越来越短,但预报精度在逐步提高。

根据洪水预报的结果，与历史上发生过的洪水进行比较，要与主要河段的特征资料等加以对比，并要与水库、闸坝等工程设计特性资料对比，以作出本次洪水是否超过防洪标准、工程是否安全、是否需要或采取何种防汛部署等判断，同时要进行洪水优化调度分析。

总之，流域洪水预报是人们和洪水抗争的基础，正确洪水预报是减轻洪水灾害的必要保证。目前人们还不能完全地控制洪水，因此洪水预报在防汛工作中就显得十分重要。在水库调度过程中，洪水预报作用也非常重要，它是水库防洪调度的基础。正确、有效地预报洪水，可使水库通过发电等途径预泄洪水，减轻洪水对水库及下游的危害，增加水库防洪发电效益，有利于水库的防洪决策和优化调度。

2）实时洪水预报系统分析

随着计算机技术、信息采集技术发展，目前在洪水预警中已趋向采用洪水预报系统来进行洪水预测和预报工作。一个流域的洪水预报系统要求做到功能齐全，既能进行模型参数率定，又能进行实时预报，还可以进行实时校正，适应性强。系统中预报模型要适合于预报流域，要能进行率定参数与实时预报等功能，并且自动化程度高，要能与实时信息接收和处理系统及调度计算模块相连接，在较短的时间内(几分钟或十几分钟)作出预报结果。

流域洪水预报系统模块主要以水文遥测系统为主要信息源，以历史暴雨洪水数据库作支持，根据流域的暴雨状况、土壤水状况等信息，借助于概念性数学模型，在计算机上进行的流域降雨径流预报。该模块与流域水文遥测系统相连结，利用水文遥测信息，借助于洪水预报模型，实现流域的洪水预报以及水库洪水模拟调度等功能的洪水预警系统模块，整个系统内部结构如图 5.7 所示。

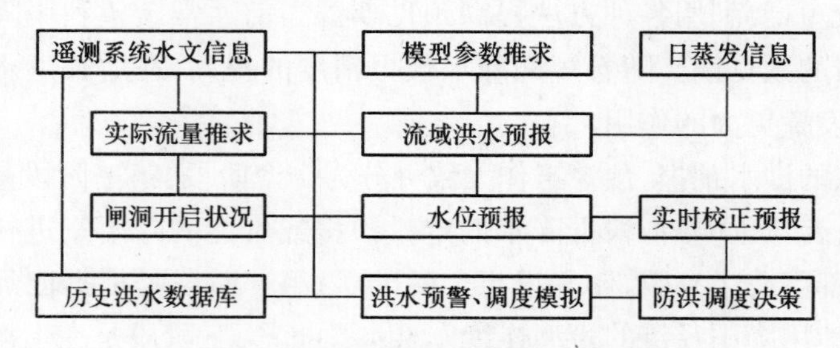

图 5.7　流域实时洪水模拟预测系统结构图

5.2.2 实时洪水预警模型及参数分析

1）实时洪水预报模型及参数优选

（1）实时洪水预报模型的选用：随着计算机等新技术的发展，目前普遍采用概念性模型来模拟径流形成过程，并已涌现出许多水文模型，这些模型建模思路和构造各不相同，但都力图反映径流形成规律。此类模型目前在我国有影响的主要有Sacramento模型、Tank模型以及我国的新安江模型。这些模型结构虽有差别，但依据的基本原理是相同的，模拟所达到的精度也是类似的，并且随着发展，这类模型的结构正在趋于一致，与产流基本理论相接近（赵人俊，1991），如新安江三水源模型就吸取了Sacramento模型的思路，水源划分中增加了壤中流，自由蓄水库用分步长来消除差分误差等，使模型之间的差别逐渐减小。

目前概念性水文模型均取得了较好的模拟成果，但根据世界气象组织（WMO）对世界上有代表性的十个概念性模型验证对比的结果表明，目前还没有一个模型能够模拟所有水文情况。这是由于无论采用什么模型都可以找到若干次模拟误差很大的洪水。因此我们在研制或选择模型时，首先要使模型有明确物理概念，结构合理，参数含义明确；其次模型结构要尽可能简单，参数不宜太多，并且便于优选；再次模型的通用性强、灵活性大，以便于在不同气候区和不同下垫面状况下流域应用，同时要注意保证原始资料精度，模型检验不但要看精度，而且还要看其结构是否合理。

基于上述分析，并根据我们在本区邻近流域多年研究成果，本次研究选用目前在国内湿润地区应用效果较好的新安江三水源模型为预报的基本模型。同时还选用Sacramento模型和三水源新安江模型进行了对比分析，计算结果表明，各模型产流精度类似，但汇流精度上新安江三水源模型较好一些。

（2）预报模型参数优选：新安江三水源模型等流域概念性水文模型的基本结构以及模型参数如前节所述，目前要作为流域洪水预报预警的实用模型，模型参数还需要通过流域实际资料率定和优选分析。模型的参数优选，就是寻求一组最优参数，使模型模拟计算成果和实测结果误差最小。洪水预报关键是要使模型预报的洪水过程线和实测的洪水过程线的误差绝对值为最小，为反映这个误差，在本次模型优选中选用了下列三种目标函数。

目标函数1　总量误差（ΔR）：产流量计算的相对误差，即水量平衡差。

$$① \mathrm{OB}_1 = \sum_{i=1}^{n}(R_i - r_i) / \sum_{i=1}^{n} R_i \tag{5.3}$$

式中：R_i、r_i 分别为 i 时段的实测、计算产流量。

目标函数2　绝对值误差（ABS）：流量过程线上计算和实测流量误差的绝对值

除以实测总流量的总和。

$$② \ OB_2 = \sum_{i=1}^{n} \mid Q_i - q_i \mid / \sum_{i=1}^{n} q_i \tag{5.4}$$

式中：Q_i、q_i 分别为同时段的计算、实测流量值。

目标函数 3　对数误差(LOG)：流量过程线上计算值和实测值对数的误差与实测值的对数之和的比值。

$$③ \ OB_3 = \sum_{i=1}^{n} \mid \mathrm{Log}Q_i - \mathrm{Log}q_i \mid / \sum_{i=1}^{n} \mathrm{Log}q_i \tag{5.5}$$

式中：Q_i、q_i 意义同式(5.4)。

上述这三个目标中，目标 1：较好地实现了对洪水过程的总量控制。目标 2：绝对值误差对洪水过程的高水部分作用较大，对洪峰拟合的作用明显。目标 3：对数误差则主要反映低水过程计算误差。因此上述三个目标综合应用可实现对洪水过程线误差控制。

前面探讨了应用遥感信息确定水文模型参数方法，这为无资料地区水文模拟创造了条件。但在实际洪水模拟预报预测时，为了提高洪水模拟预报的精度，仍采用实际资料率定参数的分析方法。目前概念性模型参数的优选方法主要有人工优选和计算机自动优选两类。人工优选是一种试凑法，就是根据模型使用者经验，设置一组模型参数初值，在计算机上模拟计算，然后根据计算误差对各参数进行适当调整，最后优选出最优参数值。该方法计算简单，但优选计算时间长，工作量大，并且要依赖于使用者的经验。计算机自动优选是基于最优化理论的一种计算方法，在参数物理意义范围内，让机器自动寻求最佳参数值。目前水文参数优选中应用最多的有带约束的数值法，一维优选中多采用黄金分割法，多维寻优中主要采用坐标轮换法、最速下降法、步长加速法等。由于水文参数寻优计算较为复杂，一般无明确解析表达式，同时许多参数独立性差，使许多方法难以奏效。机器自动优选的优点是运行速度快，寻优时间短，但由于许多水文参数之间相互关联，优选过程较为复杂，单独使用机器优选的效果并不理想，因此一般采用两者相结合的方法。

2) 模型参数优选成果分析

本节采用人工优选和机器优选相结合的方法，这样既可以发挥人的主观经验，又可充分利用了计算机自动优选的高效率(见表 5.10)。在选用中主要选用了 1986～1994 年日降雨径流资料和次洪水资料。从表中模型优选模拟计算结果(见表 5.11、表 5.12)看出，日模型计算误差为 0.4%，除 1993 外，其他年计算误差均小于 3.0%，日模型模拟精度较好。在次洪水的模拟计算中，洪水总量预报误差平均为 4.9%，其中误差小于 10%的有 16 场，洪水总量计算较为满意。洪峰流量计算误差相对大一些，但是由于所选择的水库流域重点关心的是洪水总量，故在模型优选时重点考虑了洪水总量的误差。此外，在次洪水模拟计算中，小洪水模拟误差普遍较大，因为小洪水受人类活动影响较大。由于水库流域洪水预报模型主要用于较大洪水的预报，该模拟计算成果是可以满足预报要求，本次参数优选模拟的计算成果总的看来是较为满意的。

表 5.10　模型参数优选率定值表

项　目	C_G	C_I	K_G	K_I	S_M	C_S	L	其他参数
日模型	0.9	0.5	0.2	0.5	10	0.5	1	$K=1.0$；$I_M=0.03$ $W_M=80$；$U_M=20$；
次洪水	0.85	0.63	0.05	0.65	16	0.83	1	$L_M=50$；$B=0.33$； $C=0.2$；$E_X=1.5$

表 5.11　日模型模拟计算误差统计表

年　份	相对误差	绝对值误差	对数误差
1986	−0.007	0.401	0.289
1987	−0.026	0.392	0.218
1988	0.005	0.414	0.221
1989	0.031	0.391	0.184
1990	0.021	0.422	0.184
1991	−0.032	0.384	0.217
1992	008	386	0.231
1993	−0.105	0.501	0.132
1994	−0.028	0.405	0.036
平　均	0.004	0.397	0.220

表 5.12　次洪水参数优选计算误差分析表

洪水号	总量差	相对误差	计算洪峰	峰差	峰相对差	滞时差	ABS	LOG
8607	−573.84	−0.167	84.26	−21.24	−0.201	1	0.288	0.088
8706	337.88	0.055	385.07	1.07	0.003	1	0.140	0.037
8707	784.84	0.098	601.13	1.13	0.002	1	0.120	0.018
8806	331.59	0.031	352.65	−1.35	−0.004	0	0.130	0.030
8807	700.85	0.066	1373.00	3.00	0.002	0	0.176	0.058
8961	91.56	0.021	170.99	−1.01	−0.006	11	0.166	0.074
8962	273.56	0.045	631.96	−1.04	−0.002	0	0.201	0.056
9006	220.21	0.043	335.84	−3.16	−0.009	1	0.128	0.045
9007	−6.26	−0.003	201.80	5.80	0.030	0	0.300	0.091
8609	−9.74	−0.005	98.87	2.87	0.030	0	0.083	0.040

续表 5.12

洪水号	总量差	相对误差	计算洪峰	峰差	峰相对差	滞时差	ABS	LOG
8709	9.63	0.001	667.99	0.99	0.001	5	0.152	0.042
8908	−139.80	−0.030	152.45	−6.55	−0.041	0	0.144	0.032
8991	45.15	0.016	74.78	−4.22	−0.053	0	0.072	0.019
8992	−1389.32	−0.163	340.55	−1.45	−0.004	10	0.221	0.080
8993	173.79	0.025	901.32	1.32	0.001	0	0.264	0.082
9081	230.70	0.087	211.58	1.58	0.008	0	0.116	0.040
9082	558.93	0.027	1 007.97	2.97	0.003	0	0.187	0.061
9109	−8.46	−0.004	142.01	−1.99	−0.014	0	0.194	0.080
总平均：　相对误差：0.049　峰相对误差：0.008　ABS：0.172　LOG：0.071								

5.2.3　实时水文模型参数自动确定

1）模型参数率定分析

影响径流形成因素错综复杂，既有气象方面因素又有下垫面自然地理方面因素，并具有很大的随机性。目前概念性模型及参数仅有系统辨识、参数优选的方法，优选出的参数只是各场洪水平均最优情况，很难对每场洪水的拟合都有较好的精度，这就造成模型对某些洪水模拟效果不好。因此，在实际洪水模拟预报时，预报专家往往根据当时下垫面特征、天气状况将模型的初始参数值作适当调整，以便提高预报计算精度。

为此，本节仍以长诏小流域为实验区，将该流域预报专家经验加以归纳，采用新安江三水源模型，在参数自动分组优选上进行分析探索，重点探讨模型参数值自动确定的方法和途径，以便提高模型的模拟精度，为水文预报参数智能化打下基础。

2）模型参数分组确定

如上节所述，由于影响径流形成因素复杂多变，概念性水文模型当模型结构确定后，模型参数对径流影响就显得十分重要，在相同降雨输入情况下，不同参数即产生不同的径流输出。虽然参数有明确的物理意义，但目前尚不能直接测得，只能通过系统辨识、参数估计以及优选方法加以确定。参数既反映流域下垫面特征，同时也和流域气象水文条件关系密切，不同水文特性的流域，其参数必然是不同的。即使同一流域中，相同雨量而不同降雨强度、雨型和历时、不同初始土壤水状况都会导致不同的产汇流特性，从而使得模型参数产生差异。因此，对于某场洪水拟合很好的参数不一定完全适合于另一场洪水。可见对影响参数取值的外界条件进行归纳，分类找出特定条件下的参数最优值，建立各种外界条件下的模型参数判别信息库，在模拟预报时，则根据不同气象和下垫面状况等外界条件自动选取相应参数值，使模型参数初步具有人工智能，这对于进一步提高预报精度是十分有益的。

流域内土壤、植被以及河道水系等下垫面自然地理因素在短期内变化一般不大，而引起各场洪水产汇流特性产生差异，且影响模型参数特性变化原因，主要是流域气象因素和土壤水状况。因此有必要分析模型参数和上述因素的关系，根据预报专家经验和模型参数的特性，分析出流域各种降雨特征、土壤水状况下模型的最优参数值，这是提高洪水预报精度的关键。

新安江三水源模型中对次洪水模拟影响较大的参数为 C_G、C_I、S_M、C_S、L、K_G、K_I 7 个参数（K 由日模型确定）。因此要重点分析这些参数和气象因素、土壤水之间关系及其参数的变化规律。为此首先分别优选出各场洪水的最优参数值，并统计分析每场暴雨洪水发生的时间、前期土壤含水量状况、暴雨强度、历时和雨型以及暴雨中心位置等暴雨类型特征。

用暴雨发生时间大致判定该洪水是台风期的洪水，还是梅雨期等时期的洪水。梅雨期洪水和台风期洪水在成因上有显著差异，前者暴雨历时较长而暴雨强度不大，所形成的洪水往往历时长总量大，但洪峰流量不太大；后者暴雨一般是雨量集中强度较大，往往形成洪峰很高的大洪水，并且极易造成灾害。这些洪水形成规律上的差异，使得在模型中水源划分以及汇流过程等有关参数产生较大差异。前期土壤含水量状况，则可按日降水蒸发信息，由模型按水量平衡原理分析推求得出。此值反映前期土壤干湿情况，影响着不透水面积和产流比等有关参数值。暴雨类型主要从暴雨强度时程变化及地区内变化情况分析得出。暴雨中心位置可由流域内自动雨量测站位置分析确定，并按各雨量站距出口断面距离及河道比降情况分为若干等级。一般暴雨中心越远，河道比降越小，汇流时间越长，洪峰滞后时间也越长，反之亦然。雨强、雨型和历时的分析，主要是分析暴雨类型对径流形成过程的影响。一般情况下，当暴雨中心从上游向下游移动时，会导致洪峰的叠加，从而会使洪峰流量加大；而暴雨中心从下游向上游移动时，使洪峰坦化，削弱了洪峰流量。当前期土壤很干燥，而开始暴雨强度就很大，这时所形成径流中地表径流比重将明显加大，这些势必对模型中分水源等有关参数产生影响。

此外，径流形成过程错综复杂，各因素对产汇流过程的影响也是交织在一起。因此在单因素统计分析基础上，再综合分析这些因素对模型参数的影响，并将各场洪水优选出的参数按台风期和梅雨期等时期划分两个不同时期，通过分析比较，将外界条件大致类似，参数数值大致相同的类型进行归类合并。参数合并时，在保证其物理含义下，大致取其平均值，同时考虑接近洪水误差较小的那些参数的数值，最后分别归类统计出模型参数和外界条件都较为相似的台风期和梅雨期等若干参数值。

基于上述分析得出的不同时期、不同类型洪水的模型参数值,即可建立模型参数自动判别选择智能模块。使用时,系统首先依据日模型计算出流域土壤水状况等初始参数值,分析前期土壤含水量状况,并依据系统内时间信息等,大致确定出是梅雨锋暴雨还是台风暴雨,并可由操作者再加以证实。然后根据实时遥测雨量信息分析出暴雨中心位置以及降雨强度随时间变化情况,即雨型状况,其雨型的类别由人机对话确定,系统在屏幕上方显示出本次降雨的雨型柱状图,并在屏幕中央提示出各类降雨雨型的典型特征,操作者根据和历史典型暴雨洪水相比较,进行热键选择确定其雨型类型。最后,系统根据暴雨成因类型,暴雨的雨型状况和前期土壤含水状况以及暴雨中心位置,综合分析出本次洪水模拟计算应选择的最佳参数值。考虑到各影响因素对洪水及模型参数影响的大小,系统在参数分析时按上述顺序,先考虑雨型的作用,对类似的雨型综合起来考虑下一个土壤含水量因素加以区别,并以此类推。此外,若出现例外特征洪水情况,系统则按台风期和梅雨期等平均最优参数值进行计算。

由于这些参数是在各种类型下分析得出的,因而对各种类型洪水适应程度较高。选此参数计算可避免大的误差,整个参数的推求过程如图 5.8 所示。

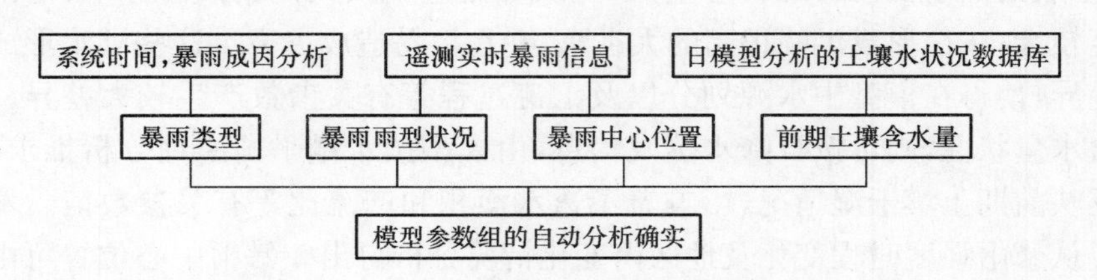

图 5.8 模型参数自动选定模块框图

3) 模型参数分组确定检验分析

①模型参数分组优选:根据实验流域内植被、土壤、不透水面积等下垫面自然地理资料,以及流域内 1979～1992 年日降雨、径流资料和其间所选取的 32 场以 1 h 为时段间隔的洪水资料,分析确定了三水源新安江模型大部分参数,并对上述较敏感的 8 个参数采用人工优选和自动优选相结合的方法,优选确定参数最优值,据此推求出模型的各时期最优参数值。根据前述各时期平均优选的参数,通过模型模拟计算出的 12 年日径流总量误差为 6.1%,在 32 场次洪水中有 24 场洪水总量模拟误差在 10%以下,并且洪峰误差小于 15%,模型模拟基本满意,但对少数洪水模拟效果并不太好。

为此将 12 年间所选用的 32 场洪水资料,逐场采用人工优选和计算机自动优选相结合的方法,优选出每场洪水模拟计算的最优参数值。按此方法优选模拟计算的洪水总量和洪峰流量误差一般均小于5%,洪峰出现时间误差在一个时段左右,且模拟计算的洪水过程和实测洪水过程拟合程度非常高。在此基础上,根据每场暴雨洪水发生的时间、前期土壤含水量状况、暴雨强度及暴雨中心位置以及暴雨雨型等暴雨类型特征分为七种类型,并求得相应参数值(见表5.13)。由于上述所选择洪水资料包含了大中小各种类型及各种成因的洪水,因此分析的结论是具有一定代表性的,它为洪水模拟预报过程中的最优参数自动选定创造了条件。

表5.13　各类洪水影响因素特征及模型的相应参数

洪水期	参数组	各类洪水影响因素的特征	最佳模型参数值								
		暴雨雨型特征	W_O	S_I	C_G	C_I	S_M	C_S	L	K_G	K_I
台风期	1	前期雨量较大的连续多场降雨	65	3	0.99	0.8	34	0.85	2	0.15	0.55
	2	中后期雨量较大连续多场降雨	40～65	3	0.99	0.7	35	0.73	2	0.15	0.55
	3	较均匀连续多场降雨	约70	1	0.8	0.3	28	0.72	1	0.2	0.5
	4	以一场降雨为主的独立或多场降雨	>60	2	0.9	0.7	20	0.85	1	0.2	0.5
	5	间隔较大得多场短历时暴雨	<65	2	0.95	0.7	25	0.86	2	0.1	0.6
	6	中期雨量较大多场降雨	>78	3	0.93	0.89	14	0.82	2	0.2	0.5
	7	一场长历时集中降雨为主的降雨		2	0.3	0.2	23.5	0.17	2	0.2	0.5
梅雨期等	1	有几场独立降雨前期雨量较大	>75	3	0.7	0.2	10	0.8	2	0.1	0.6
	2	连续均匀的多场降雨	80	2	0.8	0.3	25	0.84	2	0.1	0.6
	3	以一场降雨为主的多场连续降雨	>70	2	0.95	0.8	17	0.87	2	0.25	0.45
	4	有几场独立降雨后期雨量较大	80	3	0.55	0.15	22.5	0.73	2	0.2	0.5
	5	多场短历时集中降雨	>70	1	0.8	0.7	19	0.8	2	0.1	0.6
	6	前期雨量较大的连续降雨	<45	3	0.99	0.15	30	0.84	1	0.2	0.5
	7	短历时高强度的大暴雨	<50	1	0.99	0.95	74.5	0.74	2	0.2	0.5

W_O:初始土壤含水量;S_I:暴雨中心级别,其他参数意义同前。

(2) 模型参数智能选定成果检验:结合实验流域水文自动遥测系统,选用新安江三水源模型,建立了实验流域实时洪水预报系统模块,使流域内水位、雨量等水文信息的采集处理,洪水预报和水位预报,洪水调度以及水文数据库管理等实现了初步自动化。同时,根据前述参数特征分析,建立参数自动优选系统,实现了预报参数的自动选取(见表5.14)。

表 5.14　分组参数的模型模拟计算成果统计表

洪水号	时段数	参数值	径流深(mm)	洪量误差(%)	实际洪峰(m^3/s)	洪峰误差(%)	洪峰滞时误差(h)	绝对值误差(ABS)	对数误差(LOG)
9206	96	平均参数	75	−0.194	139.8	0.44	1	0.325	0.119
		参数(1)		0.078		0.12	2	0.310	0.093
9207	96	平均参数	216	0.133	312.4	0.10	2	0.316	0.115
		参数(3)		−0.089		−0.077	1	0.265	0.086
9208	120	平均参数	369	0.116	1 042.0	−0.04	1	0.20	0.07
		参数(1)		−0.012		−0.17	0	0.26	0.06
9209	72	平均参数	133	0.140	1355.0	−0.17	−1	0.344	0.12
		参数(4)		0.097		−0.33	−1	0.334	0.09
9307	120	平均参数	135	−0.157	292.7	−0.08	3	−0.262	0.09
		参数(3)		0.136		−0.20	0	−0.220	0.05

*　绝对值误差、对数误差计算式见第 5.2.2 节分析。

根据上述所确定的模型参数值，并依据遥测的雨量值以及水面蒸发信息，即可利用新安江三水源模型进行流域洪水模拟预报计算。为了验证上述参数自动选定，即参数分组确定后对模型计算精度的影响，特结合实验流域 1992 年和 1993 年两年水文自动遥测系统的水文气象资料。按上述参数自动选定方法确定参数，并进行洪水模型模拟计算验证，其中 1992 年为丰水年，有两场梅雨期洪水、两场台风期洪水；1993 年枯水年，仅有一场稍大的梅雨期洪水。从这些洪水检验成果看，分组参数的计算成果基本都优于平均优选参数计算成果，洪水总量模拟计算精度可提高 5%～8%左右，对洪峰预报精度也有所提高，洪峰出现时间也大致如此。因此可见模型参数自动分组的选取，提高了预报的精度。

本节以新安江三水源模型为例，探讨了模型参数和暴雨类型、土壤水状况等因素的关系，为模型参数的自动优选创造了条件。实践证明这对提高模型预报精度是十分有效的，同时为在防洪辅助决策中洪水预报模块的智能化创造了条件。由于影响流域径流形成因素很多，并且这些因素相互交叉制约，除了一些确定性因素之外，还时常受许多随机因素的影响，本节研究只是这方面一个初步探索，它将为今后更深入的研究打下基础。

5.3　实时洪水校正预报方法

由于影响径流的因素错综复杂，在目前技术水平下，概念性模型还不能完全模拟好每场洪水，加上各种观测误差，使得在应用模型进行洪水预报时，将存在一定的误差，为此实际预报时应作适当修正，以提高预报精度。

实时水文校正预报就是不断地根据新的水文信息(实测值)，来校正和改善原有水文模型或计算值，使水文预报成果更接近实测值。随着计算机在水文领域的广泛应用以及系统论、信息论、控制论等现代控制理论的日趋完善，在水文中已广泛地应用这些理论开展水文系统实时预报理论和方法的研究。目前随着水文自动遥测系统的建立，实现了水文信息实时快速传递收集，这为水文实时预报创造了条件。因此，当前实时校正预报研究，主要是研究如何利用控制论中系统辨识和最佳估计方法选择和确定校正模型。目前水文系统通常所选用的状态变量有水位、流量等。在校正方法上，较为有效的方法有广义递推最小二乘法、自适应 Kalman 滤波法。在信息选用上，多采用衰减记忆实时预报，这样即可节约计算机内存，又可突出最新信息的作用。此外，目前还普遍使用一些调和校正、实测校正法等经验实时校正方法，这些方法简单实用，校正的效果也不错，但总体上以 kalman 滤波理论和方法较为完整。

5.3.1 kalman 滤波计算方法

kalman 滤波计算方法于 1960 年提出，最初主要用于通讯和自动控制领域，随后在其他领域得到了广泛应用。70 年代后期开始应用于水文领域，并为水文实时校正预报提供理论上的方法和依据。Kalman 滤波主要为一组递推计算式，对一个系统状况的动态特性可用两个方程来加以描述：

状态方程 $$X_t = \Phi_{t,t-1}x_{t-1} + B_{t,t-1}U_{t,t-1} + \Gamma_{t-1}W_{t-1} \tag{5.6}$$

观测方程 $$Z_t = H_tX_t + V_t \tag{5.7}$$

式中：X_t 为 t 时刻状态向量；$\Phi_{t,t-1}$ 为状态转移矩阵；U_t 为输入向量；B_{t-1} 为输入分配矩阵；W_{t-1} 为系统噪声；Γ_t 为噪声分配矩阵；Z_t 为观测向量；H_t 为观测矩阵；V_t 为观测噪声。Kalman 滤波假定系统是可控、可观测的线性系统，系统的量测噪声和系统模型噪声均为白噪声，初始状态互不相关。即：

$$EW(t) = 0, EV(t) = 0; E(X_0W_t^{\mathrm{T}}) = 0, E(X_0V_t^{\mathrm{T}}) = 0$$

$$E(W_jW_t^{\mathrm{T}}) = Q_t\delta_{jt}, E(V_jV_t^{\mathrm{T}}) = R_t\delta_{jt};$$

则在最小无偏方差估计下，即可推导出正规 Kalman 滤波的递推公式：

(1) 状态预测：$$\hat{X}_{t/t-1} = \Phi_{t-1}\hat{X}_{t-1} \tag{5.8}$$

(有确定输入时) $$\hat{X}_{t/t-1} = \Phi_{t-1}X_{t-1} + B_{t-1}U_{t-1} \tag{5.9}$$

(2) 预测误差协方阵：$$P_{t/t-1} = \Phi_{t-1}P_{t-1}/_{t-1}\Phi_{t-1}^{\mathrm{T}} + \Gamma_tQ\Gamma_{tt}^{\mathrm{T}} \tag{5.10}$$

(3) 新息：$$V_t = Z_t - H_t\hat{X}_{t/t-1} \tag{5.11}$$

(4) 增益矩阵：$K_t = P_{t/t-1}H_t^{\mathrm{T}}(H_tP_{t/t-1}H_t^{\mathrm{T}}+R)^{-1}$ (5.12)

(5) 状态滤波：$X_{t/t} = \hat{X}_{t/t-1}+K_tV_t$ (5.13)

(6) 滤波误差协方阵：$P_{t/t} = (I-K_tH_t)P_{t/t-1}(I-K_tH_t)^{\mathrm{T}}+K_tRK_t^{\mathrm{T}}$ (5.14)

Kalman 滤波计算是递推的，在状态预测方程(1)即可由 $t-1$ 时刻状态预测 t 时刻状态，而在 t 时刻，可得到状态 X_t 的量测值 Z_t，从而计算上时段预报误差 V_t。这样，在 t 时刻有两个值 $\hat{X}_t$，$t-1$ 和 Z_t 来反映状态 X_t，这两者均有误差。状态滤波(4)即对这两个值加权平均，增益矩阵 K_t 即为权重。当计算出 t 时刻滤波值 $\hat{X}_{t/t}$ 后，重复上述步骤预报 $t+1$ 时刻的状态，照此下去，预报、量测、滤波、预报这就是 kalman 滤波的基本步骤。当开始计算时要给出噪声协方差矩阵 Q，观测噪声协方差矩阵 R 以及初始状态估计值 $\hat{X}(0/0)$，误差协方差阵 $P(0/0)$等数值。

在水文实时预报中，把流域或河道的雨洪关系视作一个线性系统，将水位、流量作为状态变量，利用 Kalman 滤波进行预报取得了许多较好的科研成果。Kalman滤波递推理论是较严密的，但它对系统和噪声有许多要求，水文上很难完全满足要求，这就使得使用时出现发散情况，即滤波器不起作用，造成误差很大。目前，已有一些改进方法，如用最小二乘线识别方法对模型不断修正，采用自适应衰减记忆 Kalman 滤波方法，使滤波器始终处于最佳工作状态，均取得一些较好成果。

5.3.2　校正预报方法的选用

目前概念性水文模型的预报成果已可达到相当精度。因此，所选用的校正预报最好是建立在概念性水文模型预报成果的基础上。参照国内目前已有的研究成果(张恭肃等，1989)，选用三水源新安江模型的预报误差系列作为状态变量，采用衰减记忆自适应 Kalman 滤波法的思路，利用最小二乘递推方法，对误差系列进行滤波和预报。实际水文变量(水位、流量)校正预报时，即将原三水源模型预报值加上误差系列的滤波预报值。虽然此种方法理论上有待进一步探讨，但实践证明它是一种较理想的实时校正方法，它可避免利用水位、流量作为状态变量而引起的水文系统如何线性化，噪声如何白化等困难和不足。

水文预报的误差，通常包括输入资料的量测误差，模型概化所引起的计算误差，以及气象和下垫面因素引起的随机误差。虽然误差系列为随机系列，但通过对各种水文变量预报误差的分析，可以发现各时段误差之间存在较大的相关关系，误差系列的一阶自相关系数均大于 0.9，并且误差自相关系数随着阶数增加而逐渐减小，这说明在误差系列中包括有较大系统误差，误差系统中确定性成份占较大比重，因而可以满足误差系列的可控、可观测的要求，也就是满足系统的稳定性要求。

在本洪水预报系统模块中，流量、水位实时校正预报，采用了其误差作为状态变量，按上述方法，对其误差系统进行预报和滤波，为了使此系列更加接近线性系统，对误差系列采用最小二乘和 Kalman 滤波以及调和校正相结合的方法，进行误差系列校正预报，经检验表明该方法可较好地提高洪水预报的准确度。

5.4　模型应用成果的检验

以实时洪水预报模型为支撑的防洪辅助决策中的洪水预报模块已在长三角地区东南部具有较完整流量资料的曹娥江、甬江上游多个大型水库中小流域上投入了试运行，应用结果表明该系统功能齐全，性能可靠，使用方便。该系统与常规预报相比可明显提高水库流域洪水预报的预见期和准确度，实现了水库流域预报的自动化，为水库防洪调度争取了更多的时间，增加防洪决策的主动性，从而提高了水库防洪发电效益。

根据对 1992～1998 年长沼水库流域的八场洪水预报成果检验分析表明，该模块所预报洪水总量、洪峰流量和洪水过程等预报成果是基本满意的。因此，该系统模块的开发研究是成功的，所获得效益也是显著的。1992 年水库流域为丰水年，年雨量达 1 975 mm，该年共有四场较大洪水（梅雨期、台风期各有两场洪水）。1993 年枯水年，仅梅雨期两场洪水。1994 年梅雨期有一场较大洪水，台风期有一场短历时洪水。上述八场洪水预报的误差统计见表 4.6，从表中分析可以看出，系统模块预报的八场洪水总量误差大部分在 14%以下，洪峰流量的误差一般在 10%左右，预报的洪水过程线和实际过程线拟合得普遍较好，若进行流量实时校正预报，则校正预报后的洪水总量和洪峰流量计算误差均可在 5%以下。在水位预报中，原始水位预报误差大部分在 10 cm 以下，梅雨期预报效果好些，原始预报误差在 4～5 cm 以下，台风期涨率大时误差大些，而水位校正预报误差 1 h 一般在 2～3 cm，3 h 为 3～4 cm，6 h 为 5～6 cm，即当时间间隔增大时，误差随之增大。可见校正预报对提高预报精度起着重要的作用。

此外，按《洪水预报规范》中确定性系数（d_y）和许可误差评定方法，对上述洪水预报过程进行了逐场评定（见表 5.15～表 5.17），从表中看出原始模型计算成果确定性系数（d_y）和合格率除一场外均在 0.7 以上；而结合校正预报后的实际入库流量过程预报和不同预见期水位预报的确定性系数和合格率几乎均在 0.9 以上。由此看出，该洪水预报系统中降雨径流模型的预报成果达到了优良级。

表 5.15　预报模型原始预报计算成果统计表

洪水号	时段数	径流深 (mm)	总量误差 (mm)	相对误差	实际洪峰 (m^3/s)	洪峰误差 (m^3/s)	洪峰相对误差	洪峰滞时误差 (h)	确定性系数 d_y	合格率
9206	96	75	−14.6	−0.194	139.8	16.6	0.12	1	0.649	0.62
9207	96	216	28.7	0.133	312.4	31.2	0.10	1	0.852	0.72
9208	120	369	42.8	0.116	1 042.0	−41.7	−0.04	0	0.924	0.80
9209	72	133	18.6	0.140	1 355.0	−230.4	−0.17	−1	0.847	0.92
9306	48	27.8	2.39	0.086	167.6	36.7	0.219	−1	0.746	0.75
9307	120	135	−21.2	−0.157	292.7	23.4	−0.08	0	0.781	0.72
9406	114	58.4	0.4	0.006	427.13	−42.7	−0.10	−1	0.821	0.84
9408	48	41.4	7.45	0.180	1 214.5	98.4	−0.081	0	0.899	0.90

注：表中合格率为逐时段许可误差评定统计，以下同此。

表 5.16　预报系统模块实际入库流量预报成果评定统计表

洪水号	时段数	径流深 (mm)	总量误差 (mm)	相对误差	实际洪峰 (m^3/s)	洪峰误差 (m^3/s)	洪峰相对误差	洪峰滞时误差 (h)	确定性系数 d_y	合格率
9206	96	75	−3.6	−0.048	139.8	−13.7	−0.098	0	0.962	0.93
9207	96	216	−7.6	−0.035	312.4	−15.9	−0.051	1	0.973	0.98
9208	120	369	10.7	0.029	1 042.0	94.8	0.091	0	0.987	0.99
9209	72	133	4.5	0.034	1 355.0	94.9	0.070	0	0.971	0.93
9306	48	27.8	−0.5	−0.019	167.6	9.9	0.059	−2	0.942	0.96
9307	120	135	−5.2	−0.038	292.7	3.8	0.013	0	0.979	0.98
9406	114	58.4	0.1	0.001	427.13	91.4	0.214	0	0.963	0.93
9408	48	41.4	1.8	0.044	1 214.5	−9.7	−0.008	0	0.983	0.93

表 5.17　预报模型各预见期库水位预报成果评定表

预见期 (h)	9206(92.6.24～92.6.28)					9207(92.7.2～92.7.6)				
	d_y	$\|E_{\Delta_y}\|$	Max_{Δ}	σ_{Δ}	合格率	d_y	$\|E_{\Delta_y}\|$	Max_{Δ}	σ_{Δ}	合格率
1	1.000	0.02	0.10	0.03	1.00	1.00	0.02	0.22	0.04	1.00
3	0.999	0.03	0.26	0.08	1.00	0.999	0.03	0.50	0.11	1.00
6	0.999	0.04	0.50	0.16	1.00	0.998	0.05	0.90	0.22	1.00
12	0.998	0.05	0.98	0.31	1.00	0.996	0.07	1.36	0.38	1.00

预见期 (h)	9208(92.8.28～92.9.2)					9209(92.9.22～92.925)				
	d_y	$\|E_{\Delta_y}\|$	Max_{Δ}	σ_{Δ}	合格率	d_y	$\|E_{\Delta_y}\|$	Max_{Δ}	σ_{Δ}	合格率
1	0.999	0.06	0.46	0.12	0.99	0.997	0.08	1.22	0.19	0.81
3	0.998	0.13	1.00	0.33	0.95	0.997	0.11	1.82	0.45	0.88
6	0.995	0.17	1.60	0.62	1.00	0.994	0.15	2.56	0.78	1.00
12	0.993	0.19	2.24	1.06	1.00	0.993	0.18	3.26	1.20	1.00

续表 5.17

预见期 (h)	9 306(93.617～93.6.19)					9 307(93.6.30～93.7.5)				
	d_y	$\|E_{\Delta_y}\|$	Max_Δ	σ_Δ	合格率	d_y	$\|E_{\Delta_y}\|$	Max_Δ	σ_Δ	合格率
1	0.995	0.01	0.12	0.03	1.00	1.00	0.02	0.16	0.04	1.00
3	0.978	0.01	0.32	0.10	1.00	0.999	0.04	0.48	0.11	0.98
6	0.842	0.03	0.56	0.18	1.00	0.998	0.06	0.88	0.21	1.00
12	0.950	0.01	0.82	0.33	1.00	0.997	0.07	1.28	0.37	1.00
预见期 (h)	9 406(94.6.9～94.6.14)					9 408(94.8.21～94.8.23)				
	d_y	$\|E_{\Delta_y}\|$	Max_Δ	σ_Δ	合格率	d_y	$\|E_{\Delta_y}\|$	Max_Δ	σ_Δ	合格率
1	1.00	0.03	0.30	0.06	1.00	0.999	0.04	0.75	0.18	0.96
3	0.999	0.05	0.66	0.17	1.00	0.996	0.10	2.07	0.51	0.94
6	0.999	0.07	1.26	0.34	1.00	0.998	0.17	2.92	0.90	1.00
12	0.997	0.09	2.08	0.63	1.00	0.984	0.18	3.52	1.32	1.00

注：d_y—确定性系数；$|E_{\Delta_y}|$—预报误差绝对值平均；Max_Δ—预见期内实际水位变幅最大值；σ_Δ—预见期内实际水位变幅的均方差，合格率按参考文献(洪水预报规范 2000)中方法逐时段评定统计.

为验证该洪水预报系统的可靠性，将基于该模型的洪水模拟预测预报系统在与曹娥江流域相邻甬江流域的亭下水库、横山水库、皎口水库以及白溪水库等大型水库以及奉化江流域上进行推广应用。上述流域下垫面条件、水文气象特征以及水库工程情况和长诏水库流域类似。该流域参数优选率定误差类似上述长诏水库流域，从预报结果看洪水总量误差一般在 10%左右，洪峰流量预报误差在 15%以下，水位校正预报误差大部分在2～3 cm。经校正预报后的洪水预报成果均可达到甲等预报水平，故模型应用检验结果基本满意(见图 5.9～图 5.13)。

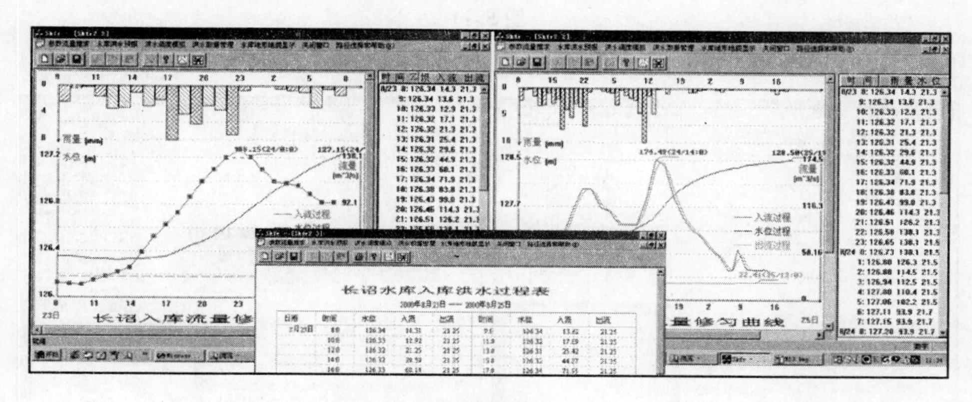

图 5.9

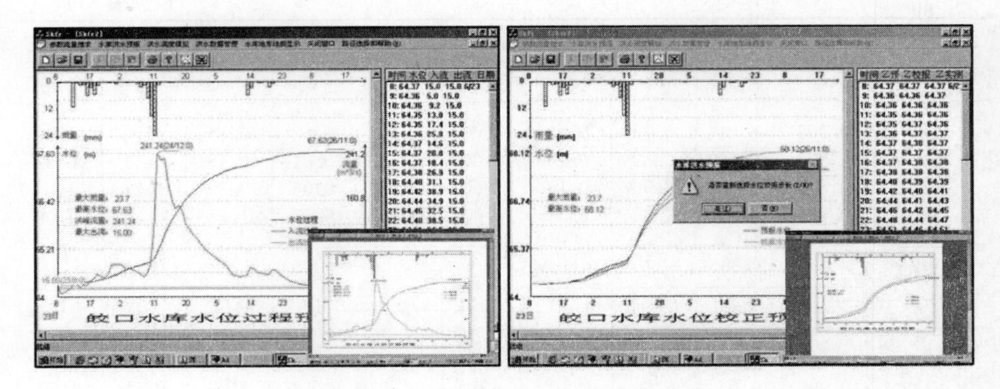

图 5. 10

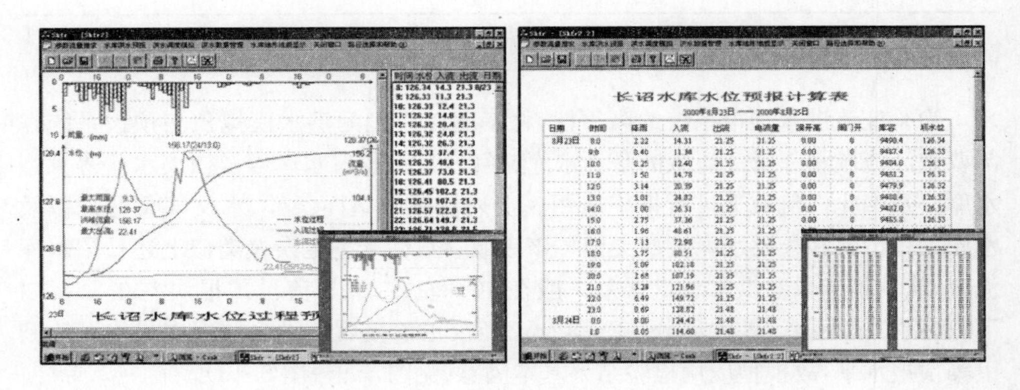

图 5. 11

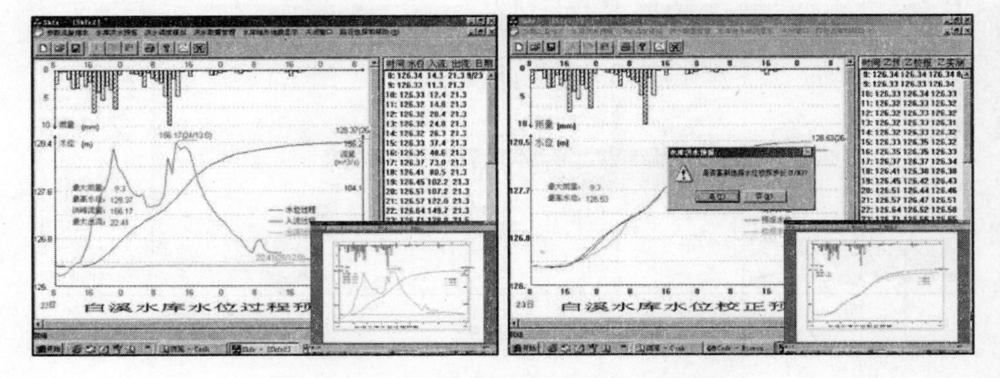

图 5. 12　长诏、亭下水库流域洪水过程模拟

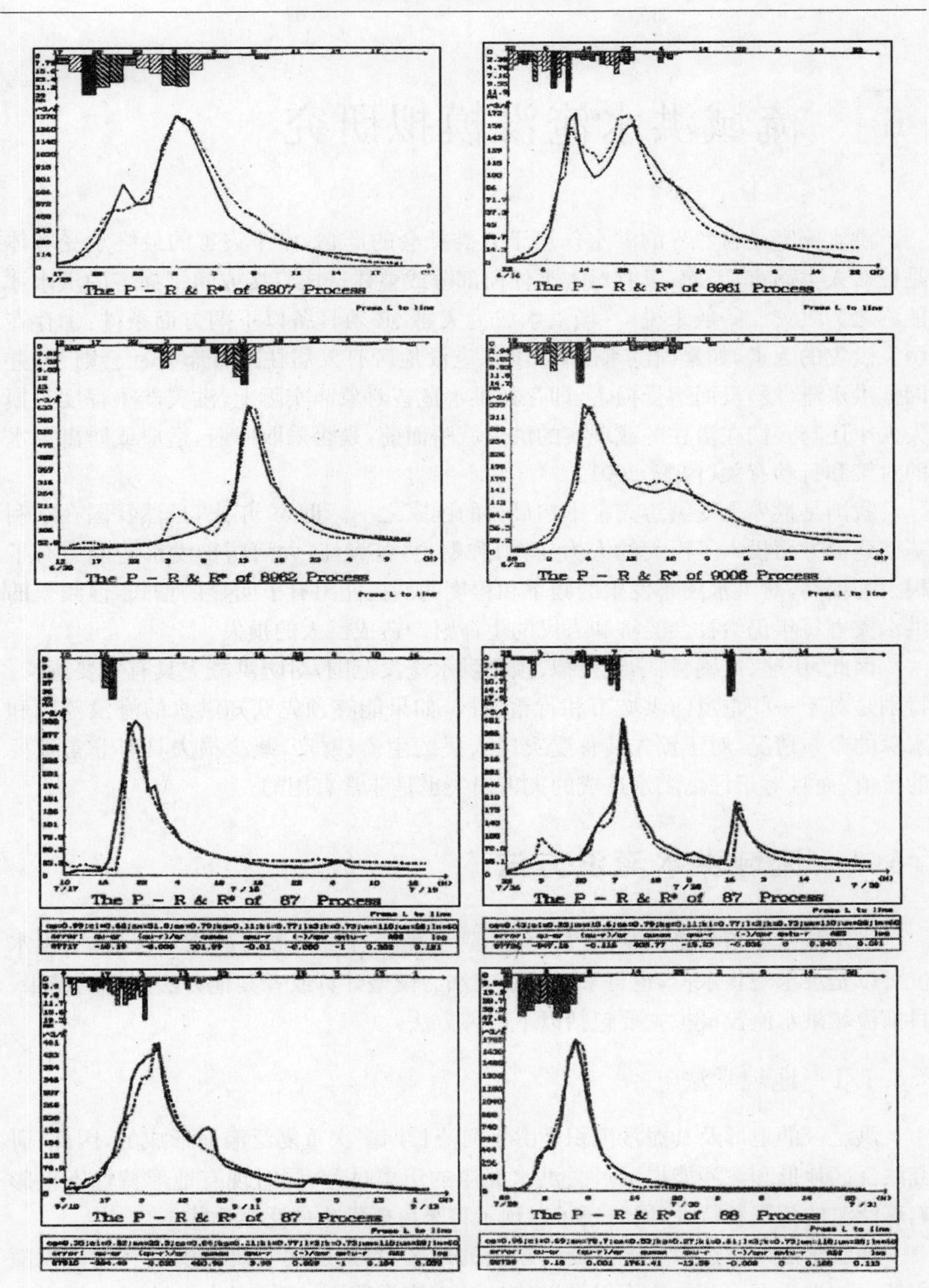

图 5.13 长诏、白溪、皎口水库洪水过程预报成果

6 流域洪水淹没模拟研究

洪水灾害是自然界的洪水作用于人类社会的产物,由于灾害的最终承受客体是针对人类而言,因而,只有对人类任何部分或整体造成直接或间接损害的洪水才能称之为洪灾。一般来说,一场洪水成为灾害,必须具备以下两方面条件:①存在诱发洪灾的因素,如暴雨洪水等;②洪水淹没地区有人居住或分布有社会财产,并因被洪水淹(浸)没而遭受损害,即存在洪水危害对象。实际上,洪灾严重程度与损失大小还与人们在潜在的或现实的洪灾威胁面前,是否采取回避、适应或防御洪水的对策和行动有关(白薇,2001)。

我国是世界上受洪涝灾害影响最大的国家之一。近50年来,虽然我国在水利基础建设方面投入了巨大的人力、物力和财力,各大江、大河防御洪水的能力有了很大的提高,对洪水灾害发生的频率和程度的调控能力有了明显的增长,但频繁的洪水灾害每年仍给社会经济和人民的生命财产造成巨大的损失。

因此,快速、准确、科学地模拟、预测洪水淹没范围,对防洪减灾具有重要意义。特别是对于一些重点防洪城市和行蓄洪区,如果能够预先获知洪水的淹没范围和水深的分布情况,对于预先转移受灾区人民的生命、财产,减少损失具有非常重要的价值,而且对于评估洪水造成的灾害损失也是非常有用的。

6.1 流域洪水淹没方法

洪水淹没区指的是洪水淹没水位达到平衡状态时所形成的淹没区域,淹没水位可以是洪水现状水位,也可来自于水文水力模型计算或者其他方法测算的结果。目前流域洪水淹没模拟主要包括以下四种方法:

6.1.1 地貌学法

洪泛区的地形及其泥沙沉积是由于河流长期多次重复泛滥而形成的,因此,研究洪泛区地形和泥沙能揭示过去洪水泛滥的历史过程,同时现有地形特性不仅影响着泛滥的范围和特性,同时还可以预示将来可能发生的泛滥形式。

地貌学法一般适用于流量资料短缺的地区,特别适用于研究洪水可能淹没面积较大的洪泛区。该方法不仅可以估计洪水淹没范围,也可以定性地对淹没形态(如淹没深度、持续时间和速度)进行估计。

6.1.2 实际洪水法

实际洪水法假定在流域自然地理特征保持基本不变的条件下，洪水淹没所具有重现性，即认为过去洪水的淹没面积和深度与将来可能发生的淹没面积和深度相当。因此流域历史上的大洪水的淹没实况，可以作为现在和未来同类洪水重现时的淹没状态。分析历史洪水淹没实况主要有以下几种途径：

(1) 对于近期发生的洪水，利用流域实测水文资料和灾情资料可以较为可靠地分析洪水特性及相应的淹没范围、淹没深度和淹没时间。

(2) 对于缺乏资料或年代较为久远的洪水，可以通过调查考证的途径，分析洪水发生时的淹没情况。调查考证的内容包括沿洪水路径洪痕调查，查阅有关洪涝灾情的历史文献记载，走访洪泛区居民等。

(3) 洪水径流是塑造地貌的重要外力，洪流的侵蚀、搬运和堆积作用形成的洪水地貌包括废河道、天然冲积堤、冲积扇(洪积平原)、河漫滩(冲积平原)、沼泽地、三角洲等(孙桂华等，1992)。通过对洪水地貌分析，可以大致分析出洪水径流的强度、范围和水深，作为分析淹没实况的依据。

(4) 对于河流早已改道的远古时代发生的大洪水，可以通过水文地质地貌分析并结合水力学方法对古洪水的水位和流量进行估计，从而近似推算古洪水重现时的淹没情况。

实际洪水法的淹没面积和淹没深度都是建立在实际发生过的洪水基础上的，因而在没有充分的历史洪水资料的情况下，不可能直接确定淹没地区的范围和频率。该方法主要适合于天然流域，和地貌学方法一样，均不能估计流域城市化、防洪工程和防洪措施的效应。

6.1.3 地理信息系统(GIS)方法

地理信息系统(Geographic Information System，GIS)是一门由计算机科学、地理学、测量学、地图学等多学科综合形成的现代空间分析技术，具有采集、存储、查询、分析和输出地理数据的功能。随着 GIS 的发展，其在社会各行各业的应用日趋广泛。

GIS 洪水淹没模型是一种建立在数字高程模型(DEM)基础之上的格网模型。其主要依据水源区和被淹没区存在通道(如溃口、开闸放水等)和水位差，进而对淹没过程进行模拟。

1) GIS 格网模型

由于格网本身对模型概化的优越性，同时也可与洪水演进和洪涝灾害损失评估模型更好地结合，所以采用基于格网的洪涝模拟及灾害损失评估模型在实际的应用中具有较高的便利性。格网模型的精度直接影响到洪水淹没模拟的精度，因此，选择合适的格网模型、提高格网模型的精度，成为决定洪水淹没模拟效果的关键。一般格网模型可分为规则格网、不规则三角网模型和任意多边形格网模型三种形式。

(1) 规则格网模型(GRID)

规则格网是最常用的形式，通常是正方形，也可以是矩形、三角形等，它将区域分割为规则的格网单元，每个单元对应于一个数值，在计算机实现中则为一个二维数组，每个数组元素对应一个高程值。

规则格网模型表示方法简单，但在地形简单的区域存在大量的冗余数据；如果不改变格网大小，无法适用于地形复杂程度差异较大的区域；格网过于粗略时，不能精确表示地形的关键特征，如山峰、山脊、山谷等。

(2) 不规则三角网模型(TIN)

不规则三角网模型根据区域有限个点集将区域划分为相连的三角面网络，同时在连接时，尽可能确保每个三角形都是锐角三角形或三边的长度近似相等。区域中任意点落在三角面的顶点、边上或三角形内。如果点不在顶点上，则该点的高程值通常通过线性插值的方法得到(在边上用边的两个顶点的高程，在三角形内则用三个顶点的高程)。

(3) 任意多边形格网模型

将研究区的 DEM 转换为几何特征图层，在处理时自动将具有相同高程并且相邻的单元合并为一个多边形，多边形的高程自动取 GRID 的高程值，这样保证 DEM 的高程数据原始精度完全不损失。生成的多边形格网就是要进行洪水淹没分析的任意多边形格网模型。

不规则三角网和任意多边形格网模型网格的大小分布情况反映了高程的变化情况，即在高程变化小的区域其网格大，在高程变化大的区域其网格小。利用这样的格网模型进行洪水淹没分析，具有以下特点：

(1) 洪水淹没的特性与格网的大小分布特性是一致的，即在平坦的地区淹没面积大，在陡峭的区域淹没面积小，因而采用这种格网能更好地模拟洪水的淹没特性。

(2) 洪水的淹没边界和江河边界都是非常不规则的，采用三角单元格网和任意多边形格网模型能够更好地模拟这种不规则的边界。

(3) 可以依据地形起伏变化的复杂程度改变格网大小和密度，又能按地形特征点如山脊、山谷、地形变化线等表现地形，这样既能满足模型物理意义上的需求，又能减少数据冗余，从而提高计算速度。因而，规则格网模型可以用于较粗要求的分析，而不规则三角网和任意多边形的格网模型可以用于较高要求的分析。

2）两种概化方式

利用GIS格网模型进行洪水淹没模拟可概化为两种情形，一是在某一洪水水位条件下，最终会造成的最大淹没范围以及水深分布情况，这种情况比较适合于堤防漫顶式的淹没。另外一种情况是在给定某一洪量条件下，又会造成多大的淹没范围以及怎样的水深分布，这种情况比较适合于溃口式的淹没。

对于第一种情况，需要有维持给定水位的洪水源，这在实际洪水过程中是不大可能发生的，处理的办法是，根据洪水水位的变化过程，取一个合适的洪水水位值作为淹没水位进行分析。对于第二种情况，当溃口洪水发生时，溃口大小是变化的，导致分流比也在变化。因为堤防溃决的位置不确定，决口的大小也在变化，测流设施要现场架设是非常困难，也是非常危险的。所以，实际应用时，考虑使用河道流量的分流比来计算进入淹没区的洪量。

按照洪水淹没的成因，基于GIS的洪水淹没方法又可归纳为有源淹没和无源淹没两种情况。

其中，无源淹没只考虑降水造成的水位抬升，不考虑地表流水的汇入的淹没情况，淹没中凡是高程低于一定水位的点都计入淹没区，算作被淹没的点。这相当于因大面积均匀降水所有低洼都积水成灾的情况，在地势较平坦的地区具有实际意义。许多软件中的高程平铺思路就是解决无源淹没的计算问题。

有源淹没则指的是在无源淹没的情况下，考虑到地表流水的汇入上游来水、洼地溢水等形成的淹没，即洪水只淹没到它可以流到的地方。例如，对于环行山洼地（一种中间低洼、四周环行隆起的地形），外来的洪水如未及山顶，只能在山环外形成淹没。它涉及到水流方向、地表径流、洼地连通等情况。有源淹没需处理迂回连通问题，其算法实现复杂一些，通常采用种子蔓延算法、堆栈遍历算法、递归算法及环形算法等（刘仁义等，2001）。其核心思想是从给定的源点出发，在平面区域向周围点游动扩散，求取既满足高程低于淹没水位，又与源点相连通的网格集合。两者的区别在于是否考虑淹没区域与源点连通性问题。

总的来说，基于水位的情况较简单，只需进行连通性分析即可，而基于洪量的洪水淹没概化分析则较为复杂，需要采用二分逼近算法逐步获取给定洪量下的相应淹没水位，而在这一过程中包含多次基于水位的洪水淹没概化分析计算。

（1）给定洪水水位（H）下的淹没分析

选定洪水源入口，设定洪水水位，选出洪水水位以下的单元，从洪水入口单元开始进行格网连通性分析，能够连通的所有单元即组成淹没范围。对连通的每个单元计算水深 D，即得到洪水淹没水深分布。单元水深的计算公式为：

$$D = H - E \tag{6.1}$$

式中：D 为单元水深；H 为水位；E 为单元高程。

(2) 给定洪量(W)条件下的淹没分析

给定洪量的基本思想是根据洪水由高向低的重力特性和地形起伏情况，用洪水水量(漫堤或溃口而流进湖区或蓄滞洪区的洪水水量)与洪水淹没范围内总水量体积相等的原理来模拟洪水淹没范围。洪量 W 可以实测，也可以根据上下游水文站点的流量差，并考虑一定区间来水的补给情况计算得到。

在前述洪水水位分析方法的基础上，通过不断给定洪水水位 H 条件，求出对应淹没区域的容积 V 以及与洪量 W 的比较，利用二分法等逼近算法，求出与 W 最接近的 V，V 对应的淹没范围和水深分布即为淹没分析结果。格网模型中，淹没区水体体积与对应的水位之间的关系可简单描述为：

$$V = \sum_{i=1}^{m} A_i (H - E_i) \tag{6.2}$$

式中：V 为连通淹没区水体体积；A_i 为连通淹没区单元面积；E_i 为连通淹没区单元高程；m 为连通淹没区单元个数，由连通性分析求解得到。

定义函数：

$$F(H) = W - V = W - \sum_{i=1}^{m} A_i (H - E_i) \tag{6.3}$$

该函数为单调递减函数。由已知 $F(H_0) > 0$（H_0 为入口单元对应的高程），要求得一个 H_q，使得 $F(H_q) \to 0$。为利用二分逼近算法加速求解，在程序设计时可以考虑用变步长方法加速收敛过程。需要预先求得一个 H_1 值使得 $F(H_1) < 0$。H_1 的求解可以设定一个较大的增量 ΔH 循环计算，直到 $F(H_1) < 0$（$H_1 = H_0 + n * \Delta H$）。再利用二分法求算 $F(H)$ 在（H_0，H_1）范围内趋近于零时的 H_q（$F(H_q) <$ eps，eps 为趋于 0 的常数）。H_q 对应的淹没范围和水深分布即为给定洪量 W 条件下对应淹没范围和水深（H_q 的求解如图 6.1 所示，二分法程序流程见图 6.2）。

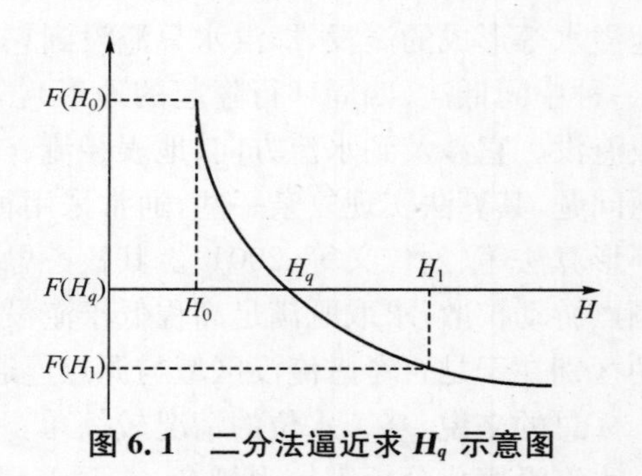

图 6.1　二分法逼近求 H_q 示意图

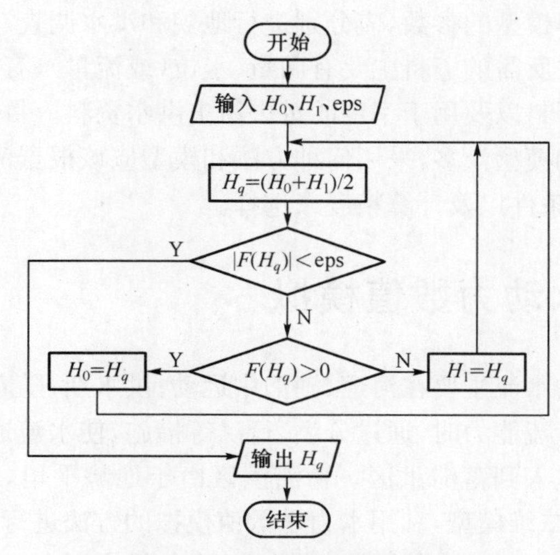

图 6.2 二分法程序流程图

6.1.4 水文水力学方法

水文学和水力学方法是根据流域现状或规划条件下土地利用特征和工程条件,采用水文学和水力学方法分析推求流域洪水泛滥后的淹没状况。其计算结果概念明确,可以分析和模拟土地利用、工程建设、调度方式、边界条件变化情况下的洪水状态,在洪水风险分析中应用较为广泛。该方法通常由以下部分组成:

(1) 由设计暴雨推求设计洪峰或设计洪水过程线可以采用水文学方法,如推理方法、径流系数折算法、先损后损法、下渗曲线法、降雨径流相关图法、降雨径流模拟模型等。

(2) 由设计洪峰推求河道洪水位,可采用水面曲线法、回水曲线法、经验公式等。位于河道洪水位以下的区域可作为可能的洪水淹没区域作进一步分析。

(3) 由设计洪水推求水位过程线,常用的水文汇流计算方法包括单位线法、等流时线法、抵偿河长法、马斯京根法、调蓄演算法等。

(4) 对于河网汇流或坡面漫流计算,采用水力学方法比较合适,如一维非恒定流和二维非恒定流方法以及它们的简化形式(汪德爟,1989)等。

水文学和水力学方法具有以下特性:

(1) 可以计算出任意洪量或洪水频率下的淹没面积、深度和持续时间。

(2) 可以估算综合性洪水损失预防与管理,诸如流域上河道整治、径流滞留和城市化等方面的效果。

(3) 因为径流(或洪流)的计算和率定要求各种高精度和长系列的资料,所以该方法是四种方法中对资料要求最高的方法。在一般情况下,为了模拟洪泛平原和率定径流(或洪流)模型的参数,应分别进行地貌和洪水调查。

水文水力学方法所需的资料主要有雨量、水位(或流量)、有关河流横断面和地面(或堤岸)的高程资料以及用于率定的过去历史洪水资料。目前国内外流行的水文学和水力学方法和模型众多,采用何种方法和模型应该根据流域水文地理特征、工程调度方式、资料条件以及计算精度来选择。

6.2 二维水动力数值模拟

流域内平水期的水流主要在河道、湖泊中运动;洪水期,随着水位的上升,上游来水量超过了河道泄流能力时,通过分洪、行洪等措施,使水流通过水闸、口门以及堤坝等水工建筑物进入到蓄滞洪区。蓄滞洪区由于地势平坦,水流没有固定的主流方向,可以概化为二维模型,利用水力学数值模拟的方法进行求解。

在计算方法方面,二维水动力数值模拟主要包括有限差分法(FDM)、有限单元法(FEM)、有限体积法(FVM)等方法,这三种计算方法各有优缺点,主要差别在于它们的计算精度和速度不同,对研究对象的适用性也不同。其中,有限差分法是一种传统的数值离散方法,其基本思路是:在矩形网格上,采用差商近似代替微分方程的微商,用网格节点的差分方程逼近连续函数的微分方程,从而求解连续函数的微分方程。其数学概念清晰,计算模式易于拟定,误差估计、收敛性和稳定性成熟,是运用广泛的一种方法。

一般而言,平面二维模型有以下三个定界条件:

(1) 初始条件:即迭代计算开始时刻各点的流速和水深分布。

(2) 水文条件:指入流条件和出流条件。入流条件又称上边界条件,由入流水位或流量过程线体现;出流条件又称下边界条件,由出水口的水位流量关系来体现。

(3) 边界条件:包括网格、地形、岸边界及糙率。应用差分格式进行洪流演进计算,必须首先对计算区域作离散化处理,对二维差分格式而言就是要将计算域划分成网格。网格的大小关系到计算精度及计算的经济性,网格太大,计算精度将降低,难以满足实际工程需要;网格太小,精度虽然提高了,但计算量也加大了。非恒定流数值模拟计算的工作量很大,若网格的面积缩小 1/2,则计算量将相应的成倍增加,因此网格的大小必须综合考虑、适中取值;地形即计算域内各处的地面高程,这些数据最好通过近期测绘的地形图确定;岸边界即计算域堤岸边界堤顶高程、位置,必要时还要考虑其堤身质量;糙率是非恒定流方程非常重要的参数,糙率值是否合适是计算结果精确与否的关键。

丹麦水利研究所开发的平面二维数学模型 MIKE21 是应用较为广泛的一款数

值计算模型系统，已在世界多个地区得到了较成功应用，在平面二维自由表面流数值模拟方面具有强大的功能。目前国内一些大型工程都用其进行模拟，如长江口综合治理工程、太湖富营养模型、香港新机场工程建设和台湾桃园工业港兴建工程等。它具有以下优点：

(1) 用户界面友好，属于集成的 Windows 图形界面。

(2) 具有强大的前、后处理功能。在前处理方面，能根据地形资料进行计算，完成网格的划分；在后处理方面具有强大的分析功能，如流场动态演示及动画制作、计算断面流量、实测与计算过程的验证、不同方案的比较等。

(3) 可以进行热启动。当用户因各种原因需暂时中断 MIKE21 模型时，只要在上次计算时设置了热启动文件，再次开始计算时将热启动文件调入便可继续计算，极大地方便了计算时间有限制的用户。

(4) 能进行干、湿节点和干、湿单元的设置，能较方便地进行滩地水流的模拟。

(5) 具有功能强大的卡片设置功能，可以进行多种控制性结构的设置，如桥墩、堰、闸、涵洞等。

(6) 可以定义多种类型的水文边界条件，如流量、水位或流速等。

(7) 可广泛地应用于二维水力学现象的研究，如潮汐、水流、风暴潮、传热、盐流、水质、波浪紊动、防浪堤布置、船运、泥沙的侵蚀、输移和沉积等，被推荐为河流、湖泊、河口和海岸水流的二维仿真模拟工具。

MIKE21 计算参数包括数值参数和物理参数两类，其中数值参数主要是方程组迭代求解时的有关参数，如迭代次数及迭代计算精度；物理参数则主要有床面阻力系数、动边界计算参数以及涡动黏性系数等。模型在数值模拟时，为了求数学模型的解，首先把整个计算区域划分成许多网格，然后在这些网格上把微分方程变成代数方程，再把小块上的代数方程汇合成总体代数方程组，最后在一定的初、边值条件下解此方程组，以得出求解区域内各节点上的物理量。

1) 基本方程

描述水流运动的二维方程由水流连续性方程和水流沿 x 方向的动量方程、水流沿 y 方向的动量方程所组成，方程的具体形式如下：

$$\frac{\partial \zeta}{\partial t}+\frac{\partial p}{\partial x}+\frac{\partial q}{\partial y}=\frac{\partial d}{\partial t} \tag{6.4}$$

$$\frac{\partial p}{\partial t}+\frac{\partial}{\partial x}\left(\frac{p^2}{h}\right)+\frac{\partial}{\partial y}\left(\frac{pq}{h}\right)+gh\frac{\partial \zeta}{\partial x}+\frac{gp\sqrt{p^2+q^2}}{C^2\cdot h^2}-\Omega q-fVV_x=0 \tag{6.5}$$

$$\frac{\partial q}{\partial t}+\frac{\partial}{\partial y}\left(\frac{q^2}{h}\right)+\frac{\partial}{\partial x}\left(\frac{pq}{h}\right)+gh\frac{\partial \zeta}{\partial y}+\frac{gq\sqrt{p^2+q^2}}{C^2\cdot h^2}-\Omega p-fVV_y=0 \tag{6.6}$$

式中：$h(x,y,t)$为水深(m)；$\zeta(x,y,t)$为自由水面水位(m)；$p(x,y,t)$和$q(x,y,t)$为x、y方向的单宽流量($m^3/s \cdot m^{-1}$)，$p=uh$，$q=vh$，u和v为x、y方向平均水流流速；$C(x,y)$为阻力系数($m^{1/2}/s$)；g为重力加速度(m/s^2)；$f(V)$为风摩擦因素；V，V_x，$V_y(x,y,t)$为风速以及x、y方向的风速分量(m/s)；$\Omega(x,y)$为柯氏力系数，$\Omega=2\omega\sin\psi$，ω为地球自转角速度，ψ为计算点所处的纬度；x，y为空间坐标(m)；t为时间(s)。

2) 差分原理

MIKE21模型采用ADI(Alternating Direction Implic)逐行法对质量及动量方程分别进行空间上的求解，各个方向产生的方程矩阵采用追赶法进行求解。各个差分项在交错网格中的分布如图6.3所示。

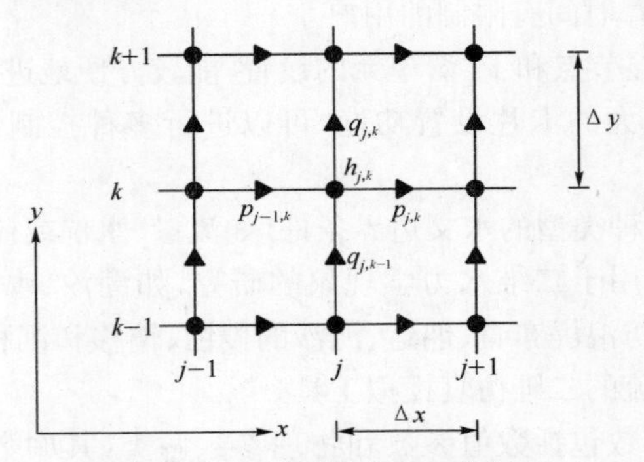

图6.3　交错网格分布示意图1

时间差分采用中心差分的方法，用一维的推进方式，在x方向以及y方向分别进行。

x方向求解连续方程和动量方程时，ζ从n到$n+1/2$，p从n到$n+1$，q为已知的$n-1/2$到$n+1/2$的值；y方向求解连续方程和动量方程时，ζ从$n+1/2$到$n+1$，q从$n+1/2$到$n+3/2$，p采用前面计算得到的n到$n+1$的值。时间中心差分示意图如图6.4所示。

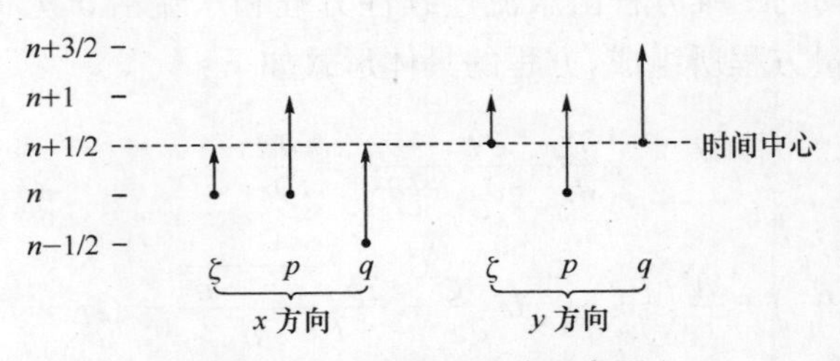

图6.4　时间中心差分示意图

3）方程离散

（1）质量方程的离散：按照 ADI 格式，质量方程在 x 方向可离散为：

$$2\cdot\left(\frac{\zeta^{n+1/2}-\zeta^{n}}{\Delta t}\right)_{j,k}+\frac{1}{2}\cdot\left\{\left(\frac{p_j-p_{j-1}}{\Delta x}\right)^{n+1}+\left(\frac{p_j-p_{j-1}}{\Delta x}\right)^{n}\right\}_k+\frac{1}{2}\cdot\left\{\left(\frac{q_k-q_{k-1}}{\Delta y}\right)^{n+1/2}+\left(\frac{q_k-q_{k-1}}{\Delta y}\right)^{n-1/2}\right\}_j=2\cdot\left(\frac{d^{n+1/2}-d^{n}}{\Delta t}\right)_{j,k} \tag{6.7}$$

在 y 方向可离散为：

$$2\cdot\left(\frac{\zeta^{n+1}-\zeta^{n+1/2}}{\Delta t}\right)_{j,k}+\frac{1}{2}\cdot\left\{\left(\frac{p_j-p_{j-1}}{\Delta x}\right)^{n+1}+\left(\frac{p_j-p_{j-1}}{\Delta x}\right)^{n}\right\}_k+\frac{1}{2}\cdot\left\{\left(\frac{q_k-q_{k-1}}{\Delta y}\right)^{n+3/2}+\left(\frac{q_k-q_{k-1}}{\Delta y}\right)^{n+1/2}\right\}_j=2\cdot\left(\frac{d^{n+1}-d^{n+1/2}}{\Delta t}\right)_{j,k} \tag{6.8}$$

（2）运动方程的离散：对 x 方向运动方程中的各项逐一按照时间中心差分，如图 6.5 所示。

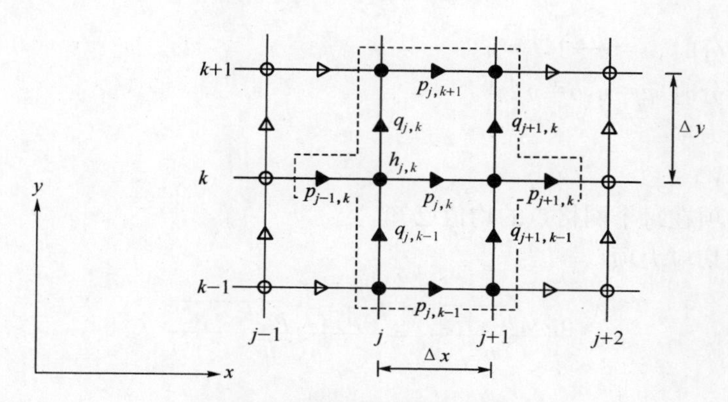

图 6.5 交错网格分布示意图 2

可将运动方程离散为以下几项：

①时间偏导项

$$\frac{\partial p}{\partial t}=\left(\frac{p^{n+1}-p^{n}}{\Delta t}\right)_{j,k} \tag{6.9}$$

②重力项

$$gh\,\frac{\partial\zeta}{\partial x}=g\left(\frac{h_{j,k}+h_{j+1,k}}{2}\right)^{n}\left(\frac{\zeta_{j+1,k}-\zeta_{j,k}}{\Delta x}\right)^{n+1/2} \tag{6.10}$$

③对流项

$$\frac{\partial}{\partial x}\left(\frac{p^2}{h}\right)=\Big[\frac{(p_{j+1}+p_j)^{n+1}}{2}\frac{(p_{j+1}+p_j)^n}{2}\frac{1}{h_{j+1}^n} -\frac{(p_j+p_{j-1})^{n+1}}{2}\frac{(p_j+p_{j-1})^n}{2}\frac{1}{h_j^n}\Big]\frac{1}{\Delta x} \tag{6.11}$$

④交叉微分项

$$\frac{\partial}{\partial y}\left(\frac{pq}{h}\right)=\Big[\frac{p_{k+1}^a+p_k^b}{2}v_{j+\frac{1}{2},k}^{n+\frac{1}{2}}-\frac{p_k^a+p_{k-1}^b}{2}v_{j+\frac{1}{2},k-1}^{n+\frac{1}{2}}\Big]\frac{1}{\Delta y} \tag{6.12}$$

其中，

$$v_{j+\frac{1}{2},k}^{n+\frac{1}{2}}=\frac{2(q_j+q_{j+1})_k^{n+1/2}}{(h_{j,k}+h_{j,k+1}+h_{j+1,k}+h_{j+1,k+1})^n} \tag{6.13}$$

$$v_{j+\frac{1}{2},k-1}^{n+\frac{1}{2}}=\frac{2(q_j+q_{j+1})_k^{n+1/2}}{(h_{j,k-1}+h_{j,k}+h_{j+1,k-1}+h_{j+1,k})^n} \tag{6.14}$$

向后差分时，$a=n+1,b=n$。

向前差分时，$a=n,b=n+1$。

⑤风应力项

$f(V)VV_x$

式中各项在每个网格点的均值已知。

⑥底面切应力项

$$\frac{gp\sqrt{p^2+g^2}}{C^2h^2}=\frac{gp_{j,k}^{n+1}\sqrt{p^{*2}+g^{*2}}}{C^2h^{*2}} \tag{6.15}$$

其中，$p^*=p_{j,k}^n$

$$q^*=\frac{1}{8}(q_{j,k}^{n-1/2}+q_{j+1,k}^{n-1/2}+q_{j,k-1}^{n-1/2}+q_{j+1,k-1}^{n-1/2}+q_{j,k}^{n+1/2}+q_{j+1,k}^{n+1/2}+q_{j,k-1}^{n+1/2}+q_{j+1,k-1}^{n+1/2}) \tag{6.16}$$

$$h^*=\begin{cases}h_{j,k}^n & p^*\geqslant 0\\ h_{j-1,k}^n & p^*<0\end{cases} \tag{6.17}$$

⑦柯氏力项

$$\Omega q=\Omega q^* \tag{6.18}$$

y 方向的运动方程与 x 方向的运动方程在差分形式上是一致的，可以用同样的离散方式进行求解。

6.3　基于 GIS 的洪水淹没实例分析

6.3.1　实验流域概况

奉化江流域属亚热带季风气候区，气候温和湿润，日照强，雨量充沛，年平均降水量 1 350～1 600 mm，陆面蒸发量约 650～700 mm。日照时数 1 850 h，无霜期 232 d，年均气温 16.3 ℃，七月平均气温 27.5～28.2 ℃，一月平均气温 3.9～4.9 ℃。

主流奉化江由主流剡江和其东侧的县江、东江，北面的鄞江三条支流组成，汇合于横涨下王渡三江口，此处以下始称奉化江。向东北曲折流 26.4 km，至宁波三江口与姚江汇合，流域面积 2 223 km^2。其中，剡江自河源至方桥三江口河长 66.7 km，上游的亭下水库控制集水面积 176 km^2。支流县江发源于董李乡大公岙，河源至方桥三江口河长 65.5 km，上游的横山水库控制集水面积 150.8 km^2。东江发源于奉化葛岙乡南端薄刀岭岗，河源至方桥三江口河长 40.9 km，尚桥头以上流域面积 116 km^2。鄞江发源于四明山白肚肠岗山麓，河长 69.4 km，上游的皎口水库控制集水面积 259 km^2。平原区地面高程，鄞东南为1.9～2.5 m，鄞西为 2.0～2.6 m，奉化平原为 2.2～4.2 m；宁波市地面高程为 2.4～3.2 m，奉化市区为 6.0～7.2 m。上述地区是奉化江流域防洪治涝的主要区域。

6.3.2　淹没模拟

实验区地形平缓，水网密集，属于典型的大范围内涝区和滞洪区，洪水淹没过程主要以漫顶式为主，故采用给定水位进行情景下淹没范围的模拟。给定水位条件下，淹没范围的确定通常采用有源淹没和无源淹没算法，考虑到研究区的实际情况，采用无源淹没模拟洪水的淹没范围（葛小平等，2002）。

1）数字地面高程模型的建立

奉化江流域采用规则四边形格网模型。本节建立的数字高程模型（DEM）以 1∶10 000 地形图以及 1∶5 000 专题图为底图进行屏幕数字化，并结合实地调查，采集了实验流域内所有的离散高程点数据（小于 6 m 尺度）和等高线高程数据（大于 6 m 尺度），两者分别保存在不同的图层中。高程点和高程线的高程属性数据则以图形软件 Mapinfo 的 Table 表中字段存储（如被选中对象的高程用selection.gc 表示，其中 gc 就是字段名），以这种方式存储高程数据的优势在于对象化，数据和对象一一对应，图层中每一个高程点和每一条等高线都仅有一个高程属性，兼之数据结构非常优化简单（在 Mapinfo 中，是以 Column 和 Row 来定位数据的），便于利用编程开发工具（可以是 Mapinfo 自带的 Mapbasic 开发工具，也可以是 VC 等）进行对象和属性的操作。

实验区中，平原地区居多，尽管采集了地形图上所有的高程数据，但仅有这些高程数据不足以充分的反映平原地区的地形地势，这是在平原地区建立数字高程模型经常会遇到的一个问题。故本节中对上述的数字高程模型进行合理化修正，采用的方法是利用数字高程模型中离散高程点及其高程数据进行等高线的高密度内插。内插算法采用不规则三角网法(TIN)，内插的等高线间距根据实验区平原地区地形（最低的地面高程是 1.3 m）定为 0.1 m，同时将内插出来的等高线按地势走向进行光滑处理，得到如图 6.6 所示的结果图。

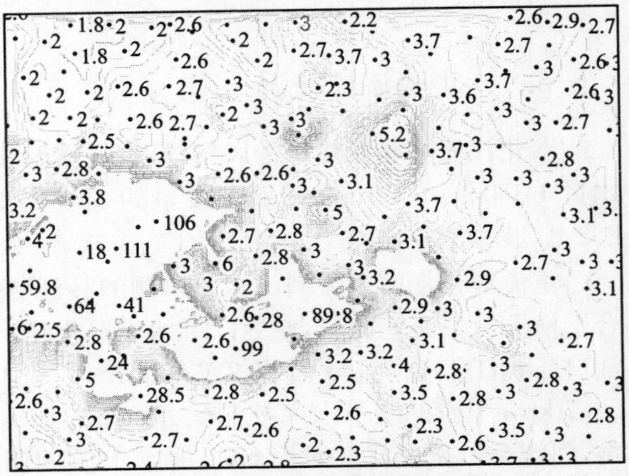

图 6.6　奉化江流域西坞原始离散点和内插等高线分布图

对原有的数字高程模型进行等高线内插的另一个目的在于：利用这一精度更高的数字高程模型建立一个较为准确的三维地面模型，并以此为基础生成流域地形的坡度和坡向栅格数据图，供水力演进模型模拟淹没水深使用。

2）淹没范围的确定

由于实验区平原地区地形较缓，水网密集，属于典型的大范围内涝区和滞洪区。对于大区域而言，河流表面并非平面而是一个复杂的曲面。为解决这个问题国内外已有很多人做过有益的尝试，较为普遍的方法是将洪水在特定河段内简化为一斜平面，河道两端的高程由水文站测定的水位得出，这样就把确定淹没范围的问题归结为 DEM 被一个斜平面切割的问题，但这种方法在处理两河段之间的数据衔接方面存在严重的不足(常燕卿等，1999)。本研究在模拟洪水淹没范围时，结合本流域经过内插的高精度数字高程模型的优势，采用分区平面模拟方法，即按河段和水文站分布以及考虑道路、堤防等阻水设施的布局，通过遥测站获取实时水位信息，当洪水水位高于堤防或道路等高程发生漫堤时，则认为洪水水位就是淹没水面的高程，然后在各淹没区内采用平面模拟方法模拟洪水的淹没范围。

具体算法和操作步骤如下：在洪水淹没时，将各区内水面近似地看作一个水平面，根据水力演进模型模拟得到淹没水深的结果(也可以是水文站测定或任意给定的淹没水位结果)，以经过等高线加密的流域数字高程模型为基础，将区域内所有小于该水位高程的等高线取出存入淹没等深线临时数据库。然后利用开发工具对等深线进行由折线向面的转化操作，将淹没等深线转化为等淹没面，将这些淹没面合并可以得到一个给定水位切割流域地形的淹没水平面。接下来将大于该水位高程的等高线提取出来，同样利用开发工具对这部分等高线进行由折线向平面的转换操作，将这些等势面合并成一个淹没水平面切割流域地形的投影面，然后把投影面从淹没水平面中切割剔除就能得到我们所需要的洪水淹没范围。最后，将洪水淹没范围和三维地面模型进行地理坐标的匹配就可以得到以三维地面模型为基础的洪水淹没范围图（见图 6.7、图 6.8）。

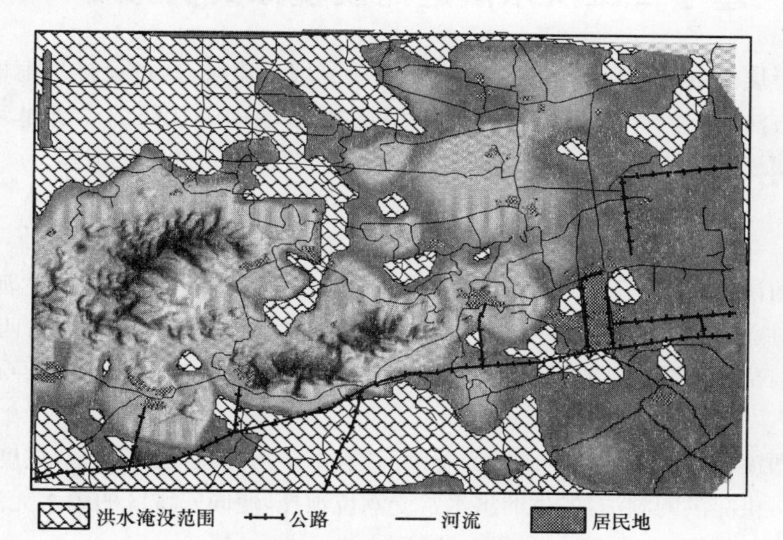

图 6.7　西坞地区洪水淹没范围模拟图（水位：2.74 m）

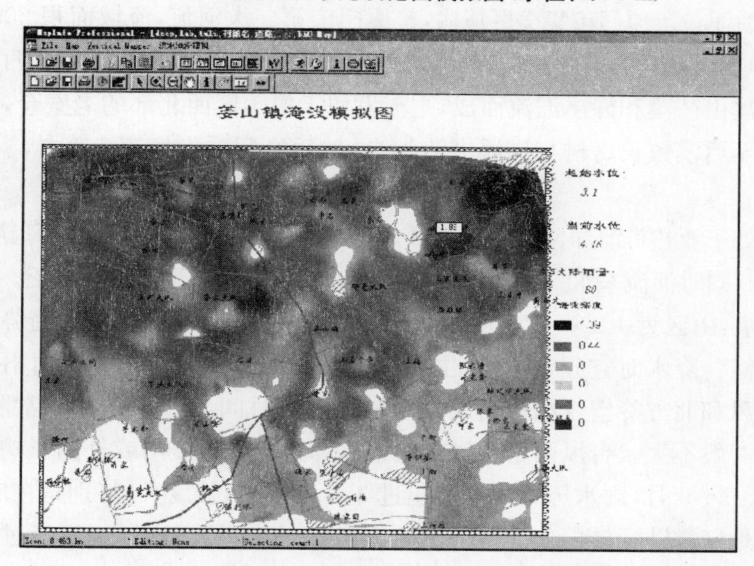

图 6.8　姜山地区给定水位界面淹没模拟结果

利用实验区洪水风险图制作过程中实地调查的五年一遇等不同等级的洪水水位值，采用上述分区平面模拟方法对不同淹没小区分别加以模拟分析、统计分析与实地调查，结果表明本方法得到的结果具有一定的计算精度的，其准确性基本能够满足防洪工作的实际需要。

6.4　基于二维洪水演进淹没模拟实例分析

选择厦门市岛外同安东西溪及集美后溪流域小流域，通过设计暴雨推求设计洪水的方法，针对 50 年、100 年一遇的大洪水情形，采用 MIKE21 二维非稳定流洪水淹没演进方法，并结合下游涝水情况确定不同等级洪水的淹没范围。

6.4.1　流域概况

东西溪流域位于厦门市同安区境内，流域面积 491.48 km^2，主河道全长 34 km。主流西溪在大同镇南面的双溪口与同安东溪汇合后称为同安东西溪，河道至西柯翁窑再分两支，西支浦声支流经瑶头流入东咀湾，东支石浔支流经石浔流入东咀湾。

东西溪双溪口水位站下游段为感潮河道，由于河流短，河床浅窄，坡度平缓，沿溪没有可供滞洪的湖泊，发生的洪水常受潮位顶托，使同安城区的雨水无法排泄或由于溪水往排涝口、排污口倒灌造成城区内涝。

集美后溪位于厦门市集美区境内，是厦门市第二大河流，流域面积 209.3 km^2，河道长 20.85 km，河道平均坡降 6.94‰。后溪流域背山面海，地势自西北向东南倾斜。后溪由苎溪和许溪汇流而成，主流发源于集美区西北部的老寮仓，向南流经坂头林场至后溪镇长房村与许溪支流汇合，然后经后溪农场流入杏林湾水库排入大海。

流域处于亚热带海洋性季风气候区，常年受海洋气团影响，倚山面海，湿润温暖，雨量充沛。同时河流来水量季节性明显，汛期水量丰富，非汛期水量缺乏。流域多年平均降水量：山区为 1 800～2 500 mm，沿海为 1 100～1 600 mm，总趋势是由西北向东南递减。降水时空分布不均，主要雨型有锋面雨和台风雨。锋面雨是由太平洋热带季风和北方冷空气相遇而成，一般在 5～6 月间，历时约 50 d，常阴雨连绵，降雨强度一般不大。台风雨是台风或热带风暴正面袭击厦门或外围影响带来的暴雨，一般在 7～9 月，雨水历时一般不超过 3 d，时间短，强度大，特别是在广东东部、漳州沿海地区登陆后转向偏北或东北方向移动的台风或热带风暴，经过九龙江流域及沿海上空时，常降大暴雨或特大暴雨，有时还伴随着大风，此时沿海地区如遭遇天文大潮，其危害性更大。

后溪田头水位站下游120 m处设有后溪水闸，低水时河道水位受闸门控制影响。水闸下游2.0 km处建有杏林湾水库。洪水由集美水闸排入大海。由于河流短，河床浅窄，后溪镇下游河道坡度平缓，发生的洪水常受潮位和杏林湾水库水位顶托，致使洪水无法排泄，造成区域内涝。

6.4.2 设计暴雨计算

由于选取的两个流域下游均没有实测水文资料，因此在进行洪水风险分析时，主要采用由设计暴雨推求洪水风险等级的方法，即认为流域暴雨与洪水具有相同的频率。首先推求出不同等级的设计暴雨，然后再由设计暴雨推求出相同频率的设计洪水。

两流域设计暴雨计算利用东西溪与后溪流域内主要站点的长系列暴雨资料，通过多站平均求得两个流域不同地区的面平均雨量，然后采用频率计算分析求得各单元内的不同等级的设计暴雨，再选择典型暴雨进行暴雨的时空分配，分析得到设计暴雨过程分配。

6.4.3 设计洪水分析

随着流域产汇流理论研究的不断深入以及计算机技术的高速发展，通过建立降雨径流数学模型来模拟暴雨洪水过程，已取得了较好的计算精度。

本研究选用新安江三水源模型作为计算模型，该模型经过多年应用和完善，已在我国东部地区取得了较好的研究精度，并广泛应用于水文分析计算以及水文预报中。新安江三水源模型的特点是结构合理，概念清晰，使用方便，计算精度较高。

模型在蒸、散发计算中采用三层的蒸发模式。在产流量计算中，采用“蓄满产流”模式。在分水源计算中，把总径流划分为地表径流、地下径流以及壤中流三种水源。

汇流计算主要采用滞后演算法进行，并参照研究区无因次单位线的计算成果。由于本研究选用了新安江三水源降雨径流模型，故其产流计算采用蓄满产流原理，而模型中三种水源的划分使汇流的非线性程度大大降低，采用滞后演算法即可获得较满意成果。和单位线法相比，滞后演算法具有参数少、调试容易、参数稳定的优点，模拟结果也令人满意。本研究同时比较了滞后演算法和无因次单位线的计算结果，两者差别不大。根据本次分析工作特点和需要，同时为了保持模型计算的完整性，最后确定采用滞后演算法进行流域汇流计算。

滞后演算法主要考虑河道洪水波运动同时存在位移和坦化两种作用。所谓位移是指水流流经一连串“线性渠道”,其入流过程往下平移而不改变其形状,这反映了洪水波的滞后现象。所谓坦化则表示水流流经一连串“线性水库”,受到调蓄影响展平,反映了洪水波的衰减(坦化)现象。显然,这两种作用是密切相关的,但各自的作用大小,视河道特征而不同。至于两种作用的先后,则是无关紧要的。滞后演算法就是同时分别考虑这两种作用,建立概念性模型,其在推移作用较明显的河段,应用效果较好。

模型参数确定中,具有明确物理意义的参数主要参照两个流域下垫面特性加以推求,其他一些需要率定的参数则主要参照了福建省闽江流域10多个流域研究成果加以确定。

根据两个流域特点,利用两流域内各区域的设计暴雨及其过程,分别对东西溪流域内的汀溪水库坝址以上、莲花水库坝址以上、东溪河口以上、东西溪河口以上、西溪扣除汀溪水库和莲花水库等流域和区域及后溪流域内的石兜水库、浒溪支流、各区间、鹭埭溪等流域和区域进行了设计洪水计算,整个计算结果和两流域规划中的设计洪水数值差别不大,可以作为流域洪水风险的依据。

6.4.4 不同风险等级洪水的淹没计算

鉴于东西溪流域及后溪流域中下游河道普遍进行了治理,防洪能力有了较大的提高,河道防洪标准基本都达到了20年一遇以上。因此,本次洪水风险分析以20年一遇为界线,5年一遇、10年一遇、20年一遇的洪涝灾害主要是在下游潮水高潮位顶托,排水不畅时,由平原区同频率暴雨所引发的涝水淹没所致。20年一遇以上的洪水(50年一遇、100年一遇)所造成的洪涝灾害主要是由于河道洪水水位超过堤防高程,发生漫堤、溃堤、溃坝等以及平原区的本身涝水所造成。针对50年一遇、100年一遇的洪水淹没过程,采用水文学方法计算出流域上游各支流不同时段暴雨洪水过程,同时考虑上游水库(东西溪流域的汀溪水库、莲花水库以及后溪流域的坂头石兜水库)调洪作用,采用二维非稳定流洪水淹没演进方法,并结合下游涝水情况,综合确定不同等级洪水的淹没范围。

由于本次所分析的厦门市东西溪流域(492 km^2)与后溪流域(209 km^2)面积相对较小,参照研究区流域规划中的分析,本次在洪水风险等级分析时,上、下游采用同频率洪水分析方法;下游潮位分析参照该地区已有研究成果,并考虑较不利情况,采用同频率潮位顶托情况进行分析。

1) 潮位分析

厦门市地处东南沿海,其外海的潮汐为半日潮,一天中有两个潮波,潮型“两高两低”，涨潮时间约为 6 h，退潮时间约为 6.5 h；此外，一个月当中，农历初三和十八前后为大潮。

参考福建省水利规划院《厦门市后溪流域综合规划修编报告》(2007 年 8 月)、《厦门市同安中心区防洪排涝规划工程》(2006 年 12 月)、水利部上海勘测设计研究院《厦门市防潮防洪规划报告》(2002 年 8 月)3 个报告对厦门市的两个流域潮位的分析成果，其选用的不同频率潮位数值为：后溪流域杏林湾多年平均最高潮位为 3.71 m；10 年一遇最高潮位 4.0 m；20 年一遇最高潮位 4.08 m；50 年一遇最高潮位 4.32 m；多年平均潮差 3.99 m。东西溪流域采用东坑站潮位分析成果，多年平均最高潮位 3.91 m；5 年一遇最高潮位 4.13 m；10 年一遇最高潮位 4.28 m；20 年一遇最高潮位 4.43 m；50 年一遇最高潮位 4.61 m；100 年一遇最高潮位 4.75 m；200 年一遇最高潮位 4.88 m。

2) 平原区涝水淹没分析

目前东西溪和后溪流域下游平原区涝水排泄主要通过闸门自由排放，一旦遇到下游高潮位顶托、外河水位较高时，就会排水不畅，极易造成涝水淹没。

本次在分析平原区涝水淹没时，主要从流域下游平原受淹没区的整体出发，首先根据平原区不同频率设计暴雨，通过降雨径流模型模拟计算，分析得出不同等级洪水的产流总量和洪峰流量，然后扣除相应正常排涝能力下在低潮时可排出的水量，再重点借助平原区 GIS 系统，参照不同积水量下的等淹深线，综合考虑平原区道路、建筑物等阻水作用，确定得出不同洪水等级下的涝水淹没范围。

3) 流域洪水二维淹没模拟分析

当所研究的两流域内发生 20 年一遇以上大洪水时，流域中下游河道将会发生洪水泛滥灾害。当洪水漫溢、堤防溃决以后，水流扩散受平原微地形影响，行洪速度十分缓慢。该地区河流短小，洪水过程和淹没时间一般不长，但若遇天文高潮或台风暴潮增水，并与洪水顶托，则整个平原洪泛区将被洪水淹没，且退水迟缓，淹没历时长，可能导致较大范围洪、潮水灾害。

本次对 50 年一遇、100 年一遇的大洪水，采用 MIKE21 二维非稳定流洪水淹没演进方法，并结合下游涝水情况综合确定不同等级洪水淹没的范围。

(1) GIS 空间基础信息及二维洪水模拟：在利用 MIKE21 进行模拟计算时，首先划定模型的模拟范围，然后确定模拟范围内的计算网格，并要考虑各网格的内部条件(如糙率、土地利用情况等)以及边界影响(如堤防、公路、铁路等)，通过数值计算来模拟各种规模洪水时的淹没情况。洪水模拟时，需要了解淹没区下垫面的地形地貌情况，淹没区的河道地形条件及相关水利工程(如闸、堰等)的位置、尺寸及有关水流条件等。同时还需给定流域在防洪调度中水库、闸、堰等的控制运行条件和方式以及模拟时的初始条件和边界条件。边界条件包括淹没计算区入流处的流速和出流处的水面高程以及计算区域内的边界条件等。

模型在进行二维水动力方程数值计算时，涉及大量下垫面基础资料和边界条件，资料获取和更新都较为困难。GIS 技术的发展带来了新的技术，为下垫面资料提取和计算网格的确定带来了便利。

基于 GIS，将计算区域内的空间要素用点、线、多边形及面等信息加以定量描述，从而生成计算格网。点状要素主要包括水流入出流口、河流交汇点、等高点等点状目标；线状要素主要用于街道、道路、河岸边界及区域边界线等描述；面状要素则用于描述如土地利用状况、居民区等面状目标。同时利用遥感和 GIS，获取计算区域内的土地利用状况，利用计算区域的土地利用分类图，空间内插得到计算格网的糙率系数。利用研究区内的等高线等地形信息，借助 GIS 的空间分析功能，内插得到各计算格网的底高程。研究区各种工程设施（如堤坝、水流控制工程等）对水流的运动具有很大的影响，而借助 GIS 可较好地分析这些因素的影响，并较好地处理边界条件及初始条件。此外，利用 GIS 技术有助于成果的分析与显示。GIS 支持下的二维洪水模拟流程图如图 6.9 所示。

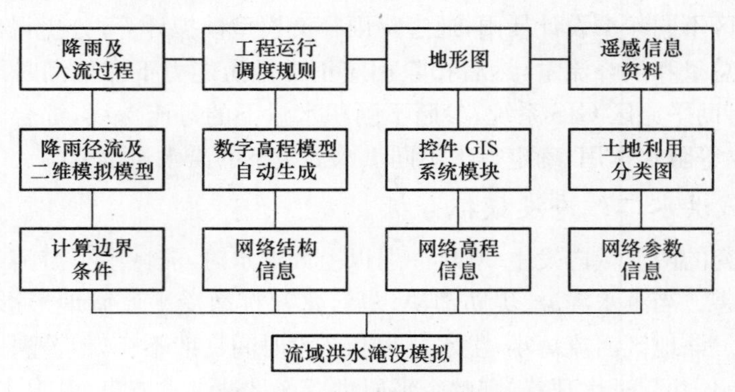

图 6.9　二维洪水模拟分析

（2）模拟范围：采用 MIKE21 二维水流模型对厦门后溪、东西溪两个流域进行分析时，首先结合两个流域各自的水文特性以及下垫面特性，确定模型的计算范围。后溪流域和东西溪流域的特点均为上、下游高程相差较大，且下游地势平坦，强降雨形成的洪水难以排出，容易积水成灾。因此，模型模拟范围应选取流域下游地势平坦，易受洪水淹没，且短时期内难以排出的区域。考虑到模型对输入水量的要求，模拟范围的选取条件还应包括该范围内的进水口可以控制往来水量，即各主要进水口的水量均能获得。

综合以上考虑，根据后溪流域和东西溪流域各自的特点，在本次模拟中，后溪流域主要选取许溪李林闸以下以及苎溪坂头水库以下流域进行计算；东西溪流域则主要采用汀溪水库以下、莲花水库坝址以下以及东溪安峰水闸以下流域进行模拟。

(3) 模型参数的选取：二维水流数值模拟的时间步长、空间步长以及计算时间应合理取值，使其既能保证一定的精度，同时不会导致运算量过大。在后溪和东西溪流域的二维洪水演进模拟中，x 及 y 方向的空间步长均取 50 m。另外，由于两个流域的面积较小，洪水演进时间较短，因此时间步长可以取一个较小值使精度提高，本次模拟选取 5 s 作为时间步长。根据模拟范围的规模以及洪水量级，本次模拟采用的计算时间为 5 h 30 min。

通过对地形图的判读，结合流域实地考察发现，模拟区域的土地利用类型以居民地和农田为主，且土地利用类型的变化主要是由居民地转变为农田。由于居民地和农田的糙率较为接近，模拟区域的糙率选取 0.065。

在边界处理方面，由于模拟洪水为 100 年一遇和 50 年一遇，来水量大，受淹没地区水深均较大，因此干边界取 0.2 m，湿边界取 0.3 m。即涨水时，当计算区域水深大于 0.3 m 的时候，设该区域状态为“湿”，参加计算；而落水时，当计算区域水深小于 0.2 m 的时候，设该区域状态为“干”，不参加计算。

(4) 流量过程计算：后溪流域和东西溪流域二维水流数值模拟的水量输入包括了各个支流的水量输入过程。这些水量输入由两部分组成，一部分为经过调蓄作用后的水库的出流水量，该部分的流量过程主要根据各水库调洪以后的出流过程得到；另一部分则为主要入流口的径流水量，该部分的流量过程由新安江三江源模型计算得到。在计算过程中，东西溪流域考虑了汀溪水库和莲花水库调洪以后的洪水过程，其他上游边界入流还包括东溪安峰水闸等入流口；后溪流域则考虑了坂头—石兜水库的调洪作用，其他上游边界入流还包括许溪中游、鹭埭溪等入流口。输入由新安江三江源模型计算以及水库调度规则得到的各个出水口 50 年一遇、100 年一遇洪水的流量过程，由模型进行二维洪水演进模拟。

(5) 模拟结果：输入模拟区域的数字高程模型、模型参数以及流量过程，对后溪和东西溪流域进行不同重现期的洪水演进模拟，模拟结果如图 6.10 及彩插 3 所示。

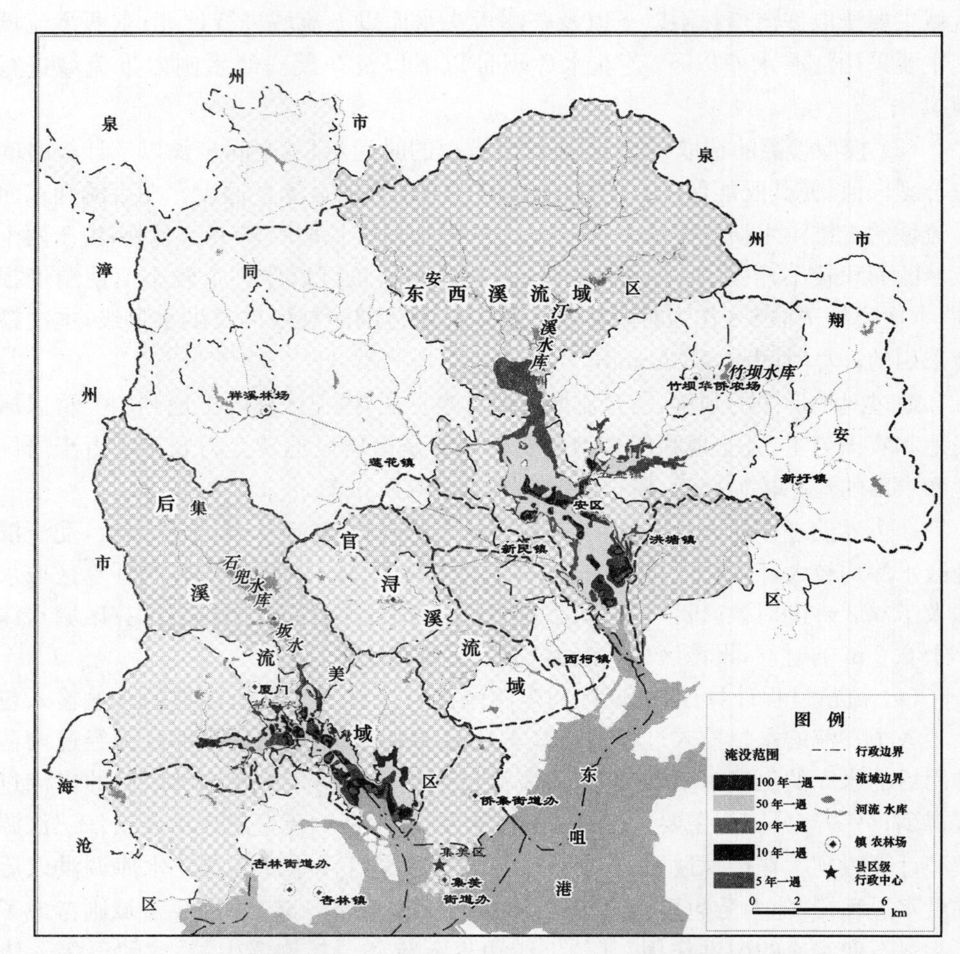

图 6.10　厦门市后溪及东西溪流域不同等级洪水淹没范围分布图

7 GIS 支持下流域洪水风险图研究

由于影响洪水的因素错综复杂，就目前人类的认识水平，尚无法对未来发生的洪水过程做出完全准确的模拟预测，因此人们通常是将洪水灾害的发生作为随机事件加以分析处理，在防洪措施中引进概率统计的分析方法，利用频率或重现期定量地估计某一地区出现某种类型洪水的可能性，这也可视作一种超长期洪水概率预报。虽然人们可以通过各种工程和非工程性措施减少洪水泛滥的频次和程度，但由于自然和经济方面的原因，洪水灾害目前还难以彻底防范或根本消除，洪水风险总是伴随人类的日常生活而存在，所以开展洪水风险分析十分重要，洪水风险图的编制势在必行。

洪水风险图是洪水风险分析管理的一种重要手段，是融合了洪水特征信息、地理信息、社会经济信息，通过资料调查、洪水计算和风险判别，以图表形式直观反映洪水威胁区域发生某一频率洪水后，可能淹没的范围、水深等洪水要素以及不同量级洪水可能造成的灾害风险和对社会经济的损害程度的工具。洪水风险图的编制可以为各级防汛指挥部门指挥防汛抗洪、抢险救灾提供决策依据。

7.1 流域洪水风险图分析

7.1.1 洪水风险图的内涵

洪水风险图(Flood Risk Map)又称洪水危险区图，是洪灾风险区域发生可能超标准洪水时，其内部各处的淹没水深、淹没历时等的特征标示图，反映了风险区在遭受超标准洪水时的危险程度(张旭等，1997)。

洪水风险图一般利用大比例尺地形底图绘制而成。比例尺大小可根据流域面积、洪水频率、淹没范围等资料以及精度要求而定。在绘制洪水淹没范围的边界时，要考虑洪水的可能路径，结合地形情况，如以公路、河堤高地等作为淹没区边界，由比较熟悉地形且有经验的技术人员绘制，一般在实地勘测后进行。对可能的淹没区域，应采用彩色区分，可以用颜色深浅表示淹没深度的变化，也可以用数字标明。淹没深度风险图上应标注重要部门和单位，如政府机关、大型厂矿企业、居民地、村镇等。

另外，图上应明确标明紧急情况下人员转移疏散的路线及地点，图的下方应有专门说明，并简要说明洪水风险图的基本特性，包括洪水频率、淹没范围、淹没水深、淹没历时、淹没区社会经济特征、经济损失评估结果以及风险图上各种标记、代号的含义。

7.1.2 洪水风险图的作用

洪水风险图作为防洪减灾的一项重要措施，它具有以下几个重要作用（张旭等，1997，纪昌明等，2000）：

(1) 洪水风险图不但能有效地减轻洪灾损失，而且能为及时掌握灾情提供科学的预测方法，为抗洪指挥提供科学的决策依据。

有了洪水风险图，可变被动为主动，及时掌握灾情损失和布置抢险措施，避免盲目性。一旦发生洪水，可以根据防汛部门的洪水预报，查询洪水风险图，事先了解可能的受淹情况、水深情况以及损失情况等，做到在指挥抗洪抢险时有据可查，提高决策准确性。在目前状况下，采取非工程防洪措施之一的洪水风险图与工程措施相比，省时省力，具有巨大的社会效益和经济效益。

(2) 洪水风险图是洪水风险分析的综合成果，可为防汛辅助决策提供支持，为防汛指挥决策的科学化、规范化服务。

由于洪水风险图提供了在当前地形与防洪工程条件下，不同规模洪水的淹没范围、水深分布等与致灾能力有关的信息，从而可为制定和调整防洪应急预案提供科学的依据，可使防汛决策人员对重大洪涝灾害发生的原因和可能后果有更深入的了解。将汛期洪水的粗略预报结果作等级化处理，与洪水风险图结合，可以快速判断洪水是否泛滥以及泛滥后的可能淹没范围，提高洪水预见期，明确洪水警报的发布范围。此外，洪水风险图及其配套的各种防洪工作业务图表可以使决策者直观迅速地了解当地防洪形势，迅速做出正确的抢险救灾方案，选择正确的路线及地点疏散群众，将洪水灾害减小到最低程度。

(3) 在洪水风险图基础上，洪涝灾害损失评估将更为科学、准确和快速，可避免造成不必要的经济损失。洪水风险图可广泛应用于灾前水灾损失预评估、灾中水灾损失快速评估以及灾后水灾损失统计核实等。

灾前预评估主要根据不同设计频率洪水的淹没范围和水深分布，结合分区分类的资产调查和损失率关系，可以估算出不同频率洪水灾害损失的期望值，并对其影响进行评价。在灾害发生中根据实际测报的洪水信息，快速评定洪水的重现期和淹没范围，比较灾前估算的水灾损失期望值，结合上报的灾情加以修正，可以对实际的水灾损失进行快速评估，为抢险救灾指挥提供依据；灾后通过与典型调查结果相结合，可以对基层上报的水灾损失进行核实，以便较全面掌握灾害损失情况。

(4) 洪水风险图与建筑设计部门结合，可为确定合理的建筑物的形式，采取合理的抗淹措施提供依据;可使防洪抢险和防洪工程建设有的放矢,既有全局又有重点,可以使工程设施的防洪效益最大化。

(5) 洪水风险图与洪水威胁地区和洪泛区的土地类型、土地利用方式等信息结合,可帮助制定或调整土地利用规划、城市发展规划等,为城镇发展、布局和规划以及土地开发利用和管理提供科学的依据。

(6) 编制洪水风险图有利于提高全民防洪风险意识。洪水风险图可以使各单位、各部门和居民了解自身所处位置在洪灾中的危险程度,对人员是否要撤离、财物是否要转移等做出及时决定,变消极被动为积极主动。

此外,洪水风险图的编制还可为洪水保险费率制定提供基础资料。

7.1.3 洪水风险图的类型

根据研究区域和对象不同,洪水风险图可分为流域平原水网区洪水风险图、重点城市洪水风险图、水库洪水风险图、蓄滞洪区洪水风险图等几种类型(张行南等,2000,刘树坤,2000)。

(1) 流域平原水网区洪水风险图:它综合反映了流域下游河流在发生不同设计频率洪水时,在流域平原水网区内可能造成的淹没范围、水深、灾害损失、受洪水威胁区域内的人口及城镇等信息,并标注有流域内现有水利工程设施布置图及流域内的城镇、人口、耕地、房屋、资产等社会经济资料,用表格形式统计不同频率下洪水淹没水深以及受灾人口、经济损失、重点影响单位等。

(2) 城市洪水风险图:它反映了城市遭受到超过现有防洪标准的不同频率暴雨、洪水和风暴潮灾害时的淹没范围、水深分布及相应资产损失程度等综合信息。城市各级政府和防汛指挥部门可依据洪水风险图提供的信息,有序地组织人员抗洪抢险,疏散群众,预先制定有效的防灾措施,最大限度地减轻城市洪水灾害。城市规划部门还可以依据城市洪水风险图提供的信息,合理地进行城市规划和土地开发。风险图标注有不同频率洪水淹没的范围、人口、固定资产总值、重要部门和单位、重要设施、水利工程、交通枢纽、通讯设施等;并标有紧急情况下需转移人员数、避难地点和路线,用柱状图形式标注重点防洪单位和重点区域不同频率洪水的淹没深度,用表格形式统计不同频率洪水的淹没水深、受灾人口、经济损失、重点影响单位等。

(3) 水库洪水风险图:它分别考虑不同频率洪水泄流和溃坝的情况,以入库洪水频率作为判别条件,并根据下游保护目标的重要程度将频率分级,综合分析洪水对下游区域的危害程度。可以利用图表标识水库不同频率洪水泄流和溃坝造成的下游淹没水深、灾害损失程度大小,这是水库防洪调度决策、制订应急预案和抢险的重要依据。风险图上标注有洪水的淹没面积、耕地面积,市、县、乡个数,人口、工农业产值、水利工程以及交通枢纽等，紧急情况下需转移的人数、避难地点和路线，不同淹没水深下的受灾人口、经济损失、重点影响单位等。

(4) 蓄滞洪区洪水风险图：它包含洪水到达时间、最大水深分布、最大流速分布和淹没历时等要素。主要用于指导蓄滞洪区的发展规划和安全建设规划、避难救援组织和灾后恢复重建工作，以达到保障蓄滞洪区人民的生命安全、减轻财产损失的目的。以蓄滞洪区洪水区划为依据，再与蓄滞洪区内社会经济信息相结合，就可以对分洪经济损失进行合理的评估，为国家制定、实施蓄滞洪区管理政策提供科学的依据。风险图上标有地形高程，滞洪区内堤防位置，影响行洪的建筑物分布，各乡镇、房屋、林木、农作物、公路、水利等设施分布；还标注有蓄滞洪区的经济资料，包括人口密度、资产状况等；并按灾情轻重将蓄滞洪区划分为安全区、轻灾区、重灾区、危险区等不同区域。

7.1.4 洪水风险图应用与发展

自20世纪20年代以来，随着洪涝灾害损失的不断加大，美国、日本等国陆续开始洪水风险图的编制研究。1983年，由美国科学基金会主持提出的《美国洪水及减灾研究计划》中，就包含了洪水风险预估、防洪减灾计划评估、重新界定防洪减灾目标、制定水灾损失与防洪减灾效益的统一度量标准、防洪减灾行为中的经济数据收集等。其中，洪水风险图是用来描述洪水风险与保险费分区的地图，作为制定土地利用和开发以及保险公司赔偿标准的依据。日本建设省在1994年发布了《洪水风险图的制作要领》，提出了编制一级河川洪水风险图的要求。其中，对于洪水风险图的要求是："以市、町、村为单位，在洪水风险图上需简明易懂地标明在决堤泛滥时，洪水淹没范围内的洪水信息、避难路线等，据此采取相应措施，将洪水灾害损失控制在最小范围内。"

我国自20世纪80年代以来，开始不断探索将洪水风险分析技术应用于防洪减灾中，一些科研院校也开发了多种较为实用的风险分析模型和技术，并为一些流域的蓄滞洪区和某些城市绘制了洪水风险图。1997年，国家防汛部门开始制定洪水风险图绘制纲要和导则，用以指导流域和省级洪水风险图编制工作的开展。当前，国家正在开展新一轮的洪水风险图的编制工作，作为我国防洪减灾工作中的一个重要非工程性措施，其必将为我国新形势下防洪抗灾作出重要贡献。

7.2 洪水风险图的编制方法与步骤

根据水利部关于洪水风险图编制导则(SL483－2010)，目前洪水风险图的编制主要有历史实际洪水法、水文水力学方法、水灾频率分析法和基于GIS的洪水风险图编制等方法。

(1) 历史实际洪水法:以流域历史上的大洪水的实际淹没范围、淹没深度和淹没时间作为现在和未来同类型洪水重现时的淹没状况。历史洪水的水文特性和灾情后果可以通过实测水文资料和灾情资料获取,也可利用流域GIS,利用地貌学和地质学方法等途径分析获取。它要求流域自然地理条件和水力影响因素基本保持不变,并要求分析流域水利工程建设对洪水影响。

(2) 水文水力学方法:根据流域现状或规划的土地利用特征和工程条件,由设计暴雨或设计洪水过程,按照水文学和水力学方法,分析推求流域洪水泛滥后的淹没状况。有关的水文学和水力学方法很多,如水面曲线法、马斯京根法、调蓄演算法、非稳定流法、流域数学模型等,应该根据流域水文地理特征、工程调度方式、资料条件以及计算精度确定相应的方法。水文学和水力学方法所得计算结果频率概念明确,可以分析和模拟土地利用、工程建设、调度方式、边界条件变化情况下的洪水状态,在洪水风险分析中得到广泛的应用。

(3) 水灾频率分析法:该法是以经典频率曲线为基础,利用数学模型拟合建立水灾频率分析模型。从水灾资料统计入手,通过历史水灾资料的量化,延长水灾资料系列,进而借助计算机实现灾害的动态研究和洪水风险图编制。这种方法成本低,适用于流域范围的洪水风险评估和风险图绘制,需满足的要素包括序列水灾资料、近年的社会经济资料和频率分析模型等。

(4) 基于GIS的洪水风险图编制:洪水风险图的编制不仅涉及到地形、地貌、地物、堤岸及河流分布等在内的大量空间数据,而且还要利用河段和洪泛区特定位置的洪水水位、流量、流速等数据以及相关社会经济数据,因此,传统洪水风险图的编制是一项复杂、费时的工作。但是随着地理信息系统技术(GIS)的不断发展,可将流域防洪GIS空间属性数据库中的地形等高线、河流水系、土地利用、水库湖泊、堤防水闸等水利工程空间分布信息与社会经济等属性信息相结合,进行洪水风险分析。在此基础上,采用矢量栅格化方法,建立以栅格为基础的流域地形等高线及等淹没线数字地形模型,为流域受淹范围的确定、淹没水深分析、可能遭受的损失以及风险评估提供科学的依据,因此利用GIS技术绘制洪水风险图成为一种新的选择(李娜,2005;许有鹏等,2005;袁红梅等,2004)。

洪水风险图编制过程中,GIS软件一般具有以下几种功能:

①数据输入:将系统外部的原始数据(多种来源、多种形式的信息)传输到系统内部,并将这些数据从外部格式转换为便于系统处理的内部格式。如将各种已存在的地图、遥感图像数字化;通过通信或读磁盘、磁带的方式录入遥感数据和其他系统已存在的数据;录入各种统计数据、野外调查数据和仪器记录的数据。

②数据存储与管理:数据存储和数据库管理涉及地理元素(表示地表物体的

点、线、面)的位置、连接关系及属性数据如何构造和组织等。用于组织数据库的计算机系统称为数据库管理系统(DBMS),空间数据库的操作包括数据格式的选择和转换,数据的连接、查询、提取等。

③数据分析与处理:指对单幅或多幅图件及其属性数据进行分析运算和指标量测。在操作过程中,以一幅或多幅图作为输入,分析计算结果以一幅或多幅新生成的图件表示,在空间定位上仍与输入的图件一致,故又称为函数转换。空间函数转换可分为基于点或像元的空间函数,如基于像元的算术运算、逻辑运算或繁类分析等;基于区域、图斑或图例单位的空间函数,如叠加分类、区域形状量测等;基于邻域的空间函数,如像元连通性、扩散、最短路径搜索等。量测包括对面积、长度、体积、空间方位、空间变化等指标的计算。函数转换还包括错误改正、格式变性和预处理。

④数据输出与表示:数据输出与表示是指将地理信息系统内的原始数据或经过系统分析、转换、重新组织的数据,以某种用户可以理解的方式提交给用户,如以地图、表格、数字或曲线的形式表示于某种介质上;或采用显示器、胶片拷贝、点阵打印机、笔式绘图仪等输出,也可以将结果数据记录于磁存储介质设备中;或通过通信线路传输到用户的其他计算机系统。

⑤用户接口:用于接收用户的指令、程序或数据,是用户和系统交互的工具,主要包括用户界面、程序接口与数据接口。系统通过菜单方式或解释命令方式接收用户的输入。由于地理信息系统功能复杂,且用户又往往为非计算机专业人员,因此用户界面是地理信息系统应用的重要组成部分。它通过菜单技术、用户询问语言的设置,或人工智能的自然语言处理技术与图形界面等技术,提供多窗口和鼠标选择菜单等控制功能,为用户发出操作指令提供方便。该模块还可随时向用户提供系统运行信息和系统操作帮助信息,这就使地理信息系统成为人机交互的开放式系统。

GIS作为一种利用计算机强大的计算能力实现自动或半自动存储、处理、分析和管理空间数据的新兴技术,可以实现高效、准确地半自动化和自动化编制洪水风险图(Noman N S et al.,2003)。基于GIS的洪灾风险图的编制一般可分为收集整编资料、确定洪水风险分析方法及分析计算、绘制洪水风险图等步骤。

1) 基本资料的收集与整理

基本资料的收集与整理按图7.1的方式进行,具体如下:

(1) 基本图形资料的收集与整理:洪水风险图的底图由基本图组合所成。基本图包括洪水风险区域的地形图、行政区划图、水利工程图、城市区划、工程规划、城市设防图等。风险图的比例尺根据风险区域的大小、区域特征、洪水分布特征、人口资产集中程度等因素综合考虑。研究区洪水风险图县级行政区域比例尺采用

1∶50 000,重点地区可采用1∶10 000。

(2) 基本文字资料的收集与整理:基本文字资料包括风险区划现行的防洪预案、防洪组织、防洪规划资料、防洪工程资料、基本水文资料、历史洪水调查资料、社会经济基本情况等。收集到的资料,经当地水利专家和有关专业人员会商核实,通过数值计算或经验推演,确定为洪水风险有关资料。

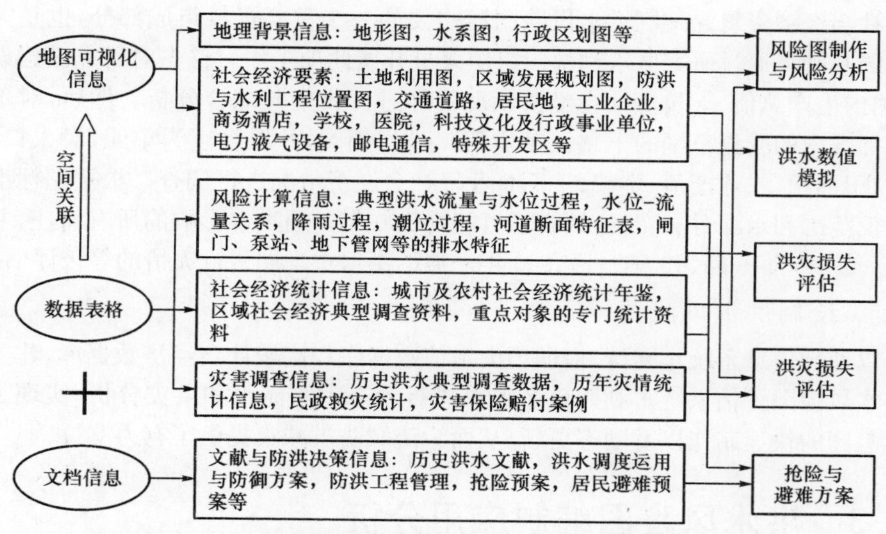

图7.1 洪水风险分析基础信息分类与结构关系(据陈浩等,2000)

2) 地形、地貌和防汛工程分析

地形、地貌分析主要是对洪水风险区的自然状况进行调查分析,判断致灾因子,分析风险区承载体状况,确定研究区河流、道路情况及地形和地貌特征,确定防汛工程和土地利用变化情况,为洪水淹没分析打下基础。防汛工程分析则是对现有防洪工程设施的防洪能力进行调查,以便发挥其最大的工程效益。

3) 洪水风险等级确定

(1) 洪水频率分析:洪水频率分析可说明一个区域遭遇各种类型洪水的频繁程度。洪水频率的确定是基于实测水文资料及历史洪水资料,采用经验频率计算或理论频率计算方法而得,然后根据现有水利工程的防御能力情况,选择重现期为5年、10年、20年、50年、100年一遇的典型频率洪水作为分析对象。

(2) 洪水风险的强度分析:洪水风险的强度分析主要分析相应各种典型频率洪水的危害程度。洪水风险的强度不等同于某一频率洪水的量级,而是以风险区划中不同频率洪水可能淹没范围的大小、水深分布、淹没持续时间、泛滥后洪水走向等来综合表征。

(3) 历史洪水调查与分析：通过野外调查及历史洪水考证、分析等方法，确认洪水发生日期，辨认洪水痕迹，了解洪水过程和相应雨情、灾情、河道情况。分析工作将野外调查和文献考证相结合，进行洪水量级的划分及洪水的排位分析，以确定其重现期。

4) 社会经济和灾情评估分析

社会经济资料是编制洪水风险图所需要的一个重要资料组成部分，也是灾情评估的基础。通过研究区水利部门组织人员开展此项工作。首先对研究区建设状况、国内生产总值、人员等社会经济状况资料进行收集并综合分析。然后，对不同频率标准内的受淹范围的下垫面基本资料进行调查，并以乡镇为单元，对人口，房屋，农田面积，农业产值，学校、工厂企业等社会经济情况进行调查。根据超标准洪水淹没范围和水深分布特征，调查了可能受100年一遇洪水影响的所有村庄，并以5年一遇、10年一遇、50年一遇、100年一遇的洪水重现期进行灾情的等级评估。

5) 绘制洪水风险图

以地理信息系统作支持，借助历史水情数据库和流域社会经济数据库，建立流域洪水风险图评估系统。利用该系统可进行动态洪水淹没和洪灾分析，实现了洪水风险图的快速制作以及动态更新，从而为流域防洪减灾提供了有力支持。

7.3 洪水风险图编制应用分析

7.3.1 基于GIS的洪水风险图编制

本节以甬江流域宁波市为例开展洪水风险图系统研究。该流域包括奉化江和姚江两个支流水系。研究区位于东南沿海，气候属亚热带季风气候，洪水灾害主要是由梅雨洪水以及台风暴雨洪水所引起。暴雨洪涝多发生在梅雨季节和台风季节，一年中以7～9月份发生的概率最高，占全年水灾发生次数的55%以上。该区域受台风风暴潮和洪水危害严重。洪水时，河道干流的排水能力受下游潮汐的影响较大。当台风登陆或紧靠沿海北上时，海面潮位升高，顶托江河下泄流量和沿江两岸平原排涝，往往使洪水水位居高不下，加重了两岸平原腹地的洪涝灾害，直接威胁到研究区的经济发展。通过洪水风险图，对洪水淹没范围和洪灾损失进行评估，以便充分发挥研究区已有防洪和防潮工程设施的效用，减轻洪水灾害。同时，利用洪水风险图等非工程性措施辅助防洪决策，使得洪水灾情评估更为准确、科学。

研究区奉化江流域主要包括三个县市、两座有较重防洪任务城市以及四座大型水库，为此，对研究区所属县市，以村为单元，在洪水实地调查和数据统计分析基础上，借助研究区地理信息系统，在充分分析研究区水文特性的基础上，经过不同频率洪水风险计算，并根据不同地区地形地貌和水利工程状况，分析确定不同等级洪水淹没范围；同时根据淹没区土地利用及社会经济状况进行相应的洪水灾情评估；最后借助风险图系统制作出研究区洪水风险图（见图 7.2），从而为该区防洪减灾提供信息支持。

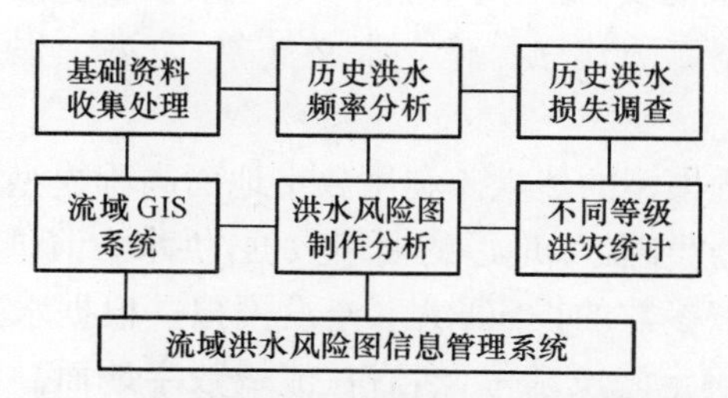

图 7.2　流域洪水风险图信息系统流程图

分别对遭遇 5 年、10 年、20 年、50 年、100 年一遇洪水时的洪水状况、受灾范围、可能造成的损失等进行分析，以不同色彩标注，并制定出各频率洪水防洪减灾预案，为防洪减灾提供支持（见图 7.3）。

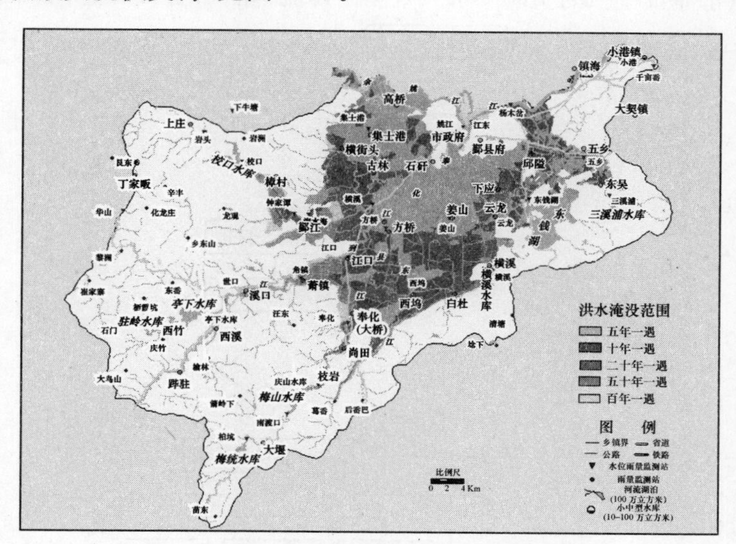

图 7.3　奉化江流域不同频率洪水风险图

7.3.2　基于实时模拟的洪水风险图编制

事实上，上述洪水风险图的编制工作要求流域自然地理要素和水力条件基本保持不变，并要求水利工程建设、区域内土地利用类型、工农业布局没有发生很大的变化，同时其淹没范围和淹没水位仅仅针对 5 年、10 年、20 年、50 年、100 年一遇这5种频率的洪水，应用价值具有一定的局限性。制作基于洪水淹没模拟的实时洪水风险图可以弥补上述洪水风险图的局限性，具有较强的实用性和动态性，可以为灾前的预评估和灾时的实时评估提供良好的基础，能够快速评估洪涝灾害所造成的经济损失及其分布状况，为防汛抢险与应急指挥提供基础依据。

基于洪水淹没模拟的实时洪水风险图制作主要步骤包括：

(1) 基础信息数据库的建立。建立水文气象、防洪工程、洪水灾害、社会经济等相关资料数据库。

(2) 数字地面高程模型的建立。利用数字地面高程模型建立一个较为准确的三维地面模型，并以此产生流域地形的栅格数据，供水力演进模型模拟水深时用。

(3) 洪水淹没模拟参数的设定、洪水淹没模拟。根据水力演进模型模拟或者人为确定的水情状况确定淹没水位，然后在流域数字地面高程模型的基础上确定淹没范围与淹没水深。

(4) 根据淹没区域的分级水深，结合该区域的社会经济数据，分析其淹没损失，从而综合得到最终的洪水风险图。

基于洪水淹没模拟的实时洪水风险图制作流程图如图7.4所示。

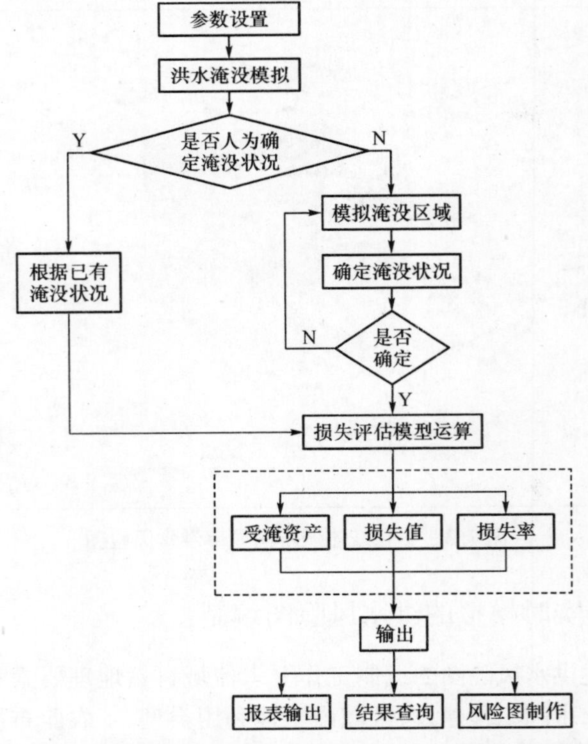

图7.4　基于洪水淹没模拟的实时洪水风险图制作流程图

选择奉化江下游东江和县江之间的洪泛区平原作为实验区。该实验区由河道堤防和道路组成了一个相对闭合的洪泛区，当上游发生较大洪水时，洪水将由实验区上游河道入口进入，进而产生洪水淹没，再由下游进入主河道注入大海。“9711洪水”是该区由于台风高潮所引起的一场特大洪水，给本区造成了较严重的损失。洪水主要由南部上游的县江和东江洪水组成，当洪峰流量超过警戒流量1 200 km^3/s时，平原河道入口处水位高出河床发生漫溢，并从河道低洼入口处进入洪泛区。流域内水力特性参数取自当地水利、水文部门实测数据，平原内土地利用状况通过土地利用现状电子地图确定，下垫面糙率系数分别为：村庄0.07、灌丛0.065、旱田0.060、水田0.050、裸地0.035、河道以及水面0.035。

在进行模拟分析时，根据流域水情遥测信息，借助流域降雨径流模型，对入口处洪水进行模拟分析得出平原淹没区最高水位、最大水深；借助GIS和数字高程模型推求出淹没区范围；最后结合社会经济数据库和灾情评估模型，得到实时洪水风险图（见图7.5）。经检验与实际情况相符合，具有一定的实用价值。

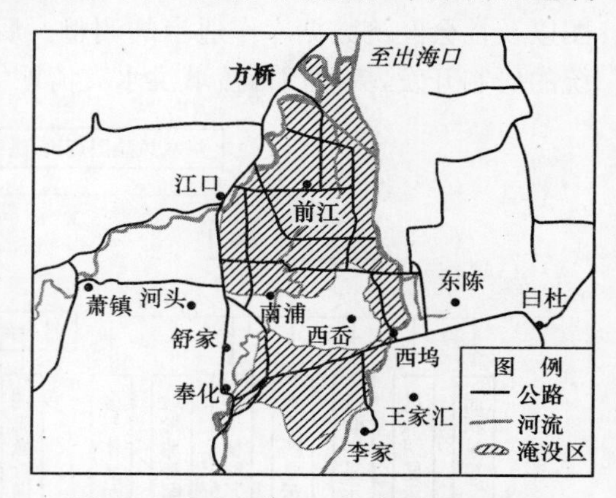

图7.5 研究区“9711洪水”淹没风险图

7.4 洪水风险图查询管理系统

7.4.1 系统的基本框架

洪水风险图信息管理系统是在地理信息系统、水文数据库和社会经济数据库支持下，根据对研究区不同洪水频率的计算分析，结合实地调查、图件资料、水利工程状况以及道路情况，为分析编制的流域单元不同等级洪水风险图，开发的相应洪水风险图评估和查询系统，为灾情评估和防洪减灾决策以及洪水调度提供有力的支持。

系统以GIS控件为内核支撑，其系统结构主要包括流域空间图形操作系统、社会经济数据库及灾情分析评估系统、防汛基础图形查询显示系统、洪水风险图动态编制和更新系统等。借助该系统，可进行不同频率洪水淹没的查询显示、不同频率洪水的灾情损失统计、防洪减灾预案分析以及各流域内各乡镇不同频率洪水淹没范围内的社会经济状况查询等。同时还可进行流域内水利工程图、水系图以及交通图的查询显示。整个系统的框架结构如图7.6所示。

厦门市后溪、东西溪流域洪水风险图查询管理系统是以两个流域洪水风险图为基础信息。该图在地理信息管理系统、水文数据库和社会经济信息数据库的支持下，分析研究区不同洪水频率计算、图件资料、水利工程状况以及道路情况，结合实地调查，采用历史洪灾、水文水力学等方法编制而成的。后溪、东西溪流域洪水风险图查询管理系统以GIS控件作为内核支撑，可对洪水风险图进行便捷的空间图形操作。除此之外，系统还具备强大的查询功能及动态更新功能，可对各个洪水等级下的淹没情况以及社会经济状况进行查询，也可对洪水淹没范围图、各个专题图以及社会经济数据库作适当的调整。后溪、东西溪流域洪水风险图查询管理系统的研制开发，为厦门市流域洪水灾情评估和防洪决策提供了可靠依据。

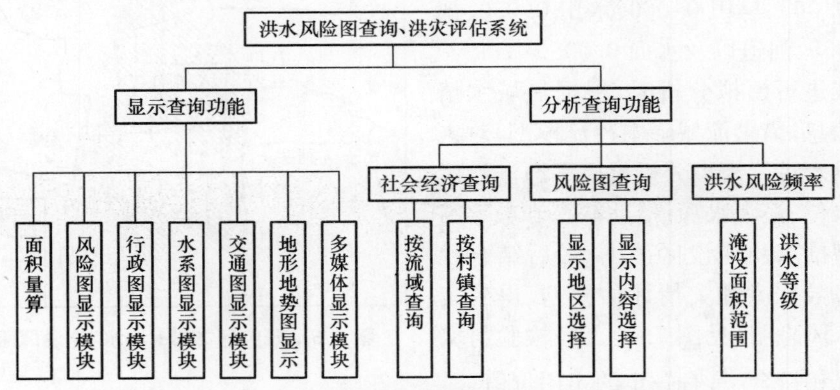

图 7.6　GIS 支持下的洪水风险图查询、洪灾评估系统

7.4.2　系统的主要功能

1）系统分析查询功能

该系统的分析查询功能主要包括洪水风险图显示查询，洪灾评估、社会经济和水利工程图、水系图及交通图查询显示等几方面内容。

（1）洪水风险图显示查询和洪灾评估模块：通过系统菜单选择即可显示不同区域单元洪水风险图。选取不同洪水频率等级（雨量等级）和显示地理要素即会显示相应的洪水风险图信息等专题内容。而通过选择不同频率量级的洪水，即可查询不同洪水频率下的社会经济情况、灾情损失数额以及相应的防洪减灾预案。主要是以文字形式说明。

（2）社会经济查询模块：可查询不同等级洪水下的社会经济情况，主要包括影响范围内的人口、户数、村庄数、房屋等经济信息。

（3）专题图查询显示模块：主要显示风险图制作中的一些专题图集，有水利工程图、水系图、交通图等，可以通过鼠标点击或菜单选择来查询相应的专题地图，如按洪水等级进行查询和按雨量等级进行查询(见图 7.7、图 7.8)。

图 7.7　按洪水等级查询界面

图 7.8　按雨量等级查询界面

在系统中，点击“ ”按钮，在地图中直接点击某一受淹区域，弹出对话框，从而实现淹没信息的查询。对话框如图 7.9 所示，对话框中显示了查询区域所属行政村、洪水等级、淹没面积、地面高程、淹没水深、淹没历时、户数、人口、农田面积、厂矿企业数量、工矿企业年产值、工矿企业固定资产以及农业产值等信息。

淹没信息

受灾地区	洪塘镇石浔	户数(户)	1223
洪水等级	100年一遇	人口(人)	4142
淹没面积(平方千米)	3.432	农田面积(亩)	1100
地面高程(米)	4.4～5.2	厂矿企业家数(个)	8
淹没水深(米)	0～0.5	工矿企业年产值(万元)	59000
淹没历时(小时)	12～36	工矿企业固定资产(万元)	8000
撤退路线	向东部高地撤离，向附近不受淹的村庄转移	农业产值(万元)	1080

确定

图 7.9　淹没信息对话框

(4) 洪水风险图层控制：系统包含几个不同等级的洪水风险图层。按洪水等级进行查询时，包括 5 年一遇、10 年一遇、20 年一遇、50 年一遇以及 100 年一遇 5 个等级；按雨量等级进行查询时，包含 150 mm、200 mm、250 mm、300 mm、325 mm、350 mm、375 mm、400 mm 8 个等级。点击“ ”按钮或是菜单栏中的“洪水风险图层控制”，弹出的对话框如图 7.10和图 7.11 所示。在弹出的对话框中，勾选一个或多个需要查询的洪水等级或雨量等级，点击确定按钮，即可显示相应图层。图 7.12 为选取了几个特定图层的洪水风险图显示结果。

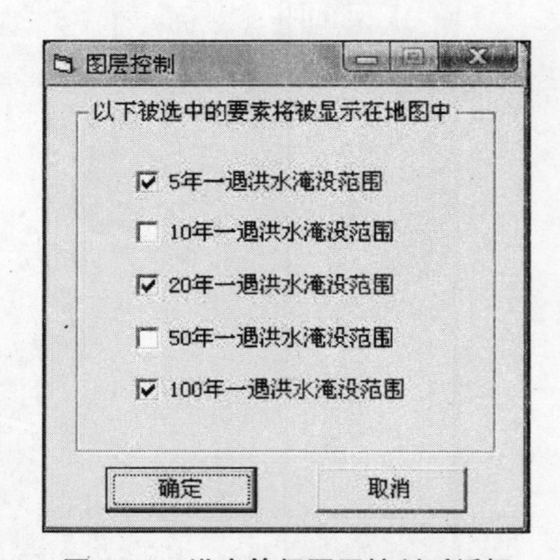

图 7.10　洪水等级图层控制对话框

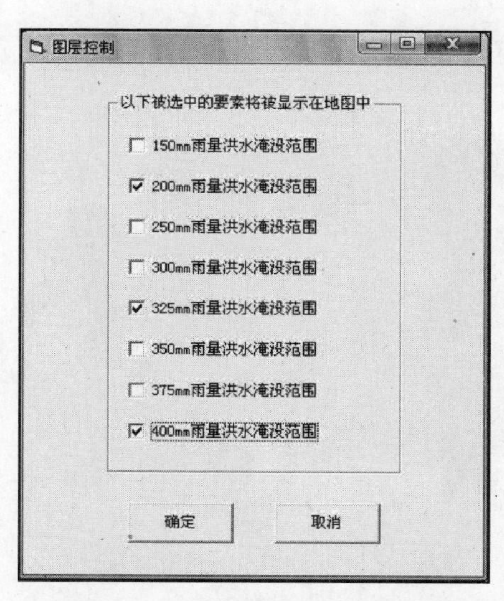

图 7.11 雨量等级图层控制对话框

(a) 3 个洪水等级图层

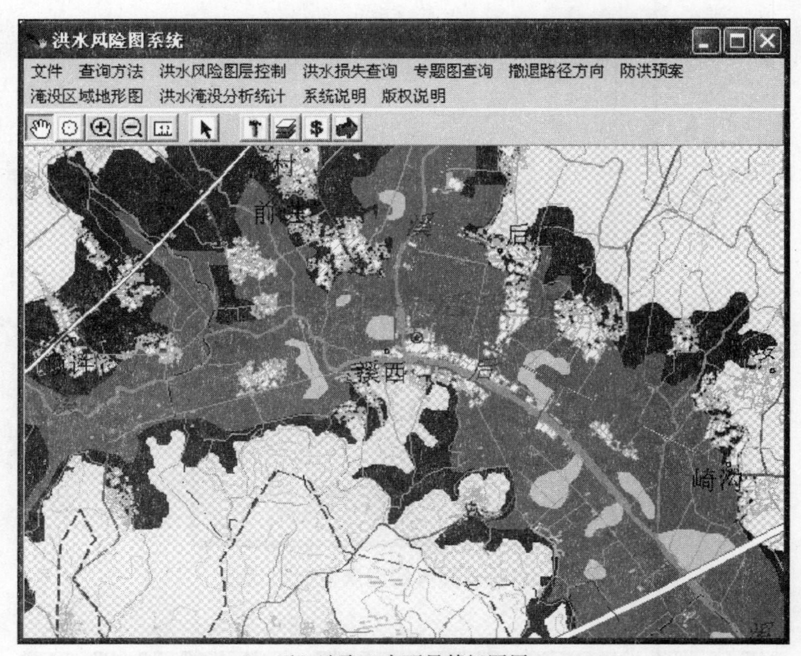

(b) 选取 3 个雨量等级图层

图 7.12 选取等级图层的洪水风险图

(5) 洪水损失查询:可通过数据库查询到受洪水影响的行政村的社会经济属性。点击"$"按钮或菜单栏的"洪水损失查询",弹出的对话框如图 7.13 所示。在查询窗口中,依次选择行政区、镇和村,点击确定后,即出现查询地区户数、人口、农田面积、厂矿数量、工矿企业年产值、工矿企业固定资产以及农业产值等社会经济属性,如图 7.14 所示。由于现有的社会经济数据库还不是很完善,因此该部分查到的社会经济属性并不完整,用户可以对社会经济数据库进行调整和补充,系统也将会进行自动更新。

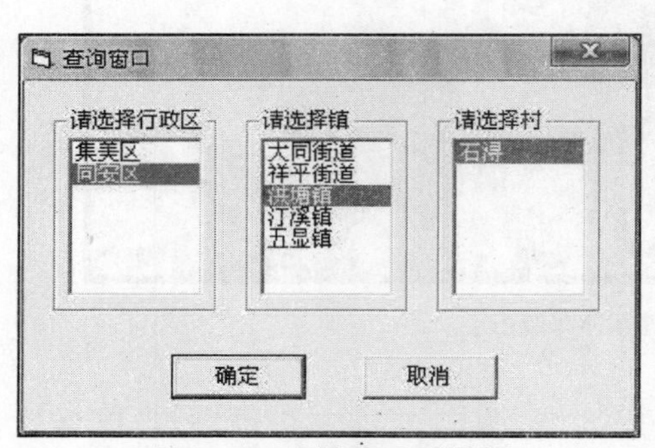

图 7.13 查询窗口对话框

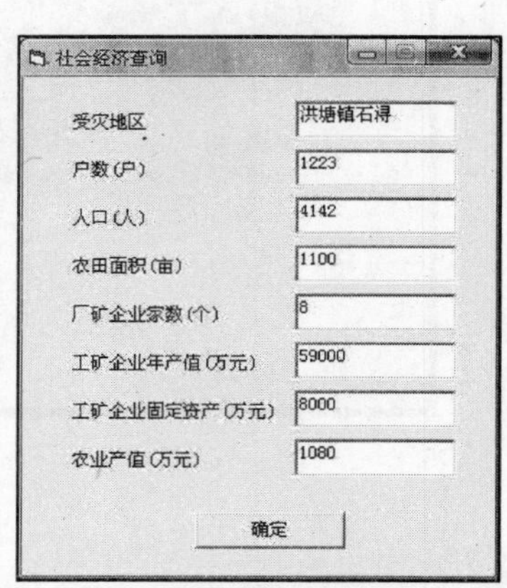

图 7.14 社会经济属性查询结果

(6) 专题图查询:系统提供了交通图、水利工程图以及水系图等专题图供查询。点击菜单栏的“专题图查询”,在下拉菜单中,选择所要查询的专题图,地图窗口即显示该类型的专题图。点击地图操作按钮,可进行平移、中心显示、放大以及缩小等地图操作。点击下拉菜单中的“返回洪水风险图”,系统再次显示洪水风险图。

(7) 撤退路径查询:当显示洪水风险图时,点击“ ➡ ”按钮,或在菜单栏的“撤退路径”的下拉菜单中选择“显示撤退路径”,风险图上即会显示撤退路径,如图 7.15 及彩插 4 所示。当不需要显示撤退路径时,再次点击“ ➡ ”按钮,或选择“撤退路径”下拉菜单中的“隐藏撤退路径”,撤退路径即不再显示。

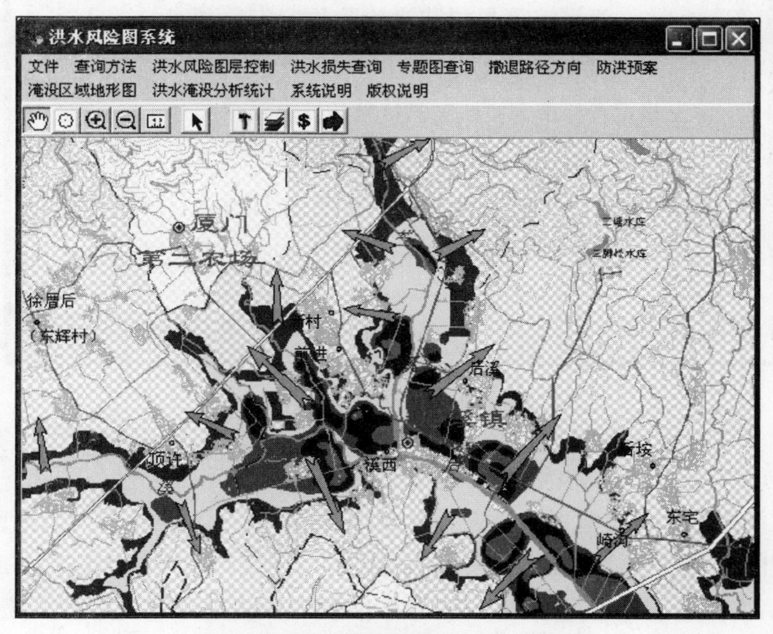

图 7.15　显示撤退路径的洪水风险图

(8) 防洪预案查询:可进行各个村防洪预案的查询。点击菜单栏中的“防洪预案”,弹出的对话框如图 7.16 所示。在弹出菜单中依次选择行政区、镇和村,点击确定后,防洪预案将以 Word 的形式弹出,如图 7.17 所示。

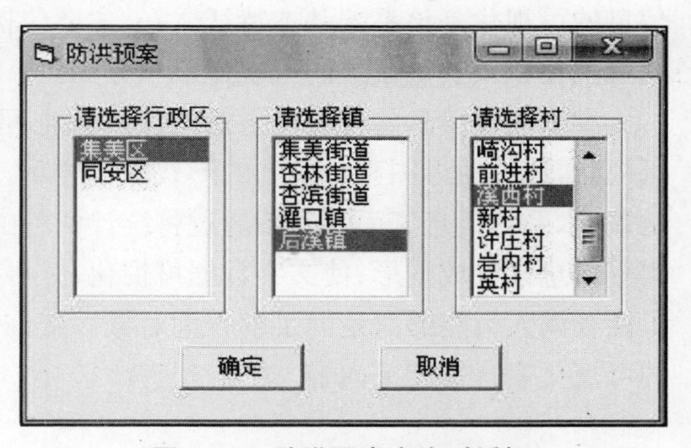

图 7.16　防洪预案查询对话框

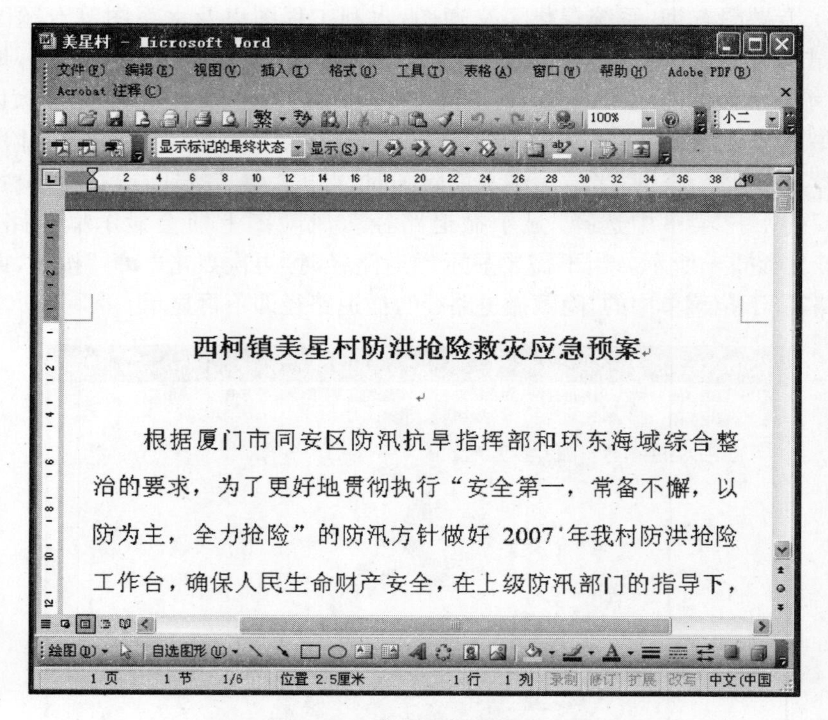

图 7.17　防洪预案查询结果

2）系统可视化功能分析

该系统以洪水淹没范围为研究对象，以 GIS 作支持，对洪水淹没范围所涉及的大量的空间信息进行管理分析。系统不仅可以像传统的数据库管理系统那样管理属性信息，而且可以管理空间图形信息，并能够提供各种空间分析的方法，对各种不同的空间信息进行综合分析，并且可以方便快捷地制作出各种成果图件。系统信息的可视化是该系统基本特征之一，主要包括洪水淹没信息的可视化、查询对象的可视化以及查询结果的可视化三个方面。

洪水淹没信息的可视化包括淹没区域空间信息、范围及淹没范围背景信息的可视化，通过地形图和专题图的形式加以显示。地形图中包括地形、建筑物、街道、植被、水系等信息。而专题图通过将统计资料中涉及的有关水系、交通以及水利工程等信息抽象成图形，使文字数据可视化，并可交互使用。查询对象的可视化是为了使查询人员能够清楚的了解查询对象。查询结果的可视化主要包括淹没位置图的可视化表达等相关内容。

3）可视化功能

（1）淹没范围立体图：点击菜单栏中的“淹没范围立体图”，弹出菜单如图7.18所示。选择按洪水等级或按雨量等级查询，并按照查询方式选择相应的等级，点击确定后即显示该等级的淹没范围立体图，如图 7.19 所示。

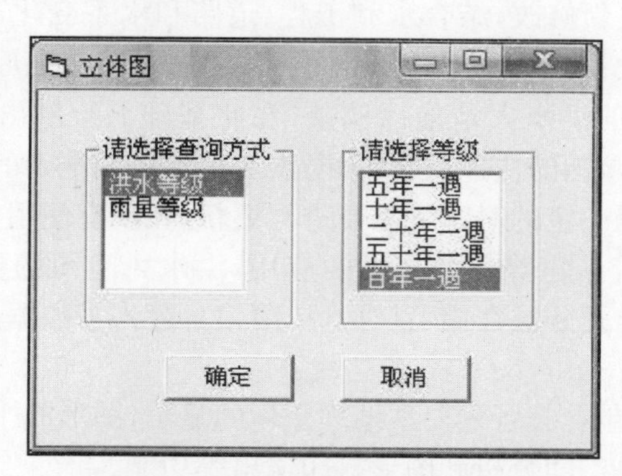

图 7.18　淹没范围“立体图”对话框

图 7.19　淹没范围立体图

(2) 洪水演进动态演示:点击菜单栏中的“洪水演进动态演示”,在下拉菜单中选择后溪流域或东西溪流域,即弹出该流域洪水演进的动态演示的视频窗口,如图 7.20。

(3) 系统风险图快速更新功能:借助 GIS 的图形编辑功能,对洪水淹没区内的土地利用变化进行更新修改;结合水利工程、道路和水系变化,对不同频率洪水淹没范围进行调整修改;再结合更新后的社会经济数据库,按照原先确定的洪灾评估方法,对不同等级内的洪水灾情加以调整;在此基础上绘制出更新后的洪水风险图,从而实现洪水风险图的快速更新,为防洪决策提供较准确的参考依据。

洪水风险图每隔一定的时间就需要进行更新,在没有使用 GIS 技术时,是一件十分费时费力的事情。随着 GlS 技术的应用,洪水风险图的更新效率大大提高。由于图上的地理信息是分层存储,且洪水风险信息存入了数据库,因此可以很方便地进行修改更新。

此外,系统中还包含有各种要素地理坐标的显示,图形的平移、放大和缩小,图层的叠加等地理信息空间分析和图形打印输出等功能。

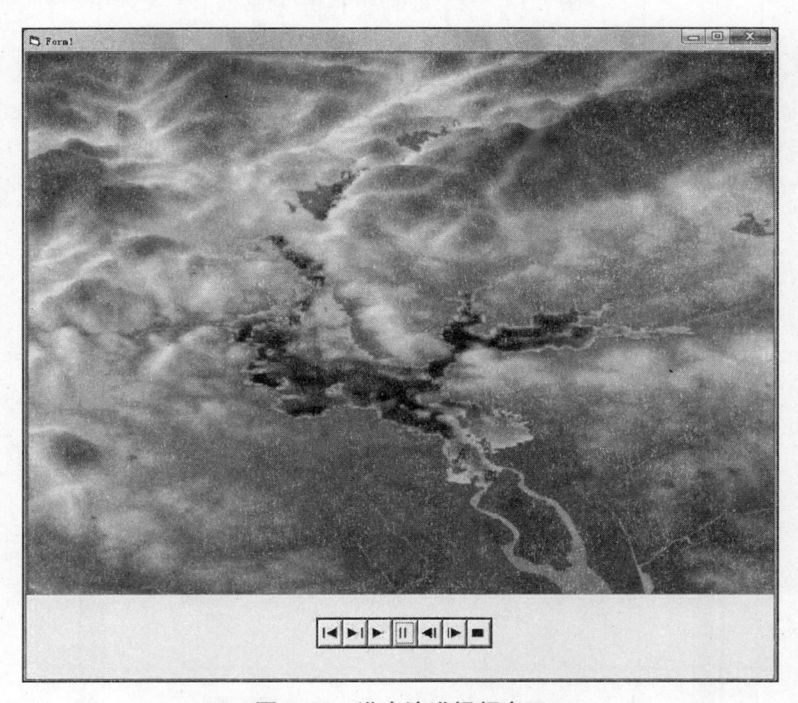

图 7.20 洪水演进视频窗口

8 流域洪水灾害风险评价

8.1 洪灾风险识别

风险识别，就是要找出风险之所在和引起风险的主要因素，并对其后果做出定性的估计。风险识别是风险分析中的一个重要阶段，能否正确地识别风险，对风险分析效果具有重要的影响。洪灾风险的识别包括对致灾因子与孕灾环境的自然特征的描述，也包括对承灾体的社会特征的描述。前者主要是指洪水发生的时间、地点、空间范围、严重程度及动态变化等，后者则主要包括人口、农作物、房屋、基础设施、工商企业等。

8.1.1 致灾因子

洪水的发生地点是指其发生的具体地理位置或区域，通常用地理坐标、所属的行政单元或水系进行表示。由于洪水发生位置的社会经济发展水平不同，因此相同级别的洪水，发生在不同的位置，也会产生截然不同的灾害影响。

洪水的淹没范围是指在洪水从发生到消退的整个过程中被淹没的地表范围。自然影响范围用淹没范围图表达，社会影响范围一般以洪灾所影响的省、市、县、乡等的行政管辖范围表达。每一次具体洪水事件的淹没范围，并不一定代表该区域某一典型频率洪水的淹没范围。

洪水频率是指一定级别洪水出现的可能性，或称洪水的频度。洪水频率的度量，一般采用重现期 5 年、10 年、20 年、50 年、100 年一遇等级别，而一般频率和重现期互为倒数关系。通常，各个频率（重现期）的洪水，其淹没范围是不相同的，重现期时间越短（频率越高），淹没的范围越小；重现期越长（频率越低），其淹没的范围越大。

淹没历时是指受淹地区的积水时间，即洪水自发生至结束所历经的时间。一般以超过临界水深的时间作为淹没历时。淹没历时越长，受淹区的农作物越容易减产，建筑设施越容易受到破坏，造成的损失越大。

淹没水深是指某一地点在洪水发生时的积水深度，也就是水面到陆地表面的高度。淹没水深一般随洪水水位的上涨而增加，淹没水深越大，洪灾损失也越大。

洪水流速是指洪水的流动速率。流速越大，其冲击力越大，洪水对承灾体所造成的损害也越大。

洪水强度表示洪水级别的高低。强度越大，说明洪水的级别越高，造成的损失也越大。一般由不同频率的洪水可能导致的淹没范围的大小、淹没时间的长短、最高水位的分布、洪水的走向以及洪水冲击力场、洪峰流量、行洪水道、洪水摧毁力等指标来表示。

8.1.2　孕灾环境

洪涝灾害的孕灾环境主要包括天气过程（台风、暴雨、海啸等）和下垫面因素（地形、地貌、水系、径流、土壤、植被等）。从长江三角洲地区的洪水特性分析可知，该地区的洪水主要是暴雨洪水（以梅雨型洪水为主）。因此，下面主要分析暴雨洪水孕灾环境的影响因素。

毫无疑问，降水是形成暴雨洪水的前提条件。降水强度、降水历时及其分布范围直接影响着洪灾的严重程度。一般来说，强度越大、历时越长、范围越广的降水，越容易形成大洪水。

一个地区遭受洪水的强度和频度，除了受气象因素影响外，还与其地理条件密切相关。事实上，对于小范围的局部地区而言，其洪水危险性的空间分布特征更多受制于地理因素，其中以地形对洪水危险性的影响为最大，其次是水系与径流，再者则是土壤与植被等。地形地貌与洪水危险程度是密切相关的，其对洪水的影响表现为两个方面：其一是“水往低处流”，地势（绝对高程）低的地方比地势高的地方更容易受到洪水的侵袭，洪水的危险性相对越大；其二是地势越平坦的地方（相对高程越低）的积水越难以排泄而越容易致灾，洪水危险性也越大。前者用海拔高度表示，后者则多用坡度来描述。

湖泊、河流等水系是洪灾孕灾环境的另一个较为重要的影响因子。不同的水系对洪灾的影响由于其级别及其所处地形高程的不同而不同，而同一水系对洪灾的影响也因其评价点距河湖远近程度的差异而改变。因此对水系综合影响因子的评价需要综合考虑河湖的差异、河与河之间的差异、评价点与河湖的距离的差异、河湖所处的地形高程的差异。很显然，越靠近水系的地方受洪水侵袭的可能性越大，受到的洪水冲击力越强，因此其洪水的危险性程度越高。大小不同的水系，影响范围也不相同。从高一级的水系到低一级的水系，其影响力和影响范围逐渐变小。随着城市化的发展，水系呈不断萎缩的趋势，主要表现为对水系的围垦以及众多小水系被填埋，使得原本用于调蓄洪水的区域变为建设用地，加剧了其排水难度，使得洪涝风险显著加大。

在城市化地区，不透水面是洪灾孕灾环境的重要方面之一。伴随着城市的发展，建设用地面积不断扩大，导致区域的不透水面面积越来越大，区域的下渗和蒸发显著减少,使得同强度暴雨形成的地表径流和径流总量增大,地表径流系数增大,洪峰时间提前,洪水流量增大,洪水危险性加大。因此,不透水面面积越大的地方,洪水的危险性也越大;不透水面面积扩大的地方,洪灾危险性也随之加大。

8.1.3 承灾体

洪涝灾害的承灾体主要是人类社会以及与其关系密切的生态系统,主要包括人口和农作物,其受洪灾的影响最大;此外,工商企业、建筑物、基础设施等也是承灾体的重要内容。

作为承灾体中最核心的部分,人口受洪灾的影响不仅表现为其生命安全受到的威胁,还有财产以及生产、生活等受到的影响。社会经济系统的多种经济活动及其各项指标既彼此独立又相互联系。作为核心的人口指标,与房屋、财产、耕地等其他指标存在多样化的联系方式。

农作物作为最容易受洪灾影响的承灾体,其受洪灾影响的程度随受淹没的深度及受淹没的历时的增加而加剧,直至完全遭受破坏,即达到最大损失。

建筑物中最易受洪灾影响的部分是居民住宅,其次是商用建筑物。其受影响的程度主要表现为建筑物受淹、受损甚至房屋倒塌导致的损失大小以及其内部物资受影响的大小。农村的建筑物以居民住宅为主,其防洪能力相对较弱,而包括商用建筑物在内的城市建筑物的防洪能力则相对较强。

基础设施包括保障人类生产、生活的供水、供暖、供电、燃气、市政工程、车站、港口码头、交通道路、通讯设施等。其受洪灾的影响主要表现为这些设施受损后对人类的生产、生活造成的影响以及重修设施所花费的费用。

企事业单位主要包括工商企业、事业单位以及其他机关等,其受洪灾的影响程度一方面表现为企业的建筑、设施等受到的损害大小,另一方面表现为企业因陷于停产、半停产状态而造成的经济损失的多少。

8.2 洪灾风险指标体系

由于洪灾系统的复杂性,使得洪灾指标体系的构建成为一个非常复杂的问题,它涉及政治、经济、技术、生态等诸多方面。因此,为了健全指标体系使其能真实地反映洪灾系统的本质特征,必须做到科学、合理且符合实际情况。

8.2.1 指标因子的选择

本次洪涝风险评价研究,从致灾因子危险性、孕灾环境脆弱性、承灾体易损性以及防洪减灾能力薄弱性几个方面来综合评价城市化背景下洪涝灾害风险状况

(见图 8.1)。

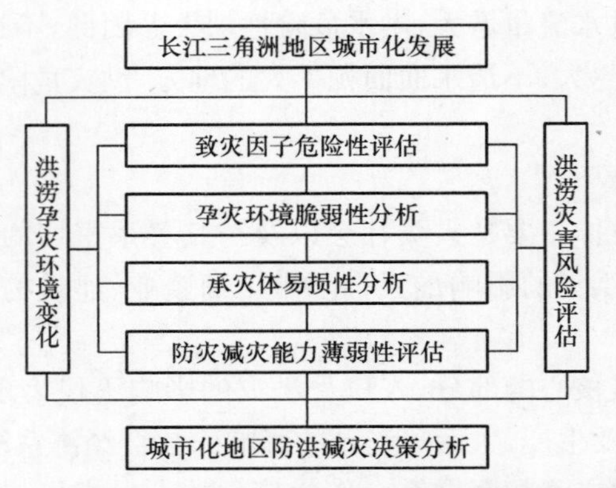

图 8.1　城市化背景下洪灾风险与对策研究流程图

长三角地区洪灾危险性主要取决于天气因素和下垫面因素以及与洪灾直接相关的洪水要素。本区暴雨洪水是主要的洪水类型,天气因素以降水对洪水危险性影响最大,尤其以长历时的梅雨影响最大,其次为短历时的台风暴雨。下垫面因素以地形、水系及不透水面对洪灾危险性影响最大,因此主要考虑降水、地形、水系及不透水面共 4 个因子来进行危险性的评价;采用人口、GDP、固定资产共 3 个因子作为洪灾社会经济易损性大小的表征因子;选取防洪标准、灾后重建能力等作为防洪减灾能力薄弱性的指标。通过综合评价分析确定出各地区防洪减灾能力大小情况。

根据长江三角洲地区城市化发展的空间格局和阶段特点,在空间变化分析上,选取了浦东浦西、武澄锡虞、杭嘉湖、秦淮河、甬曹浦、里下河 6 个不同城市化发展水平的水利分区单元;在时间变化上,选取了代表城市化发展不同进程的 1991 年、2001 年和 2006 年 3 个阶段时期,分别开展孕灾环境变化下的各区域、各阶段的洪涝灾害风险评价,以期获得对长江三角洲城市化地区洪涝灾害风险时空变化特点的认识,为防洪减灾对策提供依据。

(1) 降水因子:长江三角洲地区属亚热带季风气候区,是典型的梅雨影响区,其洪灾主要是由暴雨洪水引起的,尤其以长历时的梅雨为最主要的影响因子,它是导致洪涝灾害频繁发生的最主要原因;其次为台风雨,台风过境时往往引发局地洪水,有时甚至造成全流域性的严重洪涝灾害。典型洪涝年份的汛期雨量及其占年降水量的比重远远多于正常年份,且暴雨频繁,尤其当梅雨与台风同时或相继发生时,多发生超历史最高纪录的极端暴雨。因此,本章选取了汛期雨量和年最大日雨量作为该地区的洪灾致灾因子来表征降水对洪水危险程度的影响。

(2) 地形因子:地形是下垫面因素中对洪水危险程度影响最大的因素之一,是降水在地表再分配过程中的主导因子。其对洪涝灾害的影响主要表现在地形高程与其变化程度两个方面。高程越低、坡度越小的地方，越容易发生洪水。前者可以直接用绝对海拔高度来表示，而后者用坡度还不能很好的描述洪水水流从洼地四周的较高处向洼地汇集的过程。长江三角洲地区以平原为主，大部分地区地势很低，起伏平缓，导致水流不畅，排水困难，加剧了洪涝风险。因此，本章选用高程相对标准差表示地形的起伏变化。高程相对标准差越小的地方，其地形起伏越小，水流越不畅，洪灾危险性越大。

(3) 水系因子：水系对洪涝灾害的影响具有两面性：一方面，水系是水流的主要汇集区，具有较大的调蓄洪水的作用，能促进水系以外地区的水位下降，有助于降低洪水的流速流量，延缓洪峰的到来，减轻洪水的危害；另一方面，当大洪水，尤其是全流域性大洪水发生时，区域内水量往往超出水系的调蓄能力，致使水系从水流的汇集区转变为洪水泛滥与淹没的新源头，随着超警戒水位的不断升高，水系周边地区的洪灾危险性不断上升，尤其当堤防遭到破坏时，形成的次生性洪水危害更为严重。此外，随着长江三角洲地区的快速发展，大规模的围湖造田、填埋河流致使该地区水系的调蓄能力下降，大洪水发生时的洪灾危险性增加。因此，本章采用水面率(单位面积内的水域面积)来表示其对洪灾危险性的影响，水面率越小，洪灾危险性越大。

(4) 不透水面因子：随着经济的迅速发展，城市化进程的不断加快，长江三角洲地区的城市化率不断提高，局部地区达到了发达国家的水平，不透水面面积不断加大，径流系数随之变大，洪峰时间提前，洪水流量增大，洪水危险性加大。因此本章用城镇面积比来表示不透水面对洪灾危险性的影响，城镇面积比越大，洪灾危险性越大。

(5) 社会经济承灾体因子：同样的洪水发生在不同的地区，导致的结果可能会有所不同，说明洪涝灾害具有自然和社会的双重属性。一般认为，社会经济条件可以定性地反映区域的洪灾损失灵敏度，即易损性的高低。在经济发达的地区，由于人口与城镇密集以及产业活动频繁，区域内的承灾体数量多且价值高，因此，当遭受洪水灾害时，人员伤亡和经济损失比较大。值得注意的是，虽然社会经济条件较好地区的承灾能力相对较强，相对损失率较低，然而其绝对损失率与损失密度并不会因此而下降。由此可以看出，同样级别的洪水发生在人口密布、经济发达的地区时，其造成的损失往往要比在人口稀疏、经济欠发达的地区更严重。因此，本次选用人口、GDP与固定资产来表示社会经济因素对洪灾易损性的影响。三个指标越大的地方，其洪灾易损性也相对较大。

(6) 城市化发展使得区域的洪灾危险性和易损性加大的同时，也使得区域的防洪减灾压力增大。防洪标准较高、防洪设施建设和防洪减灾决策支持系统较完善、排洪能力强的地区，不仅遭受洪灾的机会少，而且受淹后，恢复也较快，洪灾损失也较小；相反，防洪标准低、防洪设施差的地区，则遭受洪灾的机会多，遭灾后恢复也慢，洪灾损失必然就大。洪水预报水平较高，预见期较长，有充分时间提前转移的地区，淹没损失较小；反之损失就大。人们水患意识强，接到洪水的预警、预报后，能迅速响应，并有秩序撤离的地区，洪灾损失就小；否则，洪灾损失就大。因此，选用防洪标准、排水管道密度以及灾后重建能力三个指标作为评价防洪减灾能力强弱的指标。基于洪灾形成机制，兼顾资料的代表性、敏感性、独立性和可获取性，确定城市化地区洪灾风险评价指标体系如图 8.2 所示。

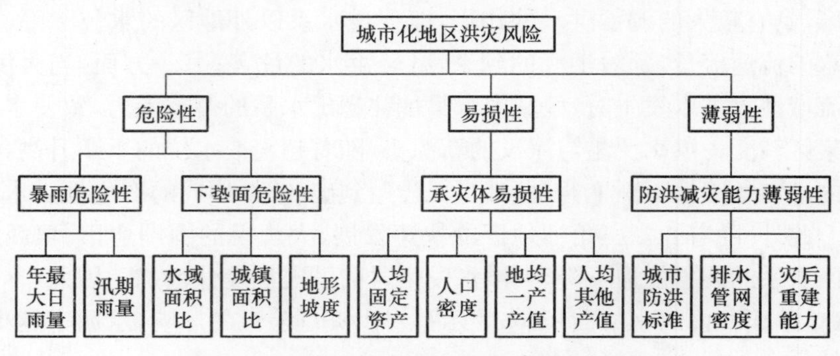

图 8.2　城市化地区洪灾风险评价指标体系

8.2.2　指标因子的量化

在获取各种影响因子属性指标数据后，在利用这些属性指标数据进行洪灾风险计算之前，需要进行属性数据指标 — 影响因子影响度作用分值的转换。之所以要进行这样的数据转换处理，是因为洪灾风险的各影响因子对洪灾风险的影响程度并不一定是随着因素属性指标数据的增减呈直线变化的，有时是非线性的：即当它在一定范围内变化时，受其影响，洪灾风险级别变化不大或不发生变化；而当它在另一范围内变化时，较小的变动就会引起洪灾风险级别较大的变化。用各因子标准化的结果表征各因素的属性指标数据与洪灾风险级别之间的关系，其实质是进行因素指标值的无量纲处理，即得到一个新的影响因子影响度的表征值 — 影响度作用分值。将影响因子影响度作用分值作为划分洪灾风险级别的依据，能更为直接、合理地反映各影响因子对洪灾风险级别影响作用的大小。由于各个影响因子的性质不同，其作用方式、影响程度也不相同，必须针对影响因子的性质采用不同的标准来实现参评影响因子属性指标值 — 影响度作用分值的换算，从而科学地刻画不同影响因子对洪灾风险级别的影响。

洪灾风险各影响因子影响度作用分值的换算遵循下列原则：①采用十分制相对值方法计算；②影响因子影响度作用分值与洪灾风险大小成正比；③各影响因子影响度作用分值采用 1～10 分的封闭区间，影响度最大的取 10 分，相对最小的取1分;④影响因子影响度作用分值只与各影响因子的显著影响作用区间相对应。

采用的各指标,除了防洪减灾能力薄弱性中的防洪标准和灾后重建能力两个指标是根据区域内专家意见并参照有关研究成果得到的以外,其他的自然指标数据均由水文年鉴和遥感数据得到,社会经济指标数据则由各地区的统计年鉴整理得到。

1) 典型城市化地区的防洪标准

城市化地区的防洪安全除了受主要外河洪水的威胁外,往往还受许多区域内小河洪水,特别是山洪、泥石流的威胁,沿海地区还要受风暴潮的影响。如果城市化地区拥有几个独立防御主要外河洪水的体系,就可能有两个以上的防洪标准;此外还可能有城区小河的防洪标准和防御风暴潮的标准。在这种情况下,要综合表述(尤其要定量地综合表述)城市化地区的防洪标准是非常困难的。

在收集长江三角洲典型城市化地区防洪标准的基础上,通过区域专家赋分法,对各个典型地区的防洪标准进行等级划分,评分范围在1～5之间。各个典型城市化地区的防洪标准和防洪等级见表8.1和表8.2。必须特别说明的是,表8.2的防洪等级只反映了各区防洪标准的相对高低,是一个相对量,不具有绝对意义。

表8.1 各城市化地区防洪标准描述

地　区	防洪标准
浦东浦西区	上海市宝山区、浦东新区防洪潮标准为200年一遇、高潮位遇12级风;其余堤段均为100年一遇、高潮位遇11级风;黄浦江外滩防洪墙高度按1 000年一遇标准修建
武澄锡虞区	太湖流域防洪标准:50年一遇
杭嘉湖区	钱塘江标准海塘杭州市区段全长169 km,防洪标准达到50～100年一遇;主城区段防洪标准500年一遇;东苕溪西险大塘堤防防洪标准为100年一遇
秦淮河区	长江大堤现有防洪标准:1954年洪水
甬曹浦区	宁波市区堤防标准达到100年一遇;宁海、奉化、余姚等地为50年一遇
里下河区	圩区除涝目标:10年一遇;里下河圩堤防洪目标:20年一遇

表8.2 各城市化地区防洪等级

地　区	浦东浦西区	武澄锡虞区	杭嘉湖区	秦淮河区	甬曹浦区	里下河区
防洪等级	5	3	4	4	3	2

2) 典型城市化地区的灾后重建能力

每个城市化地区的灾后重建能力客观上是有差别的,因而直接反映灾后重建能力的指标很难量化。考虑到里下河区、秦淮河区、武澄锡虞区、浦东浦西区、杭嘉湖区和甬曹浦区的经济实力存在差异,用人均GDP为衡量指标,各区在不同城市化发展阶段的人均 GDP 如表 8.3 所列。经济实力较强的地区，地方政府的财政收入较高，企业和家庭经济基础较好，洪灾发生后，地方政府给予受灾民众的补助力度较大，各企业和家庭自行开展灾后重建的能力亦较强；相反，经济实力较弱的地区，灾后重建能力也较弱。

表 8.3　各区不同阶段人均 GDP(单位:元)

年　份	里下河区	秦淮河区	武澄锡虞区	浦东浦西区	杭嘉湖区	甬曹浦区
1991	1 478	3 598	4 275	6 661	3 948	2 893
2001	9 698	20 672	30 754	32 333	24 357	21 551
2006	21 265	42 486	76 111	57 695	51 955	45 923

根据各区各阶段的人均 GDP 数据，通过专家赋分法对其灾后重建能力进行等级划分，评分范围也在 1～5 分之间。同样，等级只反映了各区灾后重建能力的相对高低，是一个相对量。各个典型城市化地区的灾后重建能力等级见表 8.4。

表 8.4　灾后重建能力等级

年　份	里下河区	秦淮河区	武澄锡虞区	浦东浦西区	杭嘉湖区	甬曹浦区
1991	0.9	1.0	1.1	1.2	1.1	1.0
2001	1.0	1.7	2.3	2.4	1.9	1.7
2006	1.7	3.0	5.0	4.0	3.5	3.2

3）典型城市化地区的评价指标值

基于 1980～2006 年的降水资料，通过趋势分析发现，在各个地区的城市化过程中，年最大 1 d 雨量和汛期雨量没有明显的趋势变化。因此，分别用每个区的多年平均最大 1 d 雨量、多年平均汛期雨量作为其不同城市化发展阶段的"暴雨危险性"指标值。1991 年、2001 年和 2006 年各区的洪灾风险评价指标值见表 8.5～表 8.7（为避免暴雨发生的随机性对评价不同阶段城市化对洪灾风险影响的干扰，表 8.5～表 8.7 中的降雨指标均采用 1980～2006 年的平均值）。

表 8.5　1991 年各地区指标数值整理

类　别		指　标	里下河区	秦淮河区	武澄锡虞区	浦东浦西区	杭嘉湖区	甬曹浦区
危险性	暴雨	年最大 1 d 雨量(mm)	61.0	88.3	73.8	87.2	82.2	66.4
		汛期雨量(mm)	688.4	677.7	671.3	737.4	709.0	783.0
	下垫面	水域面积比(%)	0.08	0.06	0.14	0.02	0.08	0.03
		城镇面积比(%)	0.02	0.08	0.11	0.18	0.05	0.05
		地形坡度(%)	0.008	0.034	0.014	0.017	0.024	0.025

续表 8.5

类别		指标	里下河区	秦淮河区	武澄锡虞区	浦东浦西区	杭嘉湖区	甬曹浦区
易损性	承灾体	人均固定资产(元)	185	909	1 349	2 007	1 234	816
		人口密度(人/km²)	661	739	750	2 128	882	527
		人均非第一产业产值(元)	744	3 175	3 747	6 396	3 368	2 304
		地均第一产业产值(万元/km²)	55	31	40	54	51	31
薄弱性	防洪减灾能力	防洪标准	2	4	3	5	4	3
		排水管道密度(km/km²)	3.0	4.5	9.4	5.3	6.0	6.2
		灾后重建能力	0.9	1.0	1.1	1.2	1.1	1.0

表 8.6 2001 年各地区指标数值整理

类别		指标	里下河区	秦淮河区	武澄锡虞区	浦东浦西区	杭嘉湖区	甬曹浦区
危险性	暴雨	年最大 1 d 雨量(mm)	61.0	88.3	73.8	87.2	82.2	66.4
		汛期雨量(mm)	688.4	677.7	671.3	737.4	709.0	783.0
	下垫面	水域面积比(%)	0.09	0.07	0.11	0.02	0.05	0.03
		城镇面积比(%)	0.05	0.08	0.22	0.31	0.16	0.06
		地形坡度(%)	0.008	0.034	0.014	0.017	0.024	0.025
易损性	承灾体	人均固定资产(元)	2 820	7 555	9 544	15 030	10 848	7 750
		人口密度(人/km²)	672	785	764	2 545	958	554
		人均非第一产业产值(元)	8 401	19 493	29 342	31 745	22 540	19 757
		地均第一产业产值(万元/km²)	87	92	109	123	174	99
薄弱性	防洪减灾能力	防洪标准	2	4	3	5	4	3
		排水管道密度(km/km²)	5.0	7.9	14.0	7.3	12.9	13.9
		灾后重建能力	1.0	1.7	2.3	2.4	1.9	1.7

表 8.7 2006 年各地区指标数值整理

类别		指标	里下河区	秦淮河区	武澄锡虞区	浦东浦西区	杭嘉湖区	甬曹浦区
危险性	暴雨	年最大 1 d 雨量(mm)	61.0	88.3	73.8	87.2	82.2	66.4
		汛期雨量(mm)	688.4	677.7	671.3	737.4	709.0	783.0
	下垫面	水域面积比(%)	0.10	0.06	0.09	0.03	0.04	0.03
		城镇面积比(%)	0.11	0.17	0.42	0.50	0.21	0.18
		地形坡度(%)	0.008	0.034	0.014	0.017	0.024	0.025

续表 8.7

类别		指标	里下河区	秦淮河区	武澄锡虞区	浦东浦西区	杭嘉湖区	甬曹浦区
易损性	承灾体	人均固定资产(元)	9 874	24 057	33 355	28 691	23 711	22 777
		人口密度(人/km²)	679	840	809	2 863	1 003	551
		人均非第一产业产值(元)	19 461	41 076	74 758	57 009	49 640	43 546
		地均第一产业产值(万元/km²)	122	118	109	148	232	134
薄弱性	防洪减灾能力	防洪标准	2	4	3	5	4	3
		排水管道密度(km/km²)	6.0	6.6	18.6	9.1	13.4	27.4
		灾后重建能力	1.7	3.0	5.0	4.0	3.5	3.2

本次洪灾风险评价的指标体系见图 8.2,共有 12 个指标。所有指标值均为非负值,但各个指标的量纲差别很大。为消除各评价指标的量纲效应,需对指标值进行标准化处理。由于各个指标对洪灾风险的作用性质不同,其中水域面积比、防洪标准、排水管网密度、灾后重建能力等 4 项指标与洪灾风险呈负相关关系,其值越大,洪灾风险越小(简称为反向指标);其余指标与洪灾风险呈正相关关系,其值越大,洪灾风险越大(简称为正向指标)。对正向指标,采用式(8.1)进行标准化;对反向指标,采用式(8.2)进行标准化,以便标准化之后所有指标均与洪灾风险方向一致。

正向指标:

$$u_{ij} = x_{ij}/[\max(x_{ij}) + \min(x_{ij})] \tag{8.1}$$

反向指标:

$$u_{ij} = [\max(x_{ij}) + \min(x_{ij}) - x_{ij}]/[\max(x_{ij}) + \min(x_{ij})] \tag{8.2}$$

式中:u_{ij} 为第 j 区第 i 个指标的标准化值;x_{ij} 为第 j 区第 i 个指标的原始值;$\max(x_{ij})$ 为 j 区第 i 个指标的最大值;$\min(x_{ij})$ 为 j 区第 i 个指标的最小值。1991 年、2001 年和 2006 年各区各指标的标准化结果见表 8.8~表 8.10。

表 8.8 1991 年各区各指标标准化结果

类别		指标	里下河区	秦淮河区	武澄锡虞区	浦东浦西区	杭嘉湖区	甬曹浦区
危险性	暴雨	年最大 1 d 雨量	0.41	0.59	0.49	0.58	0.55	0.44
		汛期雨量	0.47	0.47	0.46	0.51	0.49	0.54
	下垫面	水域面积比	0.71	0.69	0.10	0.87	0.75	0.90
		城镇面积比	0.10	0.42	0.44	0.90	0.23	0.24
		地形坡度	0.20	0.80	0.33	0.39	0.59	0.56

续表 8.8

类别		指标	里下河区	秦淮河区	武澄锡虞区	浦东浦西区	杭嘉湖区	甬曹浦区
易损性	承灾体	人均固定资产	0.08	0.41	0.62	0.92	0.56	0.37
		人口密度	0.25	0.28	0.28	0.80	0.33	0.20
		人均 GDP	0.10	0.44	0.52	0.90	0.47	0.32
		单位面积第一产业产值	0.64	0.36	0.46	0.63	0.60	0.36
薄弱性	防洪减灾能力	防洪标准	0.71	0.43	0.57	0.29	0.43	0.57
		排水管道密度	0.76	0.64	0.24	0.58	0.52	0.50
		灾后重建能力	0.57	0.52	0.48	0.43	0.48	0.52

表 8.9　2001 年各区各指标标准化结果

类别		指标	里下河区	秦淮河区	武澄锡虞区	浦东浦西区	杭嘉湖区	甬曹浦区
危险性	暴雨	年最大 1 d 雨量	0.41	0.59	0.49	0.58	0.55	0.44
		汛期雨量	0.47	0.47	0.46	0.51	0.49	0.54
	下垫面	水域面积比	0.70	0.78	0.10	0.89	0.84	0.90
		城镇面积比	0.21	0.21	0.48	0.79	0.40	0.23
		地形坡度	0.20	0.80	0.33	0.39	0.59	0.56
易损性	承灾体	人均固定资产	0.16	0.42	0.53	0.84	0.61	0.43
		人口密度	0.22	0.25	0.25	0.82	0.31	0.18
		人均 GDP	0.21	0.49	0.73	0.79	0.56	0.49
		单位面积第一产业产值	0.33	0.35	0.42	0.47	0.67	0.38
薄弱性	防洪减灾能力	防洪标准	0.71	0.43	0.57	0.29	0.43	0.57
		排水管道密度	0.74	0.59	0.26	0.62	0.32	0.27
		灾后重建能力	0.71	0.50	0.32	0.29	0.44	0.50

表 8.10　2006 年各地区各指标数据标准化结果

类别		指标	里下河区	秦淮河区	武澄锡虞区	浦东浦西区	杭嘉湖区	甬曹浦区
危险性	暴雨	年最大 1 d 雨量	0.41	0.59	0.49	0.58	0.55	0.44
		汛期雨量	0.47	0.47	0.46	0.51	0.49	0.54
	下垫面	水域面积比	0.71	0.79	0.10	0.90	0.86	0.90
		城镇面积比	0.29	0.25	0.52	0.75	0.32	0.27
		地形坡度	0.20	0.80	0.33	0.39	0.59	0.56

续表 8.10

类别		指标	里下河区	秦淮河区	武澄锡虞区	浦东浦西区	杭嘉湖区	甬曹浦区
易损性	承灾体	人均固定资产	0.23	0.56	0.77	0.66	0.55	0.53
		人口密度	0.20	0.25	0.24	0.84	0.29	0.16
		人均 GDP	0.21	0.44	0.79	0.61	0.53	0.46
		单位面积第一产业产值	0.36	0.35	0.32	0.43	0.68	0.39
薄弱性	防洪减灾能力	防洪标准	0.71	0.43	0.57	0.29	0.43	0.57
		排水管道密度	0.82	0.80	0.44	0.73	0.60	0.18
		灾后重建能力	0.75	0.55	0.25	0.40	0.48	0.52

8.2.3　指标权重的确定

指标权重的确定多采用层次分析法。层次分析法 AHP(Analytic Hierarchy Process),是美国运筹学家 T. L. Saaty 于 20 世纪 70 年代提出的一种定性与定量分析相结合的多目标决策分析方法。该方法体现了人们决策思维的基本特征,即分解、判断、综合。它主要是把复杂的问题分解成各个组成因素,将这些因素按支配关系分组形成有序的递阶层次结构,通过两两比较的方式确定层次中诸因素的相对重要性,然后综合判断诸因素相对重要性的总顺序。

层次分析法作为决策工具有着明显的优点:①适用性。用 AHP 法进行决策,主要输入的信息是决策者的选择与判断,决策过程明确地反映了决策者对问题的认识,并且容易掌握;②简洁性。AHP 法的原理、基本步骤等简单易学,不用计算机也可以完成全部运算,所得结果简单明确、一目了然;③实用性。AHP 法不仅能进行定量分析,也可以进行定性分析,在决策过程中,决策者可将定性与定量因素有机地结合起来,统一进行处理,另外由于决策者根据经验判断对影响因素进行量化,使得它对目标结构复杂且缺乏必要数据的情况特别实用;④系统性。利用系统的方法研究问题已经广泛流行,它主要是把问题看成一个系统,在研究系统各组成部分相互关系以及系统所处环境的基础上进行决策,AHP 法恰恰反映了这个特点。由于 AHP 法的以上优点,使得它在各行各业得到了广泛的应用。在本章中,将利用 AHP 法确定各洪涝灾害影响因子的权重。

AHP 法的数学原理简单。假设有 n 个物体 $A_1, A_2, \cdots, A_n$,它们的重量分别为 $W_1, W_2, \cdots, W_n$,将其两两进行比较,其比值构成 $n \times n$ 矩阵 $\boldsymbol{A}$。

$$\boldsymbol{A} = \begin{pmatrix} w_1/w_1 & w_1/w_2 & \cdots & w_1/w_n \\ w_2/w_1 & w_2/w_2 & \cdots & w_2/w_n \\ \cdots & \cdots & \cdots & \cdots \\ w_n/w_1 & w_n/w_2 & \cdots & w_n/w_n \end{pmatrix} \tag{8.3}$$

若用重量向量$\boldsymbol{W}=(w_1,w_2,\cdots,w_n)^T$右乘$\boldsymbol{A}$矩阵，得到

$$\boldsymbol{AW}=\begin{pmatrix} w_1/w_1 & w_1/w_2 & \cdots & w_1/w_n \\ w_2/w_1 & w_2/w_2 & \cdots & w_2/w_n \\ \cdots & \cdots & \cdots & \cdots \\ w_n/w_1 & w_n/w_2 & \cdots & w_n/w_n \end{pmatrix} \cdot \begin{pmatrix} w_1 \\ w_2 \\ \vdots \\ w_n \end{pmatrix} = n \begin{pmatrix} w_1 \\ w_2 \\ \vdots \\ w_n \end{pmatrix} = n\boldsymbol{W} \tag{8.4}$$

即$(\boldsymbol{A}-n\boldsymbol{I})\boldsymbol{W}=0$

式中：$\boldsymbol{W}$为特征向量；n为特征值；$\boldsymbol{A}$矩阵为决策者通过对物体两两相比主观作出判断而得到的比值，又叫判断矩阵，但是由于将人的判断与数量相结合，肯定会存在误差，它反映了估计结果与标度的不一致性，因此判断矩阵多用$\overline{\boldsymbol{A}}$表示。由于给出的判断矩阵存在误差，使得$\overline{\boldsymbol{A}}$不可能具有完全的一致性，因此取式(8.5)作为判断矩阵的一致性指标，

$$CI=\frac{\lambda_{\max}-n}{n-1} \tag{8.5}$$

当$\lambda_{\max}=n$时，$CI=0$，为完全一致；CI值越大，判断矩阵的完全一致性越差。研究表明，判断矩阵的维数n越大，判断的一致性越差。为此引入修正值RI，并取CR为衡量矩阵一致性的指标。

$$CR=\frac{CI}{RI} \tag{8.6}$$

一般情况下，当$CR\leqslant 0.1$时，则认为判断矩阵的一致性可以接受。

利用AHP法决策主要分为以下几个步骤：首先，对问题涉及的因素进行分类，构造一个各因素之间相互联结的层次结构模型。其次，构造两两比较判断矩阵。在各因素之间两两比较时，为进行量化，引入标度1～9，分别表示两因素之间的相对重要性，1表示i因素与j因素同样重要，9表示i因素比j因素绝对重要。然后，计算单一准则下的相对权重。最后，计算各层元素的组合权重。

洪灾风险评价的递阶层次结构如图8.2所示。对于危险性，构造3个判别矩阵，见表8.11～表8.13。对于承灾体的易损性，构造1个判别矩阵，见表8.14。对于防洪减灾能力薄弱性，构造1个判别矩阵，见表8.15。根据表8.11～表8.15的判断矩阵，得出所有指标的权重如表8.16所示。

对于层次单排序和层次总排序的一致性检验表明，危险性及其下属的暴雨危险性、下垫面危险性，承灾体易损性以及防洪减灾能力薄弱性，均满足一致性要求。

表 8.11　危险性判断矩阵

危险性	暴雨危险性	下垫面危险性
暴雨危险性	1	6
下垫面危险性	1/6	1

表 8.12　暴雨危险性判断矩阵

暴雨危险性	年最大 1 d 雨量(mm)	汛期雨量(mm)
年最大 1 d 雨量(mm)	1	1/6
汛期雨量(mm)	6	1

表 8.13　下垫面危险性判断矩阵

下垫面危险性	水域面积比	城镇面积比(%)	地形坡度(%)
水域面积比(%)	1	1/6	1/2
城镇面积比(%)	6	1	3
地形坡度(%)	2	1/3	1

表 8.14　承灾体易损性判断矩阵

易损性	人均固定资产(元)	人口密度(人/km²)	人均非第一产业产值(元)	地均第一产业产值(万元)
人均固定资产(元)	1	1/7	1/3	1/5
人口密度(人/km²)	7	1	7	5
人均非第一产业产值(元)	3	1/7	1	1/2
地均第一产业产值(万元)	5	1/5	2	1

表 8.15　防洪减灾能力薄弱性判断矩阵

防洪减灾能力薄弱性	防洪标准	排水管道密度	灾后重建能力
防洪标准	1	2	2
排水管道密度	1/2	1	1
灾后重建能力	1/2	1	1

表 8.16　各洪灾风险评价指标的权重

危险性					易损性				薄弱性		
暴雨危险性		下垫面危险性			承灾体易损性				防洪减灾能力薄弱性		
年最大 1 d 雨量	汛期雨量	水域面积比	城镇面积比	地形坡度	人均固定资产	人口密度	人均非第一产业产值	地均第一产业产值	防洪标准	排水管道密度	灾后重建能力
0.12	0.73	0.02	0.10	0.03	0.06	0.63	0.11	0.20	0.50	0.25	0.25

8.3　长三角地区城市化发展下洪涝灾害风险分析

8.3.1　长江三角洲地区洪涝灾害风险的空间变化

按照式(8.7)将各区的各个标准化指标值进行加权平均，得到1991年、2001年和2006年各区危险性、易损性和防洪减灾能力薄弱性的分类指标值，结果见表8.17～表8.19。

$$P_{k,j}=\sum_{i=1}^{n}W_{k,i}u_{k,i,j} \tag{8.7}$$

式中：$u_{k,i,j}$为第j区的第k分项的第i个指标的标准化值；$P_{k,j}$为第j区的第k类指标值；$w_{k,i}$为第k个分项中第i个指标的权重系数，$\sum_{i=1}^{n}W_{k,i}=1$，$w_{k,i}>0$；k为分类号，k=1,2,3，分别代表危险性、易损性和防洪减灾能力薄弱性指标。

表8.17　1991年各地区洪灾风险评价结果

类　别	里下河区	秦淮河区	武澄锡虞区	浦东浦西区	杭嘉湖区	甬曹浦区
危险性	0.42	0.49	0.45	0.56	0.48	0.51
易损性	0.30	0.32	0.36	0.78	0.41	0.25
防洪减灾能力薄弱性	0.69	0.50	0.47	0.39	0.46	0.54
洪灾风险度	0.09	0.08	0.08	0.17	0.09	0.07

表8.18　2001年各地区洪灾风险评价结果

类　别	里下河区	秦淮河区	武澄锡虞区	浦东浦西区	杭嘉湖区	甬曹浦区
危险性	0.44	0.47	0.46	0.55	0.50	0.50
易损性	0.24	0.31	0.35	0.75	0.42	0.27
防洪减灾能力薄弱性	0.72	0.49	0.43	0.37	0.40	0.48
洪灾风险度	0.07	0.07	0.07	0.15	0.09	0.06

表8.19　2006年各地区洪灾风险评价结果

类　别	里下河区	秦淮河区	武澄锡虞区	浦东浦西区	杭嘉湖区	甬曹浦区
危险性	0.44	0.48	0.46	0.54	0.49	0.51
易损性	0.23	0.30	0.35	0.72	0.41	0.26
防洪减灾能力薄弱性	0.75	0.55	0.46	0.43	0.48	0.46
洪灾风险度	0.08	0.08	0.07	0.17	0.10	0.06

风险评价是一个重要而复杂的科学问题，为了进行风险大小的比较，人们常常用期望值替代概率分布，或选用某种或某些算子对有关的量进行数学组合。“加”和“乘”是使用频率最高的两个算子。本次研究采用的洪水灾害风险表达式为洪水灾害风险度=危险性×易损性×防灾减灾能力，由此得到综合评价模型为：

$$I_j = P_{1,j} \times P_{2,j} \times P_{3,j} \tag{8.8}$$

式中：I_j 为第 j 区的综合洪灾风险度；$P_{1,j}$、$P_{2,j}$、$P_{3,j}$ 为第 j 区的危险性、易损性和防洪减灾能力薄弱性的分类指标值。

1991 年、2001 年和 2006 年各区分项和综合评价成果见表 8.19～表 8.21。1991 年、2001 年和 2006 年，各区洪灾风险评价结果如图 8.3 所示。由表 8.17～表 8.19 和图 8.3 可以看出，在 1991 年、2001 年、2006 年三个阶段中：

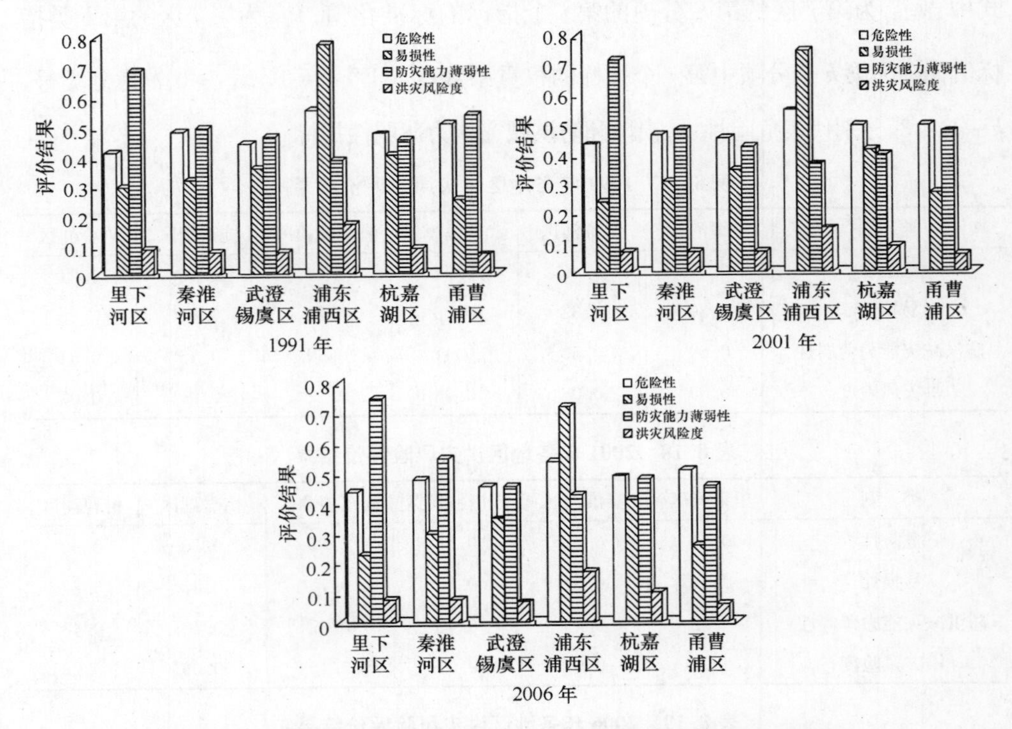

图 8.3　1991 年、2001 年、2006 年各区洪灾风险评价结果示意图

（注：数值越大表明越危险、越易损、防洪减灾能力越弱，洪灾风险越大）

①所选的 6 个城市化地区之间，危险性差异不大，但易损性和防洪减灾能力薄弱性差异较大。

②由于浦东浦西区人均 GDP 较其他地区高、人口相对密集，遭受洪水灾害时引起的经济损失较其他地区大，因此易损性程度最高，但是由于其防洪标准高、经

济实力强，故防洪减灾能力在6个区最强。相反的，里下河地区的人均GDP较其他地区低得多，资产相对不那么集中，遭受洪水灾害时引起的经济损失较小，易损性程度最低，但其防洪减灾能力在6个区中最弱。可见，承灾体易损性与防洪减灾能力薄弱性之间有一定的互补关系。

③无论是1991年、2001年还是2006年，浦东浦西区的危险性程度、易损性程度都是最高的，虽然防洪减灾能力最强，但其综合洪灾风险仍然是最大的。说明承灾体易损性在洪灾风险评价中的影响十分显著。

④除了浦东浦西区外，杭嘉湖区的洪灾风险也较大，里下河区、秦淮河区和武澄锡虞区的洪灾风险量级相当，甬曹浦区的洪灾风险最低。

8.3.2 长江三角洲地区洪涝灾害风险的时间变化

为了考察城市化对洪灾危险性、易损性和防洪减灾能力薄弱性的影响，采用同样的方法，对里下河区、秦淮河区、武澄锡虞区、浦东浦西区、杭嘉湖区和甬曹浦区1991年、2001年和2006年的各指标进行标准化，结果见表8.20。各区不同城市化发展阶段的分项和综合评价成果见表8.21和图8.4。由此可以看出，在城市化的过程中，各地区的洪灾危险性、洪灾易损性都在增加，而且洪灾易损性的增幅大于危险性的增幅。随着经济的发展，各地的防洪减灾能力也相应增强，其薄弱性相应地减小。

表8.20 各区不同城市化发展阶段各指标数据标准化结果

类别		指标	里下河区			秦淮河区			武澄锡虞区			浦东浦西区			杭嘉湖区			甬曹浦区		
			1991	2001	2006	1991	2001	2006	1991	2001	2006	1991	2001	2006	1991	2001	2006	1991	2001	2006
危险性	降雨	年最大1d雨量	0.50	0.50	0.50	0.50	0.50	0.50	0.50	0.50	0.50	0.50	0.50	0.50	0.50	0.50	0.50	0.50	0.50	0.50
		汛期雨量	0.50	0.50	0.50	0.50	0.50	0.50	0.50	0.50	0.50	0.50	0.50	0.50	0.50	0.50	0.50	0.50	0.50	0.50
	下垫面	水域面积比	0.46	0.48	0.54	0.36	0.59	0.64	0.46	0.50	0.54	0.38	0.51	0.63	0.32	0.60	0.68	0.44	0.50	0.56
		城镇面积比	0.09	0.39	0.91	0.33	0.33	0.67	0.20	0.44	0.80	0.27	0.47	0.73	0.17	0.61	0.83	0.21	0.40	0.79
		地形坡度	0.50	0.50	0.50	0.50	0.50	0.50	0.50	0.50	0.50	0.50	0.50	0.50	0.50	0.50	0.50	0.50	0.50	0.50
易损性	承灾体	人均固定资产	0.02	0.28	0.98	0.04	0.30	0.96	0.04	0.28	0.96	0.07	0.49	0.93	0.05	0.43	0.95	0.03	0.33	0.97
		人口密度	0.49	0.50	0.51	0.47	0.50	0.53	0.48	0.49	0.52	0.43	0.51	0.57	0.47	0.51	0.53	0.49	0.51	0.51
		人均GDP	0.04	0.42	0.96	0.07	0.44	0.93	0.05	0.37	0.95	0.10	0.50	0.90	0.06	0.43	0.94	0.05	0.43	0.95
		地均第一产业产值	0.31	0.49	0.69	0.21	0.62	0.79	0.27	0.73	0.73	0.27	0.61	0.73	0.18	0.61	0.82	0.19	0.60	0.81
薄弱性	防洪减灾能力	防洪标准	0.50	0.50	0.50	0.50	0.50	0.50	0.50	0.50	0.50	0.50	0.50	0.50	0.50	0.50	0.50	0.50	0.50	0.50
		排水管道密度	0.67	0.44	0.33	0.64	0.36	0.46	0.66	0.50	0.34	0.63	0.49	0.37	0.69	0.34	0.31	0.81	0.59	0.19
		灾后重建能力	0.65	0.62	0.35	0.75	0.58	0.25	0.82	0.62	0.18	0.77	0.54	0.23	0.76	0.59	0.24	0.76	0.60	0.24

表 8.21　各区不同城市化发展阶段的分项和综合评价结果

地　区	里下河区			秦淮河区			武澄锡虞区			浦东浦西区			杭嘉湖区			甬曹浦区		
年份	1991	2001	2006	1991	2001	2006	1991	2001	2006	1991	2001	2006	1991	2001	2006	1991	2001	2006
危险性	0.46	0.49	0.54	0.48	0.49	0.52	0.47	0.49	0.53	0.48	0.50	0.52	0.47	0.51	0.53	0.47	0.49	0.53
易损性	0.38	0.48	0.62	0.35	0.50	0.65	0.37	0.51	0.63	0.34	0.53	0.66	0.34	0.52	0.66	0.35	0.51	0.64
防洪减灾能力薄弱性	0.58	0.51	0.42	0.60	0.48	0.43	0.62	0.53	0.38	0.60	0.51	0.40	0.61	0.48	0.39	0.64	0.55	0.36
洪灾风险度	0.10	0.12	0.14	0.10	0.12	0.14	0.11	0.13	0.13	0.10	0.13	0.14	0.10	0.13	0.14	0.11	0.14	0.12

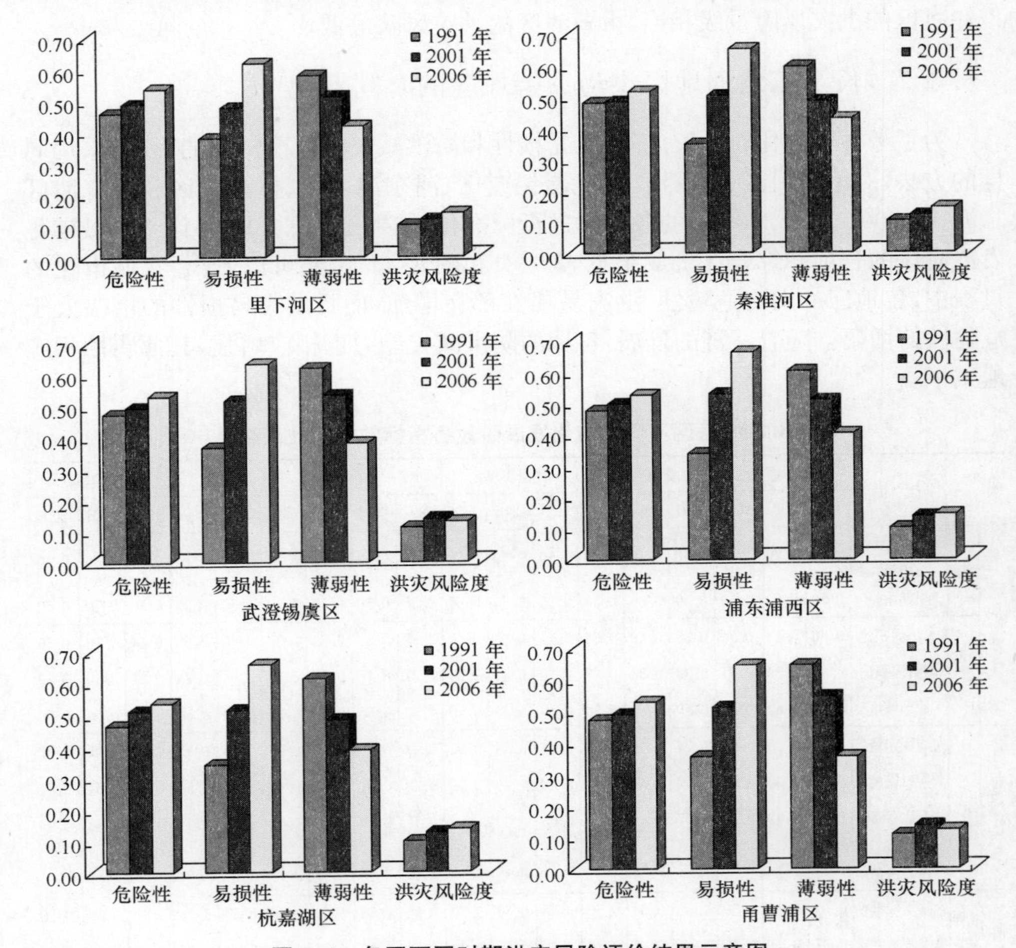

图 8.4　各区不同时期洪灾风险评价结果示意图

1991～2001 年间，各区域的下垫面危险性均呈增加趋势，其中以城镇为主的不透水面的危险性变化幅度远大于水域危险性的变化幅度。水域危险性变化最大的地区是杭嘉湖地区，其次是浦东浦西地区和秦淮河地区；不透水面危险性变化最大的地区是杭嘉湖地区，其次是里下河地区、武澄锡虞区、浦东浦西区和甬曹浦区，变化最小的是秦淮河区。在易损性指标中，除了人口易损性增加较小外，6个地区的GDP、固定资产和第一产值等指标的易损性均有较大增长，其中以GDP易损性的变化最为显著。人口易损性变化最大的地区是浦东浦西区，其次是杭嘉湖区、秦淮河区和甬曹浦区；GDP易损性变化最大的地区是浦东浦西区；第一产业易损性变化最大的地区是武澄锡虞区，其次是杭嘉湖区、秦淮河区和甬曹浦区；固定资产易损性变化最大的地区是浦东浦西区，其次是杭嘉湖区和甬曹浦区。在区域易损性不断增大的同时，城市发展也使得排水管道密度不断加大，使其防灾薄弱性不断下降，区域的防洪减灾能力不断增强，这点各个区域的变化幅度均较大，其中变化最大的是杭嘉湖地区。城市发展对灾后重建能力的影响与区域的经济发展水平关系密切，经济发展水平越高的地区，其防灾薄弱性下降越明显，以浦东浦西区最为显著；经济发展水平越低的地区，其防灾薄弱性下降程度越小，最小值位于里下河地区。

2001年～2006年间，各区域的水域危险性仍呈增加趋势，但与1991年～2001年间的变化水平相比，其变化幅度有较大的区域差异性。浦东浦西区的变化幅度接近于前期水平，变化仍然较大；里下河地区的变化幅度比前期有较小的增加；武澄锡虞区和甬曹浦区的变化幅度与前期相同；而秦淮河区和杭嘉湖区的变化幅度比前期有很大的下降。在不透水面危险性方面，除了杭嘉湖地区之外，其他各区的危险性都以大于前期水平的速度呈较快的增加趋势，其中变化最大的是里下河地区，其次是甬曹浦区、武澄锡虞区以及秦淮河区。在易损性变化中，各指标均呈现增加趋势，但变化程度不一。武澄锡虞区人口易损性比前期有更大幅度的增加，里下河区和秦淮河区的变化幅度与前期一致，浦东浦西区、杭嘉湖区和甬曹浦区的变化幅度有所下降，但浦东浦西区仍然是变化幅度最大的区域。固定资产易损性的变化与GDP易损性的变化有较好的一致性，即GDP易损性变化越大的地区，其固定资产易损性变化也相应越大，最大值都位于武澄锡虞区和里下河地区，其他区域变化也都很大，且均超过了前期的变化幅度。第一产业易损性的变化由于受生物生长特性的局限及自然条件的影响，其变化幅度相对较低，且在城市化发展较快的地区，由于耕地面积向建筑面积的大规模转变，反而会使得其第一产业易损性呈现下降的趋势。以武澄锡虞区为例，其第二阶段的第一产业易损性变化为0，即变化不大；浦东浦西、杭嘉湖、甬曹浦和秦淮河等地的第一产业易损性在第二阶段的变化幅度均有较大的下降；里下河地区，由于城市化进程相对较慢，其第一产业易损性变化幅度比前期略有增加。伴随着城市化的更快发展，区域的防洪减灾能力的变化呈现出新特点，即排水管网密度与灾后重建能力的变化趋势有较大的不一致性，与区域的经济发展水平的正相关性减弱，除了甬曹浦地区的防灾薄弱性随排水管网密度的增加而呈现出比第一阶段更大的下降幅度外，其他区域的下降幅度均小于第一阶段，秦淮河地区甚至表现出薄弱性增加的趋势，这主要与第二阶段中城市的空间扩张速度下降有关。不同于排水管网密度的变化特点，灾后重建能力与经济发展水平有较高的正相关关系。因此，第二阶段的灾后重建能力比第一阶段有更大幅度的增加，且表现出经济发展水平越高的地区，其防灾薄弱性下降越快；反之则越慢，其中变化最小的依然是里下河地区。

从各因素的综合变化来看，虽然防洪减灾能力的提高在一定程度上起到了降低洪灾风险的作用，但 2001 年与 1991 年相比，各地区的洪灾风险都是增加的，说明期间防洪减灾基础设施的建设和防洪减灾非工程性措施的实施跟不上城市化发展速度，使得洪灾风险总体趋于上升。2006 年与 2001 年相比，除了甬曹浦区因防洪减灾能力有大幅度提高(排水网管密度增幅 97%、灾后重建能力增幅 88%)而使综合洪灾风险略有下降，武澄锡虞区因防洪减灾能力有较大幅度提高(排水网管密度增幅 33%，灾后重建能力增幅 117%)而使综合洪灾风险基本持平外，里下河区、秦淮河区、浦东浦西区和杭嘉湖区的综合洪灾风险仍然是增加的。

上述 6 个区域均位于东南沿海的亚热带季风气候区，梅雨期长，降水集中且历时长，区内地势地平，河网密布，水域面积广阔，属于洪灾危险性较高的地区。本研究通过同一时期不同地区的洪灾风险的空间差异和同一地区不同时期的洪灾风险的时间变化两个方面，探究了长江三角洲地区城市化背景下洪灾风险的空间差异和城市化对洪灾风险变化的影响。主要结论如下：

(1) 在所选的 6 个城市化地区之间，危险性差异不大，但洪灾风险的地区差异较大，且其空间分布与易损性的空间分布有较高的一致性。从同一时期不同地区的洪灾风险的空间差异来看，除了里下河地区，其他区域的城市化水平都相对较高，因而其洪灾危险性水平都较高，但洪灾危险性的区域差异相对较小。然而，由于不同区域的经济发展水平差距较大，所以不同区域间的易损性和防洪减灾能力薄弱性的地区差异较大。

(2) 随着城市化的发展，各区域的洪灾危险性和易损性都呈增加趋势，且易损性的增加幅度大于危险性的增加幅度。随着经济的发展，各区域的防洪减灾能力相应增强，薄弱性相应减小。2001 年与 1991 年相比，各地区的洪灾风险都是增加的，说明这期间防洪减灾基础设施的建设和防洪减灾非工程性措施的实施跟不上城市化发展速度，使得洪灾风险总体趋于上升。2006 年与 2001 年相比，除了甬曹浦区和武澄锡虞区外其他区域的综合洪灾风险仍然是增加的。由于该阶段防洪减灾能力的增强，各区域的薄弱性均比第一阶段有较大的下降，因此各区域的洪灾风险的增幅都比第一阶段有所下降。这说明，经济发展在导致洪灾风险加大的同时，由于防洪减灾能力的增强，又显著地减小了洪灾风险增加的幅度。可见，承灾体易损性与防洪减灾能力薄弱性之间有一定的互补关系。尽管如此，风险最大值仍然出现在人口相对最为密集、经济水平最高、防洪减灾能力最强的浦东浦西区，说明承灾体易损性在洪灾风险评价中的影响十分显著。

9 城市化下流域洪灾风险时空变化

受降水、地形、水系等自然环境与人口、经济、防洪减灾能力等方面差距的影响,长江三角洲地区各水利分区的洪灾风险级别高低不同,且不同时期内的发展变化也各不相同。同时,在各水利分区的内部,自然环境与社会经济条件也呈现出明显的区域差异性,其中,以城乡之间的差异最为显著。随着城市化的发展,受城市化发展水平与城市化发展阶段的影响,各水利分区内部的洪灾风险具有显著的空间差异,且其洪灾风险的变化也因城市化发展快慢的不同而表现出不同的特点。本章以长江三角洲地区内苏锡常等典型水系单元为例,基于GIS的空间分析功能,从各水利分区洪灾风险的空间分布、时间变化及城市化对洪灾风险的影响等方面分析了不同城市化背景下的洪灾风险的空间格局、变化特点及其与城市化发展的关系。

9.1 洪灾风险的空间分布

9.1.1 苏锡常地区洪灾风险的空间差异

苏锡常地区地处长江入海口附近,位于长江与太湖之间(见图9.1),属于太湖平原区,地势低洼,除了西南部山地外,大部分地区海拔在10 m以下,最低处在3 m以下。该区水面广布,除了长江、太湖外,河网湖泊纵横交错,水流缓慢,受中亚热带季风气候影响,降雨时空分布不均,西多东少,最大值出现在西部山地的迎风坡,常出现梅雨型和台风型洪水。20世纪以来,本流域共发生5次大洪水和特大洪水,其中1954年、1991年、1999年为梅雨造成的,1962年为台风雨造成的,1931年为梅雨和台风雨共同造成的。其中梅雨型洪水总量大、历时长、范围广;台风型洪水降雨强度大、历时短、降雨面较小。

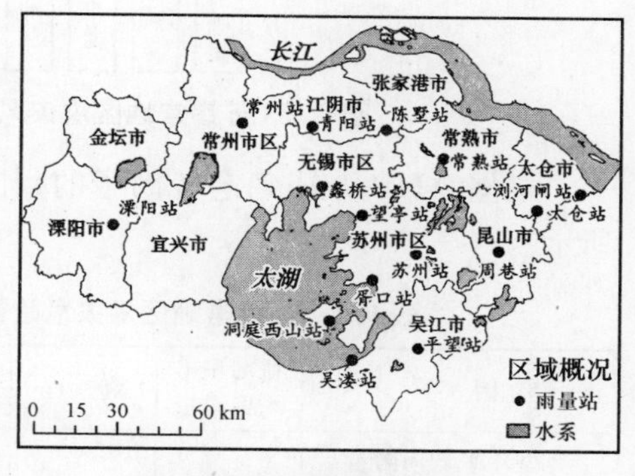

图9.1 苏锡常地区概况

苏锡常地区属于江苏省最发达地区,也是长三角地区重要的经济发展中心,总面积 17 513 km^2。2006 年全区户籍人口达到 1 425.08 万人，全年地区生产总值(GDP)达到 9 680.26 亿元，全年全社会固定资产投资完成 4 533.53 亿元。

根据苏锡常地区洪涝灾害的成因与成灾系统特性，选择降水、高程、坡度、水面率、主干河流缓冲区、不透水面密度(单位面积内的不透水面面积)等作为洪涝灾害危险性分析的主要指标；选取人口、GDP、固定资产投资完成额作为洪涝灾害易损性分析的主要指标。

从洪灾风险的危险性与易损性出发，由致灾因子、孕灾环境、承载体三个方面确定出洪灾风险空间分布研究的指标体系如图 9.2 所示。

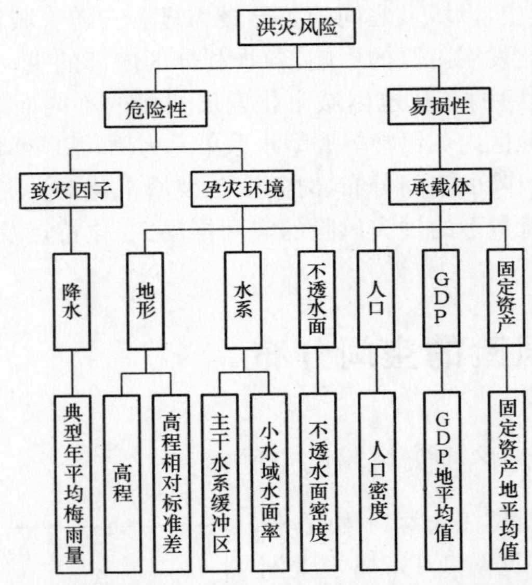

图 9.2　苏锡常地区洪灾风险空间分布研究的评价指标体系

根据 AHP 方法确定各因子的判断矩阵及权重的计算结果如表 9.1、表 9.2 所示：

表 9.1　苏锡常地区洪灾危险性指标因子的判断矩阵及权重计算表

因　子	典型年平均梅雨量	高　程	高程相对标准差	主干水系缓冲区	小水域水面率	不透水面密度	权　重
典型年平均梅雨量	—	5	8	7	7	5	0.365 6
高程	1/5	—	4	3	3	2	0.169 8
高程相对标准差	1/8	1/4	—	1/2	1/2	1/3	0.093 2
主干水系缓冲区	1/7	1/3	2	—	1	1/2	0.113 8
小水域水面率	1/7	1/3	2	1	—	1/2	0.113 8
不透水面密度	1/5	1/2	3	2	2	—	0.143 8

表 9.2　苏锡常地区洪灾风险易损性指标因子的判断矩阵及权重计算表

因　子	人口密度	GDP 地平均值	固定资产地平均值	权　重
人口密度	—	6	7	0.599 1
GDP 地平均值	1/6	—	2	0.220 4
固定资产地平均值	1/7	1/2	—	0.180 5

用同样的方法，确定出苏锡常地区洪灾风险的危险性因素与易损性因素的权重分别为 0.69、0.31。

1）降水对洪灾危险性的影响

基于 Arcgis 空间分析模块中的克里金(Kriging)插值，得到降水的空间分布图(见图 9.3(a))。降水量的大小是导致洪涝严重程度的主要因素，因此降水量越大的区域，其洪涝灾害危险性也随之越大。为进一步衡量降水量对洪水灾害危险性的影响，采用公式(9.1)对降水量进行标准化处理，便可得到该地区的降水因子对洪灾危险性的影响分布图(见图 9.3(b))。

$$Y = (X - X_{min})/(X_{max} - X_{min}) \times 9 + 1 \tag{9.1}$$

式中：X 表示原始数据；X_{min} 和 X_{max} 分别为原始数据中的极小值与极大值；Y 的分布区间为 1～10，是其标准化的结果，表示降水因子对洪灾危险性的影响程度。

从降水的空间分布来看，苏锡常地区的降水量呈现西多东少的特点，受地形的抬升作用的影响，最大值位于西部、西南部的山地迎风坡地区，达到 690 mm，最小值位于东部的临江近海地区，为 564 mm。因此，降水危险性最大的地方位于太湖以西的西南部地区，自西向东，危险性逐渐减小，最小值位于东部的临江近海地区。

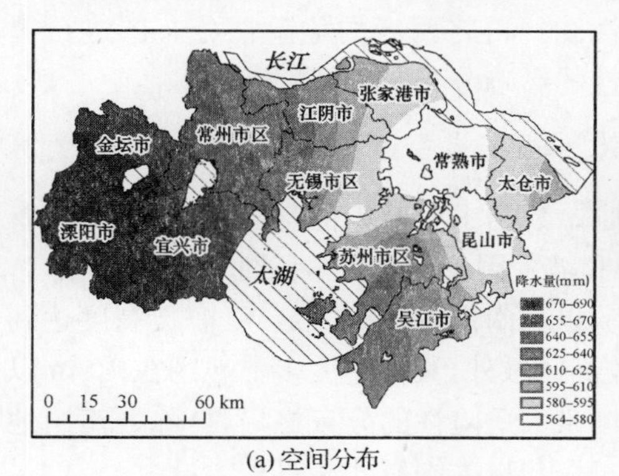

(a) 空间分布

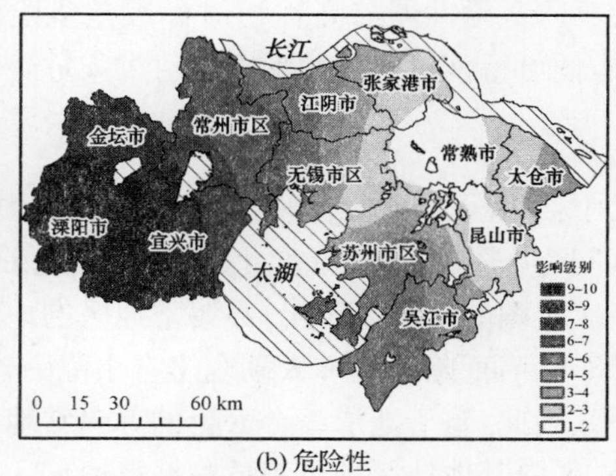

(b) 危险性

图 9.3　降水的空间分布及其危险性

2）地形对洪灾危险性的影响

基于该地区 1∶50 000 的地形底图，通过 Arcgis 3D 分析模块里的 Create Tin，由高程点根据高程值生成 Tin，并由空间分析模块中的 Convert，将 Tin 转成 100 m×100 m 的栅格图，即地形高程的空间分布图（见图 9.4(a)）。再根据空间分析模块的 Neighborhood 中的 Block Statistics，由 DEM 提取出区域的高程相对标准差。

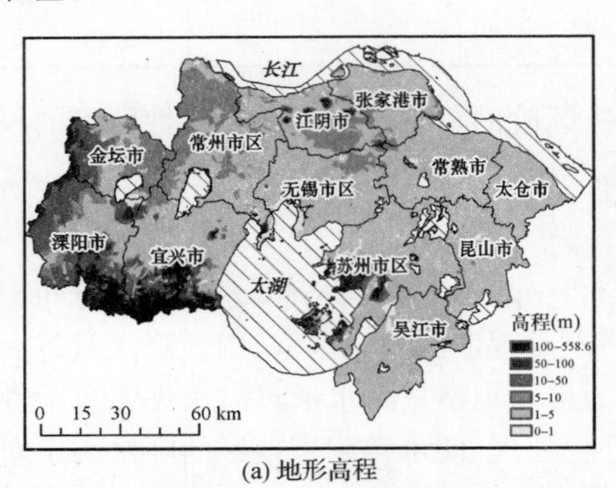

(a) 地形高程

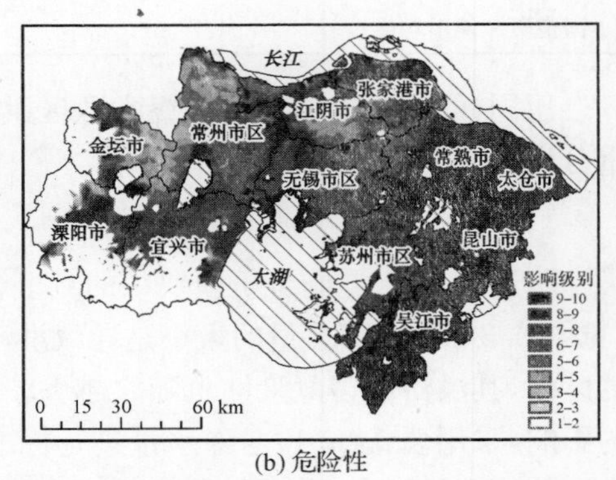

(b) 危险性

图 9.4　地形高程及其危险性的空间分布

该地区除西南地区的局部范围内为海拔相对较高的山地外，其余大部分地区的海拔都在 10 m 以下，另由该地区的历史最高洪水位为 1999 年的 5.08 m 及实际情况来看，西南地区的山地在发生洪灾时的危险性最小，因此将海拔 10 m 以上地区的地形危险性赋值为 1。对于海拔 10 m 以下的大部分地区，由于地形与洪灾危险性呈负相关关系，即高程越低、高程相对标准差越小的地方，洪灾危险性越大，根据公式(9.2)分别对高程分布图和坡度分布图进行标准化，得到两者的危险性分布图。将两个区域的高程危险性图和高程相对标准差危险性图分别合并，得到全区的高程危险性图与高程相对标准差危险性图。再将两者的危险性分布图进行叠加，便可得该地区的地形因子对洪灾危险性的影响分布图（见图 9.4(b)）。

$$Y = 10 - 9 \times (X - X_{min}) / (X_{max} - X_{min}) \tag{9.2}$$

式中：X 表示原始数据；X_{min} 和 X_{max} 分别为原始数据中的极小值与极大值；Y 的分布区间为 1～10，是其标准化结果，表示地形和坡度因子对洪灾危险性的影响程度。

由图 9.4 可以看出，苏锡常地区的地势以西南部的山地为最高，海拔高度达到 558.6 m，而除西部和太湖东岸有小范围较高区域外，其他绝大多数地区在 10 m 以下。因此，基于地形综合分析的苏锡常地区洪灾危险性的分布格局是，除西南山地外，区内其他地区的洪灾危险性普遍偏大，其中，以太湖以北和以东为最大。

3）水系对洪灾危险性的影响

选取的主干水系的缓冲区等级划分见表 9.3 与表 9.4。长江与太湖的各级缓冲区宽度为 2 km，共分 9 级。按照越靠近水系的地方危险性越大的原则，由近到远影响度逐级减小。对于其他主要湖泊，根据其水面面积的大小，划分为 4 个等级，每个等级的缓冲区宽度均为 1 km。由于水面面积越小的湖泊对周边的影响越小，因此面积大小不同的湖泊的缓冲区大小是不同的，即根据湖泊的面积由大到小，其缓冲区的级别数也由多到少，且最靠近湖泊的缓冲区的影响度也由大到小。对于同一等级的湖泊的缓冲区，按照越靠近水系的地方危险性越大的原则，由近到远影响度逐级减小。

表 9.3 长江与太湖的各级缓冲区宽度及影响度

与水系的距离(km)	0～2	2～4	4～6	6～8	8～10	10～12	12～14	14～16	＞16
影响度	9	8	7	6	5	4	3	2	1

表 9.4 其他主要湖泊的各级缓冲区宽度及影响度

与水系的距离(km)		0～1	1～2	2～3	3～4	4～5	5～6	6～7	7～8	＞8
湖泊面积(km^2)	＞100	9	8	7	6	5	4	3	2	1
	＞50	8	7	6	5	4	3	2	1	1
	＞10	7	6	5	4	3	2	1	1	1
	＜10	6	5	4	3	2	1	1	1	1

根据不同等级水系的缓冲区影响度级别，通过 Arcgis 的 Buffer Wizard，得到各类水系的不同缓冲区影响度分布图，将所有的缓冲区影响度分布图进行叠加(因为西南部的山地的地势较高，洪灾危险性小，所以去掉其范围内的缓冲区影响度)，由于不同水系的缓冲区会有所重叠及一个地方可能受到不同水系的洪水威胁，因此缓冲区影响度叠加的结果是有些地区的影响度超出了 1～10 的范围。为了与其他洪灾影响因子进行叠加分析，根据公式(9.1)对缓冲区影响度叠加的结果进行标准化，得到该地区的主干水系对洪灾危险性的影响分布图。

受资料限制，本章未分析小水域的水面率与其调蓄能力的相关关系。一般认为对同一流域，水面率大的地方，地势较低，往往是洪水汇集地区，和流域其他地区相比，遭遇洪水危害的可能性也大，因而假定苏锡常地区高洪水水位时，水面率高的地方洪涝灾害风险也较大。

利用 500 m×500 m 的格网套在该地区的小水域分布图上，通过 Arcgis 的 Analysis Tools 分析模块的 Overlay 中的 Intersect，得到每个格网内的水面分布图，计算每个格网内的水面积并统计其总面积，采用每个格网内的水面积除以格网面积来定量表示格网的水面率。将求得的水面率赋值到对应的格网上，并根据水面率将格网图转为 100 m×100 m 的栅格图，得到苏锡常地区的水面率分布图。利用公式(9.1)进行标准化处理，得到该地区的小水域对洪灾危险性的影响分布图。

将主干水系对洪灾危险性的影响分布图与小水域对洪灾危险性的影响分布图

合并，便可得到该地区的水系对洪灾危险性的影响分布图（见图 9.5(a)）。

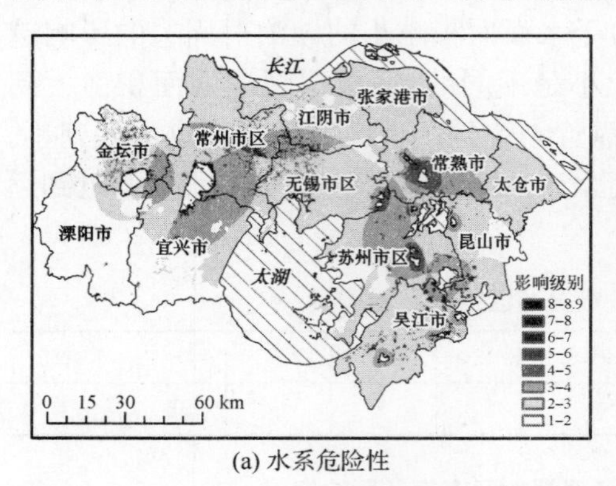

(a) 水系危险性

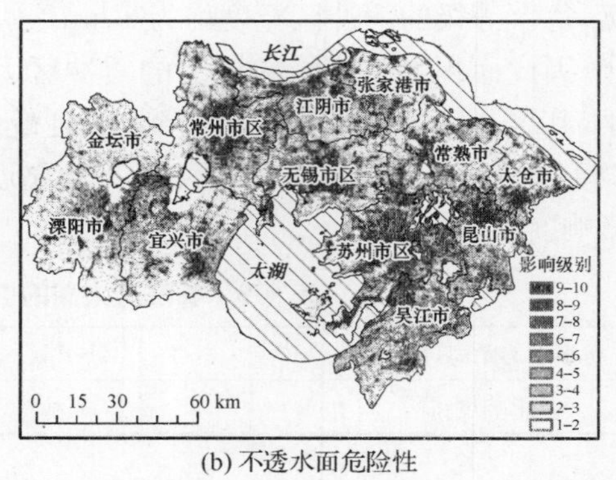

(b) 不透水面危险性

图 9.5 水系危险性与不透水面危险性的空间分布

从苏锡常地区的水系危险性分布图可以看出，该地区水域面积广阔，水面率较高，属于典型的平原水网地区，具备了洪涝灾害发生的基础条件。从空间分布上看，洪灾危险性较高的地区主要分布在太湖和长江沿岸地区与长荡湖、阳澄湖、滆湖等较大的湖泊周边地区以及东南部水面率较高的地区。

4）不透水面对洪灾危险性的影响

基于遥感分类的不透水面分布图，按照单位面积内不透水面面积（不透水面密度）越大的地方洪水危险性也越大的原则，采取与水面率相同的做法，用不透水面密度表示其对洪灾危险性的影响。根据公式(9.1)进行标准化处理，便可得到该地区的不透水面对洪灾危险性的影响分布图（见图 9.5(b)）。

从苏锡常地区不透水面危险性的分布图来看，由于该地区的城市化水平较高，不透水面密度较大，因而其危险性程度整体上偏高。太湖东部和北部的危险性较高，以太湖以东的苏州、昆山及太湖北部的无锡、常州等地为最高；太湖以西地区相对较低，最低值位于溧阳、金坛一带。

5）洪灾危险性的综合分析

基于上述分析过程得到的降水、地形、水系、不透水面等因子对洪灾危险性的空间分布图以及各因子指标的权重，利用 ArcGIS 的栅格计算器功能，将各因子指标的空间分布图进行加权叠加，得到苏锡常地区洪灾危险性的空间分布图（见图 9.6）。

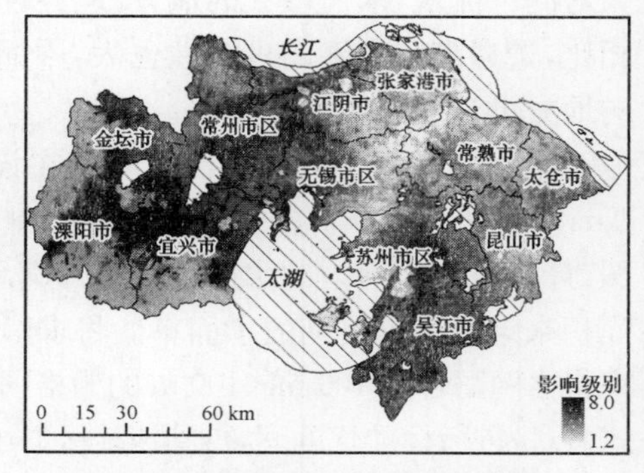

图 9.6 综合危险性的空间分布

从洪灾危险性综合分析可以看出，由

于降水的空间差异较大，苏锡常地区的综合危险性表现出西大东小的特点，最大值位于太湖西侧的溧阳、宜兴、金坛一带，与降水危险性的空间分布具有较高的一致性。然而，由于综合危险性还受到地形、水系及不透水面等因素的影响，其空间分布与降水危险性又有明显的不同：一方面，受地势西高东低的影响，东西部之间的洪灾危险性差距明显小于其降水危险性的差距；另一方面，太湖东侧的苏州、吴江和太湖以北的无锡等地虽然降水危险性较低，但是由于该地区地势低洼、水面率高或不透水面积大等原因而成为仅次于西部地区的高危险性区域。

6）洪灾易损性的空间分布分析

为了尽可能准确地说明社会经济的区域差异对洪灾易损性的空间差异的影响，本章力求使社会经济的数据的空间分布尽量接近现实状况。苏锡常地区作为我国经济最发达的地区之一，人口密集，乡镇企业密布，其产值占经济总量的比重大。因此将人口、GDP、固定资产等与其对应的土地利用类型联系起来。在将遥感影像分为水域、建设用地、农业用地（除长江、太湖及其他主要湖泊与建设用地以外的土地）的基础上，将人口、非农业 GDP 和固定资产分配到建设用地上，把农业 GDP 分配到农业用地上，计算出各县级行政范围内的人口密度、GDP 地平均值及固定资产地平均值（见表 9.5）。

表 9.5　2006 年苏锡常地区各地的单位面积社会经济信息

行政区	人口密度（人/km^2）	农业 GDP 地平均值（万元/km^2）	非农业 GDP 地平均值（万元/km^2）	固定资产地平均值（万元/km^2）
苏州市区	2 513.8	282.946 9	14 735.857 9	7 973.19
常熟市	2 439.5	250.691 6	18 312.171 9	2 943.25
张家港市	2 982.3	247.397 7	27 852.464	4 037.40
昆山市	1 375.5	264.490 5	19 008.876 5	5 463.00
吴江市	1 402.7	273.462	8 605.465 8	1 885.10
太仓市	1 865.6	374.528 2	14 191.049 5	5 569.51
无锡市区	3 956.1	242.813 2	31 940.823 1	10 663.16
江阴市	2 805.4	335.944 9	22 617.495 9	3 041.03
宜兴市	1 745.6	157.164 5	6 760.257 8	864.32
常州市区	3 158	285.113 9	16 204.392 4	4 423.70
溧阳市	2 056.3	143.908	5 347.212 4	925.43
金坛市	2 874	201.778 6	8 766.499 06	1 859.45

基于以上社会经济信息，在 ArcGIS 中，将评价指标统计值与其行政区内相应的土地利用类型的属性数据相连接；然后分别根据人口密度、农业 GDP 地平均值、

非农业 GDP 地平均值、固定资产地平均值导出各因子空间分布的栅格图；将农业 GDP 的空间分布图与非农业 GDP 的空间分布图合并，得到全部 GDP 的空间分布图。根据公式(9.1)对人口、GDP、固定资产空间分布图进行标准化处理，分别得到三个因子的易损性分布图(见图 9.7)。

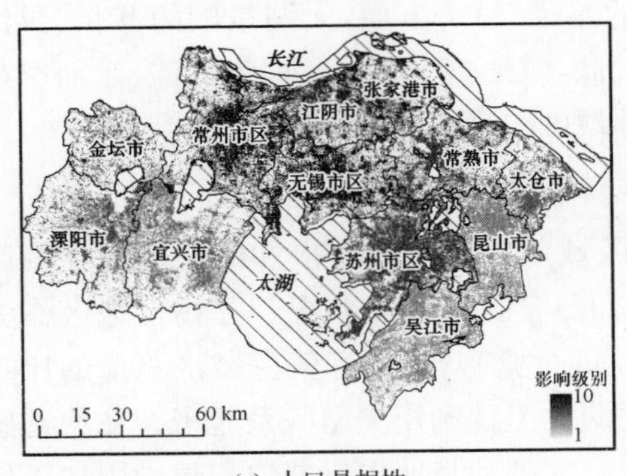

(a) 人口易损性

(b) GDP 易损性

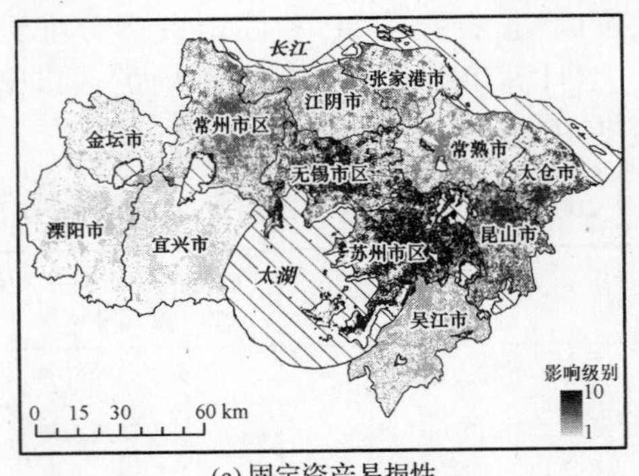

(c) 固定资产易损性

图 9.7　洪灾易损性的空间分布

基于前面分析过程中得到的社会经济因子对洪灾易损性的影响权重，利用 ArcGIS 的栅格计算器功能，将上述社会经济因子易损性的空间分布图进行加权叠加，得到苏锡常地区洪灾易损性的空间分布图(见图 9.8)。由图可知，由于无锡市区单位面积内的人口、GDP 和固定资产都居苏锡常地区的首位，因此，其洪灾易损性也是整个区域内最高的；其次是两侧的苏州市区和常州市区，呈现出显著的带状分布特点，且与京沪铁路的走向具有较高的一致性。此外，江阴、张家港、常熟、昆山等地的洪灾易损性也相对较高。整体看来，苏锡常地区综合易损性的空间格局基本上是中间高，东西两侧低，且东部易损性明显高于西部，最低值出现在人口、GDP 与固定资产水平都偏低的西南三市。

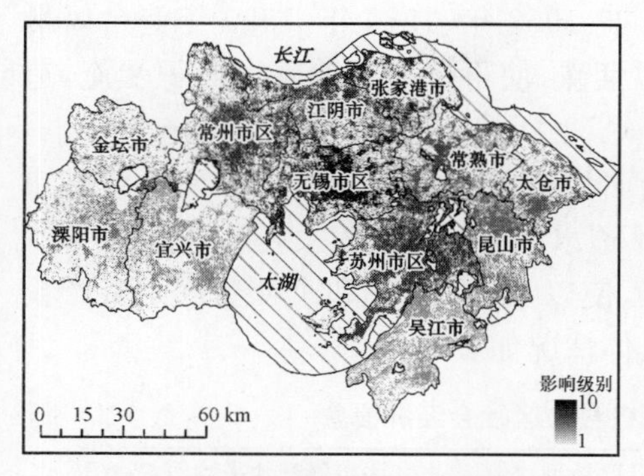

图 9.8 综合易损性的空间分布

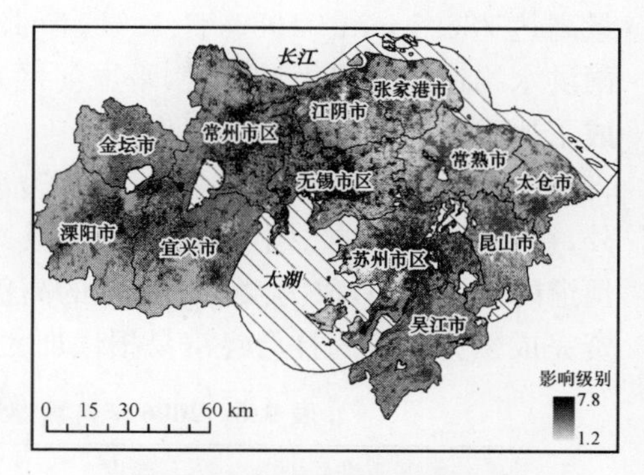

图 9.9 洪灾风险的空间分布

7）洪灾风险的综合分析

对危险性和易损性分析的最终目标是为了获得苏锡常地区洪涝灾害风险的综合状况。根据该地区的危险性与易损性的权重，将上述危险性分布图与社会经济易损性分布图进行加权叠加，得到该地区的洪灾风险分布图(见图 9.9，彩插 1)。

从区域宏观格局上来看，该地区的降水量较大，区域内地势整体偏低，河网湖泊密布以及较高的城市化水平与经济发展水平，致使该地区的洪灾危险性与易损性整体偏高，呈现出区域内洪灾风险普遍偏高的特点。从区域内部来看，太湖以西地区的高洪灾风险主要是由于较高的降水量、局部地区的地势低洼与靠近河网湖泊等因素引起的。太湖以东地区由于其降水量相对较少，其高洪灾风险主要是由低洼的地形、较高的水面率、城市化发展导致的大范围不透水面与较高的社会经济易损性等因素引起的。作为苏锡常地区的最高值，无锡市区的洪灾风险更多的源于该地区高城市化水平下形成的大面积不透水面及较高的社会经济发展水平。由此可见，降水等自然因素为潜在的洪灾风险提供了必需的基础，而城市化等剧烈的人类活动则促使了洪灾风险的形成，并在很大程度上加重了洪灾风险的级别，扩大了高风险区域的范围。

9.1.2 其他地区洪灾风险的空间差异

1）杭嘉湖地区洪灾风险的空间差异

杭嘉湖地区位于太湖流域南部，西靠东苕溪，东接黄浦江，北临太湖，南濒钱塘江、杭州湾，面积 7 615 km^2，是典型的平原河网地区，河网密布，湖荡连片。最大高程 465 m，平均高程 8.5 m，其中高程 15 m 以下的占总面积的 96.5%，100 m 以下的占98.9%，坡度平缓，平均地形坡度为 1.7%。近 50 年来，杭嘉湖地区发生较大梅雨洪涝灾害的年份有 1954 年、1983 年、1984 年、1991 年、1996 年、1999 年等，其中以 1999 年最为严重，在 6 月 7 日～7 月 1 日间，发生的三次降雨过程，累计降雨量高达 786.5 mm。1956 年、1961 年、1962 年、1963 年、1989 年、1990 年等台风暴雨洪水均造成苕溪山洪暴发，平原河网水位猛涨，使得杭嘉湖地区大面积受淹，造成了严重的经济损失和人员伤亡。

随着城市化发展，杭嘉湖地区不透水面面积迅速增加，至 2006 年，除地级城市外，嘉善、平湖、海盐、桐乡、吴江等市(县)的不透水面也已形成较大规模，从而加大了河道的行洪压力，成为洪水危险性的高值区，使以人口、GDP 和全社会固定资产投资完成额为代表的社会经济易损性加大，具体情况如表 9.6。

表 9.6 2006 年杭嘉湖地区各县市区社会经济信息

县市、区	人口密度(人/km²)	GDP 地平均值(万元/km²)	固定资产地平均值(万元/km²)
杭州市区	3 129.4	24 709.852 1	9 609.152 3
余杭区	670.2	2 866.157 9	1 568.473 8
海宁市	967.2	3 836.368 3	1 709.531 4
海盐县	720.3	3 131.401 6	2 449.189
德清县	452.6	1 491.616 5	851.282 1
桐乡市	915	3 137.283 4	1 546.165 1
平湖市	900.4	3 809.726 3	1 271.387 3
金山区	892.2	4 342.632 9	2 858.117 9
湖州市区	690.6	2 263.716 7	1 588.677 7
嘉兴市区	840.9	3 527.028 9	3 035.983 5
嘉善县	750.9	2 984.526 6	1 718.822 5
松江区	878.6	8 839.574 7	3 701.704
吴江市	721.3	4 581.884 7	1 263.952 4
青浦区	680.9	5 348.316 8	2 122.146 1

对该地区的洪灾风险进行综合分析，得到该地区的洪灾风险的空间分布图(见图 9.10，彩插 1)。由图可以看出，杭州市区属于高风险区，主要归因于该区人口密集、承载体价值最大；桐乡市、德清县、湖州市区和吴江市沿太湖区域属于较高风险区和中等风险区，这主要是由于上述区域处于杭嘉湖地区致灾降水最丰富区，且河网密布，水面率较大，距离主干河道和太湖较近。

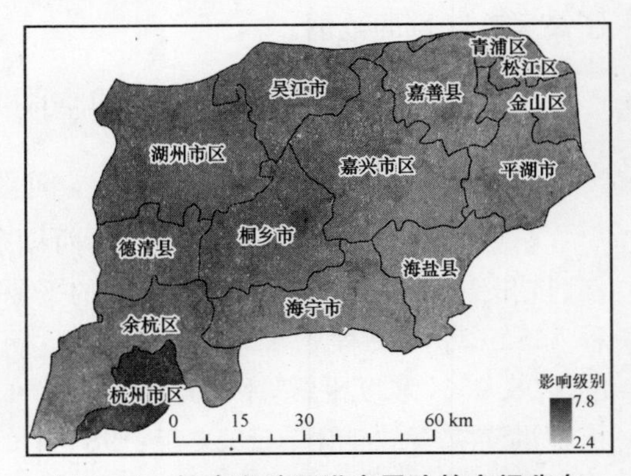

图 9.10 杭嘉湖地区洪灾风险的空间分布

杭嘉湖地区东部各县(市)洪灾风险值相对较小,主要是因为洪灾危险性值和易损性值大小均相对适中。

从城市化水平角度看,特大城市杭州的城市化水平最高,其次为湖州市区、桐乡市、吴江市,其余市县城市化水平则相对较低,结合杭嘉湖地区洪涝风险的分布可以看出,城市化水平越高的地区,洪涝风险也相应较大,反之亦然。这说明,在城市化的影响下,洪涝灾害的综合孕灾环境发生了变化,导致洪涝风险增加。

2) 秦淮河流域洪灾风险的空间差异

秦淮河位于南京城区以南到溧水秋湖山之间,由南而北,贯穿地区中部。其地形四面环山,中间低平,成一完整的山间盆地。四周山地海拔 250～450 m,北为宁镇山地,南为横山和东庐山,西面是牛首山、云台山,东为句容市茅山。山地内侧分布大片黄土岗地,海拔 20～60 m。沿秦淮河两侧是低平的河谷平原,海拔 5～10 m。南京市多年平均降雨量 1 031 mm,自北向南递增。降水量年内分配不均匀,年际变化大。汛期在 5～9 月,平均降雨量为 652.0 mm,占年均降水量的 63%。最大月降水量在 6 月或 7 月。秦淮河流域的涝年一般梅雨期长,梅雨量明显偏多。1949～2007 年共有 24 个涝年,约 2～3 年一遇。这 24 个涝年中,除 1962 年、1965 年、1981 年、1983 年、1989 年、1995 年、1998 年本地梅雨量不大外,其余涝年的梅雨量都明显偏大。在梅雨期中,一般总有集中性强降水时段,一般发生在 6 月下旬～7 月上旬,这段时间是防汛的关键时期,特别要注意防范连续性暴雨和超强度的降水。但有的年份,集中性强降水发生在 7 月中旬以后,这与“二段梅雨”有关。

秦淮河源短流急,上、中游调蓄能力小,洪水上涨快,洪峰次数多;下游汇入长江干流,洪水位受长江洪水顶托影响。河口已建立水利枢纽,水位受人工调度控制。洪水位因河床淤积等原因,在同等暴雨条件下,有抬高的趋势,且高水位出现的概率增加。长江源远流长,流域面积大,支流多,此涨彼落,交叉互补;河槽容蓄量大,下游干流洪水位涨落较缓。南京段的汛期涨水和退水过程往往延续 4～5 个月。由于处于潮区界范围内,洪水常受下游入海口的潮汐影响,最高水位往往出现在上游洪水与下游大潮汛相遭遇的时机。

秦淮河流域从中游前埠村至下游东山再到出水口秦淮新河闸和武定门闸,是城市化的显著地区。通过数据统计和空间分析发现,2006 年,研究区内的不透水面面积有了惊人的增长,高达 37.19%,南京城区的不透水面范围已经延伸到了秦淮新河,基本覆盖了整个南京主城区,并沿着秦淮河干流向中上游扩展,东山附近已完全完成了城市化,并延伸到了前埠村。同时,以人口、GDP 和全社会固定资产投资完成额为代表的社会经济易损性也较大,具体情况如表 9.7。

表 9.7　2006 年秦淮河流域平原区社会经济信息

县市区	人口密度 （人/km²）	GDP 地平均值 （万元/km²）	固定资产地平均值 （万元/km²）
南京主城区	9 239.85	33 515.48	14 907.90
雨花台区	1 539.39	6 538.63	8 603.27
江宁城区	3 353.87	26 447.45	30 343.16
江宁乡镇	349.46	123.09	16.39

对该地区的洪灾风险进行综合分析，得到该地区的洪灾风险的空间分布图（见图 9.11，彩插 3）。空间上，洪灾风险由大到小依次是南京主城区、江宁城区、雨花台区、江宁乡镇区域，与研究区内城市化水平的分布一致。南京主城区、江宁城区由于地势低平，易受到长江洪水顶托，并且下垫面主要为不透水面，对于洪水的调蓄能力差，加上人口密集、经济发达，下垫面的变化对于气象等致灾因素又会产生反馈作用，因此这两个片区易于发生洪灾，且一旦发生洪灾，损失极大。研究区的西南部为牛首山、云台山所在地，东北部为钟山，均为山区，地势较高，城市化水平低，因此发生洪灾的风险较低。江宁乡镇的大部分区域由于城市化水平相对较低，且人口稀疏、经济相对欠发达，因此洪灾风险也相对较小。

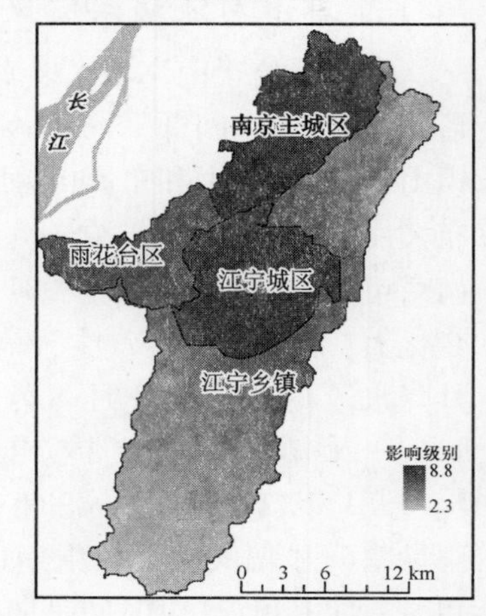

图 9.11　秦淮河平原区洪灾风险的空间分布

3）甬曹浦地区洪灾风险的空间差异

甬曹浦区是浙江省甬江流域、曹娥江流域和浦阳江流域的合并简称。甬江全长 105 km，流域面积 4 518 km²。甬江干流指从姚江、奉化江汇合于宁波市区的三江口至镇海大、小游山出口段，全长 26 km，流域面积 361 km²。姚江全长105 km，流域面积 1 934 km²。奉化江干流长 98 km，流域面积2 223 km²。曹娥江干流从源头至新三江闸，全长 182.4 km，流域面积 5 930.9 km²。章镇以下为感潮河段，上浦建闸后，潮水始止于上浦闸下。曹娥以下至三江口属平原河口段，河宽达 1 km 以上，因受潮汐影响，河床冲淤不稳，东有百沥海塘、西有绍萧海塘卫护。流域内有耕地 89 万亩，其中水田 73 万亩，旱地 16 万亩，居住人口约 153 万。浦阳江干流长 149.7 km，集水面积 3 451.5 km²，多年平均年径流量 24.6 亿 m³。上游河宽 22～75 m，下游河宽 80～120 m，主要支流有大陈江、开化江、枫桥江等。上游建有安华、青山、石壁等中小水库 1 037 座，总库容 3.1 亿 m³；中游建有高湖分洪闸；下游截弯取直，开挖新河，灌溉面积 23 万亩。近 50 年来，发生较大梅雨洪水造成严重洪涝灾害的年份有1973年、1990年、2000年等。

甬曹浦地区为典型的平原河网地区，河网密布，湖荡连片。区域地形起伏，中部偏西、偏东两侧为区域高程较大处，最大高程为1 174.15 m。

不透水面集中在城镇用地区域，以宁波市区、慈溪市、余姚市、绍兴市区、杭州市萧山区等地为最大，区域北部有较大的不透水面区域，从而增大了河道的行洪压力，使本区洪灾风险值迅速增大，具体情况见表9.8。

表9.8 2006年甬曹浦地区各县市区社会经济信息

县市区	人口密度（人/km²）	GDP地平均值（万元/km²）	固定资产地平均值（万元/km²）
萧山区	889.069	5 249.4	2 017.28
慈溪市	1 250.44	5 514.59	1 977.32
余姚市	641.157	2 783.07	1 070.44
富阳市	377.52	1 415.64	681.519
上虞市	713.273	2 432.33	985.152
绍兴县	558.568	3 567.43	1 523.72
宁波市区	2 429.82	17 991.9	11 585.8
绍兴市区	6 689.94	30 828.2	19 113.3
诸暨市	485.921	1 735.01	758.761
鄞州区	630.794	3 422.5	1 767.51
嵊州市	445.113	993.179	422.333
奉化市	421.75	1 288.25	356.267
新昌县	380.777	1 173.03	401.704

从洪涝灾害综合风险分布图（见图9.12，彩插2）可以看出，洪灾风险最大的区域为宁波市区和绍兴市区，两者均属于区域内经济最发达、城市化水平最高的区域，其次为杭州市萧山区和诸暨市。洪灾综合风险的分布大体上以宁波市区和绍兴市区为中心向外辐射递减。甬曹浦地区洪灾风险的区域内差异也较好地反映了城市化水平较高地区洪涝风险较高的特征，反映了城市化影响下洪涝孕灾环境综合变化的洪涝效应。

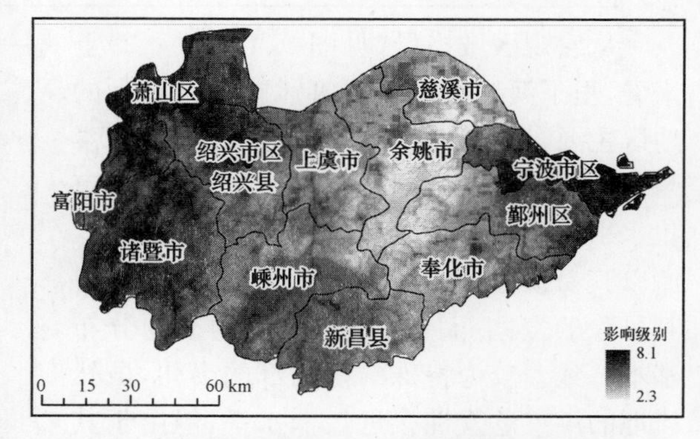

图9.12 甬曹浦地区洪灾风险的空间分布

4）里下河地区洪灾风险的空间差异

里下河地区是淮河下游的重点防洪保护区。本次研究的研究区西起京杭大运河，东至通榆河，运河堤西为淮河入江水道的高邮湖、邵伯湖；南以扬州至南通的328国道及如泰运河为界，与苏北沿江地区相邻。

本区为典型的水网圩区，地形四周高，中间低，呈碟形，有溱潼、兴化、建湖三大洼地。区内河网密布，湖荡连片，圩子成群。本区历史上曾为淮洪放水入海的通道，即淮河洪水时开坝放水，经该地区漫流入海；在淮河大水年，河堤溃决，里下河地区更是一片汪洋。

本次研究的范围主要包括里下河腹部地区的扬州、泰州和海安的部分，总面积6 827.2 km²。该地区的城市化水平较低，不透水面密度较小，2006年总人口454.4万人，国内生产总值722.7亿元，全社会固定资产投资完成额168.2亿元。具体情况如表9.9。

表9.9　2006年里下河地区各县市区社会经济信息

县市区	人口密度（人/km²）	GDP地平均值（万元/km²）	固定资产地平均值（万元/km²）
海安县	857.7	1 601.263 5	548.411 6
宝应县	633.4	794.113 6	201.583 2
高邮市	421.7	630.581	133.880 7
江都区	803.4	1 730.827 1	384.675 9
泰州市区	1 445.9	6 600.427 6	2 982.399
兴化市	866.7	745.128 8	93.586 9
姜堰市	866.7	1 554.393 2	373.670 7

从宏观区域格局（见图9.13，彩插2）上来看，里下河地区洪涝灾害风险程度较大的地区主要分布在中北部的兴化和南部的泰州。由此可以看出，由于里下河地区的城市化水平较低，人口和经济的集中程度不高，所以其易损性的空间差异性较弱，从而使得其风险的空间布局与其危险性的空间分布基本一致。较为特殊的是南部的泰州，虽然该地的洪灾危险性接近最低水平，但由于其人口和产业的分布较为密集，且与区域内其他地区的差距较大，从而使得该地的洪灾风险接近该地区的最高值，表现为低危险高风

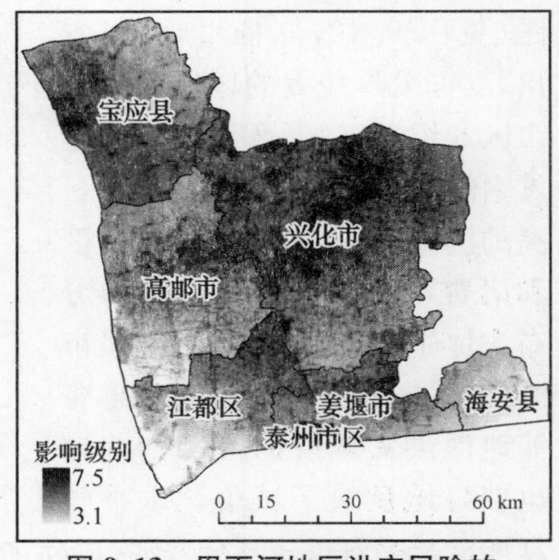

图9.13　里下河地区洪灾风险的空间分布

险的特点，由此说明了城市化发展带来潜在风险的增加。

9.2 洪灾风险变化的空间差异

伴随着城市化的快速发展，区域的水系不断萎缩，以建设用地为代表的不透水面面积迅速扩张，致使区域洪灾危险性程度不断加大；同时由于社会经济的不断发展，以人口、GDP和固定资产为代表的区域社会经济易损性因子呈迅猛增长趋势，共同使区域的洪灾风险级别不断上升，给区域防洪减灾造成了巨大的压力，严重影响了区域城市化及经济发展的可持续性。此外，由于城市化进程及经济发展的区域差异，不同地区的城市化及经济发展快慢不一，一方面对水系及不透水面面积的影响的程度不同，另一方面使得不同城市化地区的洪灾风险的变化呈现出显著的区域差异性。

纵观当前的洪灾风险分析，多数仅仅局限于对洪灾风险空间分布特点及相关成因的探讨，或是仅仅局限于城市化对某些洪灾影响因素影响的分析，缺乏对于人类活动影响下的洪灾风险变化的整体研究，未能充分认识到不同阶段的人类活动对洪灾系统干扰强度的差别，致使城市化的发展缺乏针对性的防洪减灾策略，给城市化的可持续发展造成了一定的威胁。

9.2.1 洪灾风险变化的研究方法与指标体系及其权重

与洪灾风险空间分布的研究方法类似，此处依旧采用模糊综合评判方法来构建描述洪灾风险变化的模糊数学模型，并通过层次分析法，求解各因子指标的影响权重，最终确定研究区的洪灾风险变化。选取1991年、2001年、2006年三个我国城市化不同发展阶段的典型代表年份，将其分为1991年到2001年与2001年到2006年两个发展阶段，通过每个阶段中洪灾风险变化的空间差异性及同一地区在两个发展阶段中的洪灾风险变化差异来研究城市化下洪灾风险的变化规律。

由于洪灾风险的空间分布中的洪灾风险级别表示的是同一时期内不同地区之间的洪灾风险的差异性，因此这种方法下得出的同一地区不同时期的洪灾风险值不具有可比性。此处尝试用影响洪灾风险的各因子在不同时期的变化量来表征其对洪灾风险变化的影响，并通过层次分析法确定各因子变化量指标的影响权重，通过GIS的空间叠加功能，求得最终的洪灾风险变化。通过不同地区的洪灾风险变化的区域差异性，反应不同城市化水平下洪灾风险变化规律。

受城市化的影响，影响洪灾风险的各个因子均有所变化，然而不同因子受城市化的影响程度不同，其对洪灾风险变化的影响程度也不同，因此，在一定时期内，并非所有影响洪灾风险的因子在城市化过程中的变化量都能显著地影响洪灾风险的变化。基于城市化对洪灾风险因子的影响程度以及洪灾风险因子的变化对洪灾风险变化的影响程度两个方面，选取水系与不透水面的变化量两个指标来表征洪灾危险性变化，选取人口、GDP与固定资产投资完成额的变化量3个指标来表征洪灾易损性变化。

1）水系的变化

城市化对区域水系的影响主要表现为中小水系的不断萎缩，甚至消失，水系结构不断趋向简单化。对于同一地区而言，水域面积越大，水系对当地洪水的调蓄能力越强，而当水域面积减小时，其调蓄洪水的能力也随之下降，从而使得当地的洪灾危险性加大。受影响最大的是原有水域转为耕地或建设用地的区域，即被人类围垦或填埋的地区，从区域宏观上来看，也就是水面率减小的区域。因此，水系变化对洪灾风险变化的影响可以用水面率的变化量来表征，即水面率减小的地方，洪灾风险变大；水面率减小量越大，洪灾风险增加越多。

2）不透水面的变化

城市化导致下垫面变化的另一个重要方面就是不透水面的大量增加。伴随着城市化的不断发展，区域的农业用地或水域大量转变为建设用地，改变了天然的下渗径流模式，大大增加了区域的径流系数，使得洪峰时间提前，洪峰流量加大，且退水减慢。因此，不透水面增加越多的地方，洪灾风险增加越大。

3）社会经济承载体因子的变化

人口、GDP与固定资产等社会经济承载体因子受城市化的影响最为显著。随着城市化的发展，人口不断向经济发达的城市地区迁移，使得人口密度迅速增加，也促进了GDP的迅速增长以及固定资产投资的大量增加，致使在发生相同级别的洪水时，易损性增加，洪灾风险加大。

此外，城市化对降水与地形也有较为显著的影响，但是其变化量对洪灾风险变化的影响相对较小。虽然城市化增强了城市的“雨岛效应”，然而增加的这部分降水量对洪灾风险的影响程度远远不及不透水面的迅速扩张及水系萎缩对洪灾风险的影响程度。同时，城市化引起的地形变化往往局限于范围较小的少数地区，其变化量对洪灾风险变化的影响也相对较小。因此本章主要考虑水系、不透水面、人口、GDP与固定资产等对洪灾风险的影响，其指标体系如图9.14。

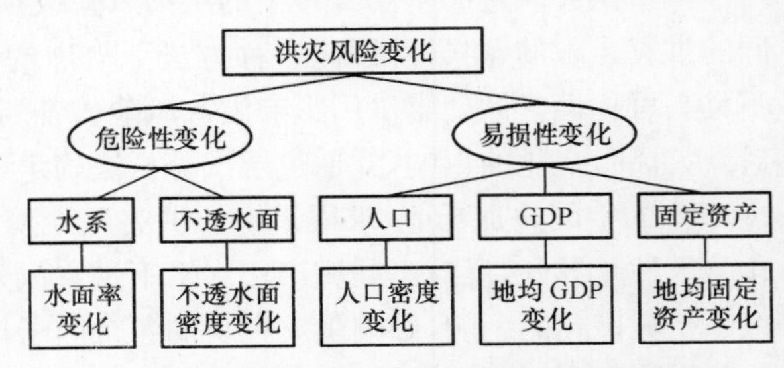

图9.14　苏锡常地区洪灾风险变化评价指标体系

由层次分析法对上述指标的影响权重进行计算，可得水面率的变化量与不透水面密度的变化量对洪灾危险性变化的影响权重分别为0.450和0.545；人口密度变化量、地平均GDP变化量以及地平均固定资产变化量对洪灾易损性变化的影响权重分别为0.599、0.220和0.181；而洪灾危险性变化与洪灾易损性变化对洪灾风险变化的影响权重分别为0.69和0.31。

9.2.2 苏锡常地区洪灾风险变化的空间差异

苏锡常地区作为我国城市化发展最快的发达地区之一，"人水争地"现象突出，河网湖泊呈现不断萎缩的趋势，而伴随着水域与耕地向建设用地的大规模转变，区域的不透水面扩张迅速，使得该地区的洪灾危险性程度不断加大，同时人口、GDP、固定资产的迅速增长使得该地区的洪灾易损性增长更加迅速。两者的综合作用使该地区成为城市化导致洪灾风险变化的典型区域。因此，本章以苏锡常地区为例，在洪灾风险空间分布研究的基础上，通过对苏锡常地区不同时期的洪灾风险影响因素的变化及其对洪灾风险影响的分析，探讨城市化影响下的洪灾风险变化的空间差异性及其成因，以期为苏锡常地区城市化进一步发展过程中的防洪减灾规划与决策提供相关基础性依据。

1）水系变化对洪灾危险性的影响

基于1991年、2001年、2006年三期遥感影像资料的水系分布图，按照前述水面率的计算方法，求得每一年的水面率的空间分布图，通过Arcgis的栅格计算器功能，分别求得1991年到2001年水面率减少的空间分布图与2001年到2006年水面率减少的空间分布图。按照水面率减少越多的地方，其洪灾危险性增加越大的原则，根据公式(9.1)分别对两者进行标准化，得到两个发展阶段中，水系变化对洪灾危险性变化的影响(见图9.15)。

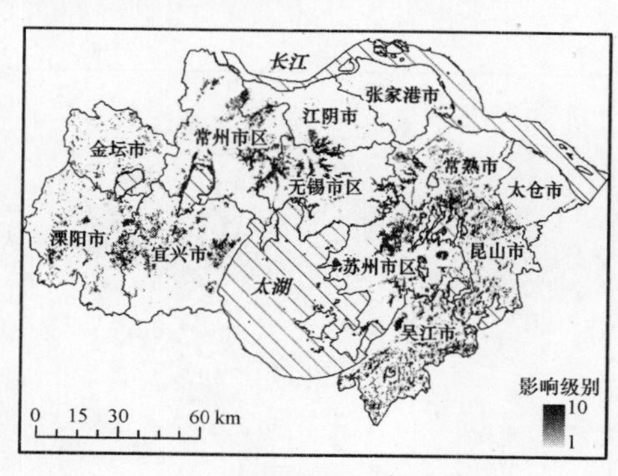

(a) 1991~2001年

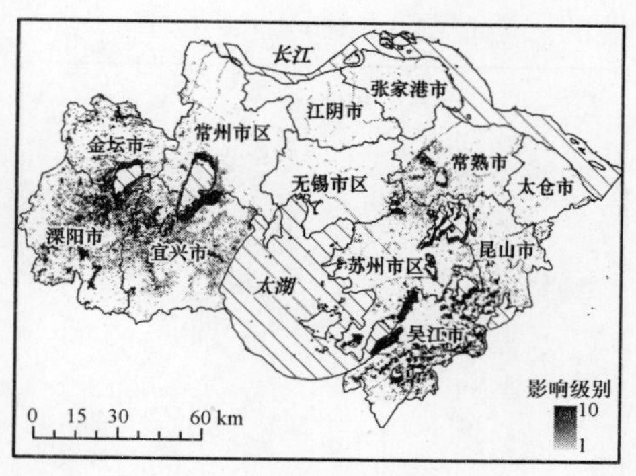

(b) 2001~2006年

图9.15 水系变化引起的洪灾危险性变化

在1991年到2001年期间，由图9.15(a)可以看出，太湖以东的东部地区、太湖以北的中部地区以及太湖以西的西部地区的水系均有不同程度的萎缩，导致其危险性呈现不同程度的增加；其中以东部的苏州市区和中部的无锡市区与常州市区的变化最为显著，而这些地区均是这一阶段中城市化发展最为迅速的中心地带，城市化发展对水系的侵吞现象明显。此外，东部的常熟、昆山、吴江等地与中部的江阴等地也有较为显著的增加。相比之下，西部的宜兴、溧阳、金坛等地变化相对较小，以金坛的变化为最小，这与其城市化发展相对滞后有关。

在2001年到2006年期间，由图9.15(b)可以看出，水系变化导致的洪灾危险性变化显著的地区呈现东西两侧多、中间少的特点。东部地区主要以水域面积广阔的吴江地区为主，西部地区主要分布在长荡湖与滆湖附近地带，而中部地区则变化微弱。综合来看，这一阶段的变化主要以苏州、无锡、常州等中心城市以外的低城市化水平地区为主。由此可以看出，中心城市地区的城市化在第一阶段中已经显著地影响了当地的水系变化，使其危险性增加迅速；而在第二个阶段中，由于受影响较大的是小水域，因此城市化对水系变化的影响很小。吴江等地则与其相反，在第一个阶段中，由于城市化发展相对滞后，水系变化对洪灾危险性变化的影响不明显；而在第二阶段中，由于这些地区城市化发展进程的加快，“人水争地”矛盾开始显现，致使水系变化引起的洪灾危险性变化显著。这也说明了城市化发展在从中心城市向周边地区不断扩张过程中引起的水系变化对洪灾危险性变化的影响。伴随着城市化的进一步发展，由于水系萎缩而导致的洪灾危险性加大的现象将进一步向农村地区扩展。

2）不透水面变化对洪灾危险性的影响

基于1991年、2001年、2006年三期遥感影像资料的不透水面分布图，按照上述水系变化导致洪灾危险性变化的分析方法，分别求得1991年到2001年不透水面面积增加对洪灾危险性的影响与2001年到2006年不透水面面积增加对洪灾危险性的影响（见图9.16）。

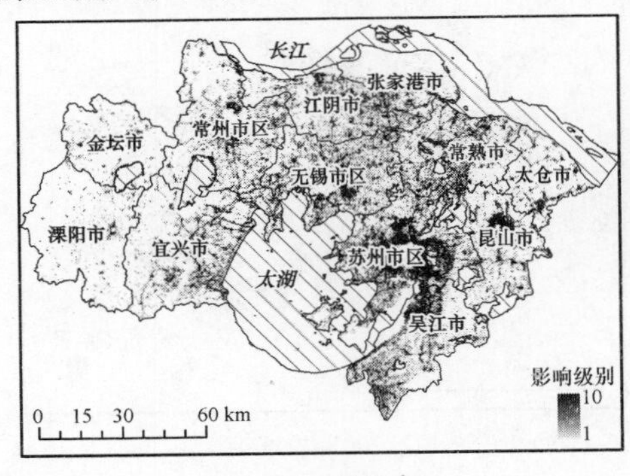

(a) 1991~2001年

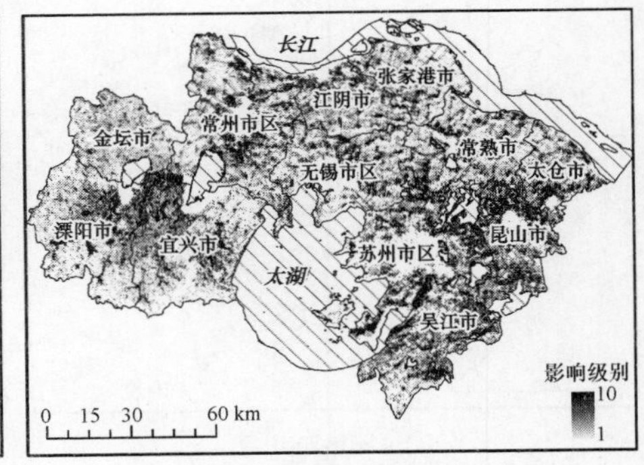

(b) 2001~2006年

图9.16　不透水面变化引起的危险性变化

在1991年到2001年期间，城市化引起的不透水面变化对洪灾危险性变化的影响在局部地区比较明显，其中以东部的苏州市区、昆山、吴江一带最为突出；其次是中部的无锡市区，东部和中部的其他地区也有所变化，但变化程度均不太大；而西部地区，除宜兴地区略有增加外，其他地区几乎没有变化，呈现出整体偏低的特点，这主要是由于这一阶段的城市化发展相对缓慢，不透水面的扩张发生在较为发达的主要中心城市的周边地区，呈现出局部的零星增长特点。因此，这一阶段不透水面变化对洪灾危险性变化的影响相对较小。

在2001年到2006年期间，苏锡常地区进入城市化全面快速发展时期，使得整个地区不透水面面积呈现普遍增加的趋势，在第一阶段的基础上，由中心城市向外全面扩张，由此引起了洪灾危险性的全区性增加态势。与第一阶段对比来看，西部的宜兴、溧阳等地的增加更为显著。其主要是因为不同于城市化水平较高、城市化发展较快的东部和中部地区，西部地区的城市化发展的起点较低、发展较晚，因此其不透水面变化引起的洪灾危险性变化直到2001年后才随着城市化的加快而呈现出快速的增大。

3）洪灾危险性变化的综合分析

根据前面计算的水系变化与不透水面变化对洪灾危险性变化的影响权重，将上述两个发展阶段的水系与不透水面变化引起的洪灾危险性变化进行加权叠加，可得苏锡常地区两个阶段的综合洪灾危险性变化（见图9.17）。

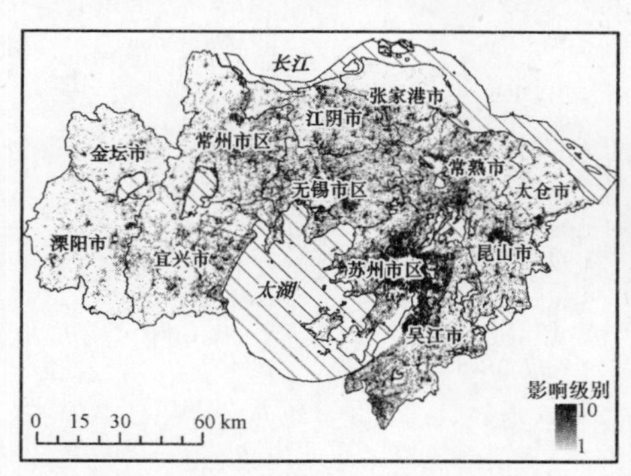

(a) 1991~2001年

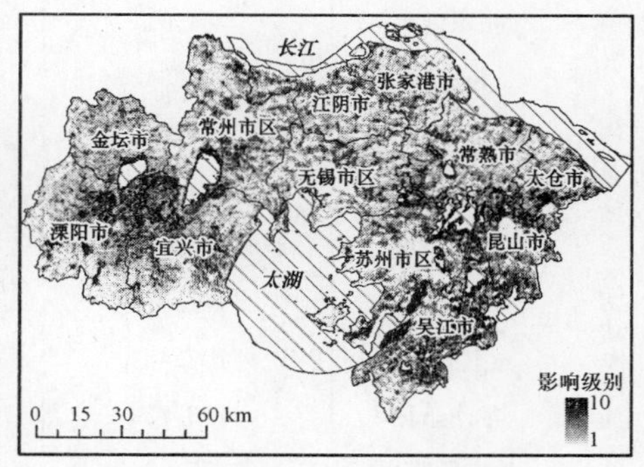

(b) 2001~2006年

图9.17　综合危险性变化

从综合危险性变化可以看出，两个阶段中，危险性变化均呈现出东大西小的特点。也就是说，苏州、无锡、常州等市区虽然降水量相对较少，但由于城市化水平较高，水系及不透水面变化所引起的洪灾危险性水平较高，且伴随着城市化的快速发展，洪灾危险性呈迅速增加的趋势。这一现象在西部的宜兴、溧阳等地表现得更为突出。相对于城市化发展较慢的第一阶段而言，宜兴和溧阳的洪灾危险性在城市化快速发展的第二个阶段中增加更为明显。由此可见,城市化的快速发展所导致的危险性变化不容忽视。

4）洪灾易损性变化的空间差异

相对于对水系与不透水面的影响而言,城市化对社会经济发展的影响更为显著,由此引起的社会经济易损性变化更为突出。随着社会经济的发展,人口有一定程度的增长,GDP 和固定资产投入有较快的增长,而城市化的发展促进了这个过程,并导致了三者的空间分布的变化,其中以人口由乡村向城市的迁移、GDP 增长的城乡差异以及固定资产投资向城市倾斜为主要标志。不同城市化发展阶段,城市化引起的人口、GDP、固定资产的变化对洪灾易损性变化的影响不同。

基于 1991 年、2001 年、2006 年的县级行政单位的人口、GDP 与固定资产投资等社会经济数据,以 2006 年的行政区划为基准,将发生合并的行政区的 1991 年与 2001 年的社会经济数据合并,得到 3 年的社会经济数据(见表 9.10～表 9.12)。

表 9.10　1991 年苏锡常地区各地的社会经济统计数据

行政区	年末总人口（万人）	国内生产总值（万元）	固定资产投资（万元）
苏州市区	198.11	891 153	109 745
常熟市	103.67	420 021	19 392
张家港市	84.01	320 010	29 094
昆山市	56.84	244 199	22 529
吴江市	76.88	277 742	24 792
太仓市	44.76	197 863	11 541
无锡市区	202.23	1 148 384	137 816
江阴市	111.51	434 778	17 958
宜兴市	107.48	265 008	16 407
常州市区	196.73	783 959	72 019
溧阳市	75.99	131 673	10 772
金坛市	54.15	106 119	4 153

注:①本年的国内生产总值以国民生产总值来计算,由于当时的外资企业等较少,国民生产总值与国内生产总值差距较小。

②表中的苏州市区包括 1991 年的苏州市区及吴县;表中的无锡市区包括 1991 的无锡市区与无锡县;表中的常州市区包括 1991 年的常州市区与武进县。

表 9.11 2001 年苏锡常地区各地的社会经济统计数据

行政区	年末总人口（万人）	国内生产总值（万元）	固定资产投资（万元）
苏州市区	209.46	5 582 800	2 434 800
常熟市	103.76	3 030 000	704 000
张家港市	85.36	3 068 400	685 000
昆山市	60.03	2 308 100	683 500
吴江市	77.03	2 033 700	703 400
太仓市	44.89	1 579 800	437 800
无锡市区	213.07	7 951 300	2 769 800
江阴市	115.39	3 650 400	810 200
宜兴市	107.44	1 999 300	470 100
常州市区	208.54	5 090 000	1 509 700
溧阳市	78.59	911 000	216 200
金坛市	54.39	728 000	181 000

注：表中的常州市区包括 2001 年常州市区与武进市。

表 9.12 2006 年苏锡常地区各地的社会经济统计数据

行政区	年末总人口（万人）	国内生产总值（万元）	固定资产投资（万元）
苏州市区	230.148	13 699 100	7 299 848
常熟市	105.482 5	8 092 900	1 272 633
张家港市	88.780 4	8 416 200	1 201 894
昆山市	66.680 9	9 320 100	2 648 259
吴江市	78.843 8	5 008 000	1 059 563
太仓市	46.144 1	3 666 300	1 377 558
无锡市区	232.3	18 923 900	6 261 288
江阴市	119.45	9 801 700	1 294 812
宜兴市	106.05	4 280 300	525 105
常州市区	222.48	11 698 300	3 116 446
溧阳市	77.32	2 176 300	347 970
金坛市	54.87	1 820 000	355 007

根据上述社会经济数据以及通过遥感影像资料求得的 2006 年的苏锡常地区的陆地面积（除长江、太湖以及其他主要湖泊等水域以外的面积），计算出三个时期不同地区单位面积内的社会经济数据（见表 9.13～表 9.15）。

表 9.13 1991 年苏锡常地区各地的单位面积的社会经济信息

行政区	人口密度（人/km²）	GDP 地平均值（万元/km²）	固定资产地平均值（万元/km²）
苏州市区	1 201	540.220 7	66.527 9
常熟市	917.4	371.680 3	17.160 2
张家港市	1 047.3	398.944 8	36.270 4
昆山市	643.8	276.591 5	25.517 4
吴江市	647.3	233.838	20.873
太仓市	673.4	297.688 8	17.363 7
无锡市区	1 578	896.089 9	107.538 5
江阴市	1 190.6	464.219 2	19.174
宜兴市	628.7	155.014 8	9.597 2
常州市区	1 160.4	462.425 4	42.481 1
溧阳市	497.5	86.205 08	7.052 3
金坛市	591.2	115.854	4.534

表 9.14 2001 年苏锡常地区各地的单位面积的社会经济信息

行政区	人口密度（人/km²）	GDP 地平均值（万元/km²）	固定资产地平均值（万元/km²）
苏州市区	1 269.8	3 384.317 1	1 475.986 1
常熟市	918.2	2 681.273 6	622.975 8
张家港市	1 064.2	3 825.262 6	853.964 6
昆山市	679.9	2 614.264 3	774.164 8
吴江市	648.5	1 712.223 2	592.210 2
太仓市	675.4	2 376.84	658.678 7
无锡市区	1 662.6	6 204.44	2 161.289 1
江阴市	1 232	3 897.589	865.063 2
宜兴市	628.5	1 169.478 1	274.982 1
常州市区	1 230.1	3 002.383	890.510 3
溧阳市	514.5	596.423 2	141.544 1
金坛市	593.8	794.784 1	197.604 3

表 9.15　2006 年苏锡常地区各地的单位面积的社会经济信息

行政区	人口密度（人/km²）	GDP 地平均值（万元/km²）	固定资产地平均值（万元/km²）
苏州市区	1 395.2	8 304.452 8	4 425.198 9
常熟市	933.4	7 161.478 2	1 126.164 1
张家港市	1 106.8	10 492.170 3	1 498.357 5
昆山市	755.3	10 556.390 6	2 999.544 7
吴江市	663.8	4 216.361 3	892.072 8
太仓市	694.2	5 516.020 1	2 072.563
无锡市区	1 812.6	14 766.415 7	4 885.715
江阴市	1 275.4	10 465.427 9	1 382.491
宜兴市	620.3	2 503.734 9	307.156 9
常州市区	1 312.3	6 900.349 2	1 838.264 2
溧阳市	506.2	1 424.803 2	227.812 7
金坛市	599	1 986.960 3	387.574 1

基于三个时期不同地区单位面积内的社会经济数据，在 ArcGIS 中，首先根据关键字（各行政区的名字），利用 Join 功能，将评价指标统计值与其行政区划图层的属性表相连接；然后分别根据人口密度、GDP 地平均值、固定资产地平均值导出三个时期内各因子空间分布的栅格图；最后通过栅格计算器功能分别计算出 1991 年到 2001 年间与 2001 年到 2006 年间的人口密度变化、GDP 地平均值变化、固定资产地平均值变化的空间分布图。根据公式(9.1)分别对图层进行标准化处理，得到两个发展阶段的人口密度变化对洪灾易损性变化的影响、地均 GDP 变化对洪灾易损性变化的影响、地均固定资产对洪灾易损性变化的影响。

1）人口变化对洪灾易损性的影响

从人口变化对洪灾易损性变化的影响（见图 9.18）可以看出，两个阶段的人口易损性变化的空间分布基本一致，变化最快的均为无锡市区，其次是苏州市区与常州市区，呈现明显的带状分布，一直延伸至昆山，整体上与京沪铁路的走向一致。由此可以看出，在苏锡常地区的人口城市化及其对洪灾易损性的影响变化过程中，交通条件的区域差异具有较大影响。

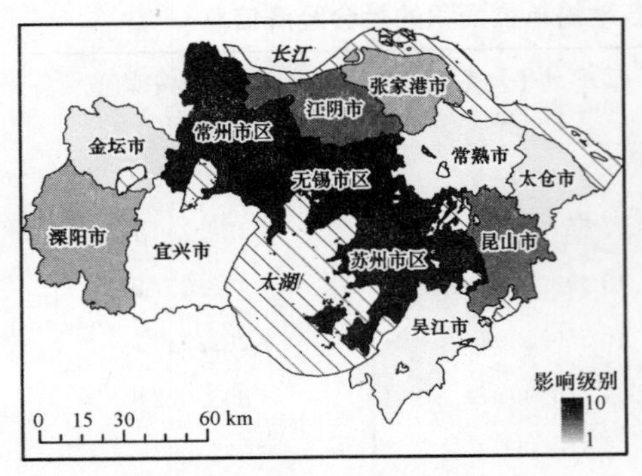

(a) 1991~2001 年

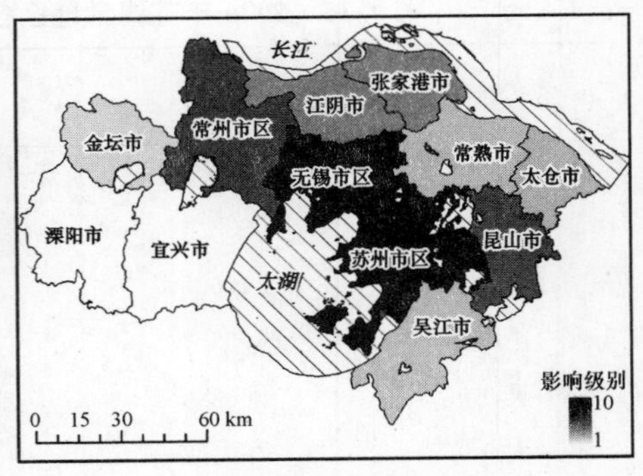

(b) 2001~2006 年

图 9.18 人口变化引起的洪灾易损性变化

2）GDP 变化对洪灾易损性的影响

从 GDP 变化对洪灾易损性变化的影响(见图 9.19)来看,两个阶段具有较好的一致性,最大值均位于无锡市区。不同的是,在第一阶段中,江阴和张家港的 GDP 变化引起的洪灾易损性变化较大,仅次于无锡市区,甚至远高于苏州市区和常州市区,这与其发达的乡镇企业关系密切;在第二阶段中,虽然江阴和张家港的 GDP 变化引起的洪灾易损性变化仍然很大,但昆山的 GDP 增长导致的洪灾易损性增加更为显著,位居苏锡常地区的第二位,这与其在 2001 年后的快速城市化进程中充分利用邻近上海的区位优势有很大关系。

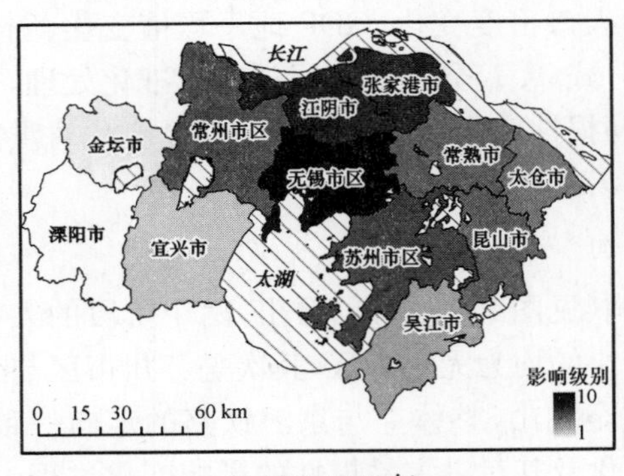

(a) 1991~2001 年

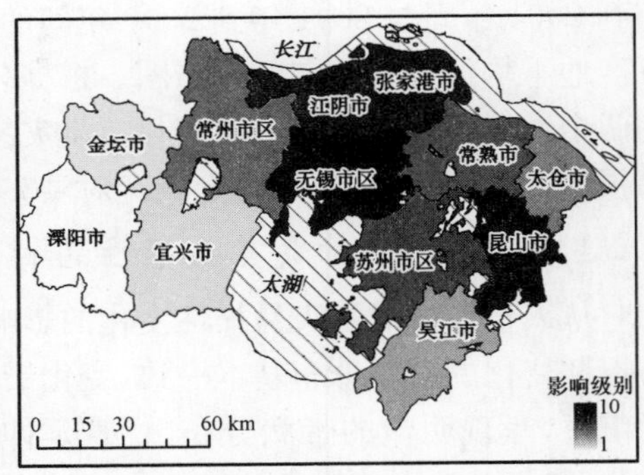

(b) 2001~2006 年

图 9.19 GDP 变化引起的洪灾易损性变化

3）固定资产变化对洪灾易损性的影响

从固定资产投资变化对洪灾易损性变化的影响(见图 9.20)来看,两个阶段中,苏锡常地区的固定资产投资变化引起的洪灾易损性变化均呈增长趋势,其变化情况与 GDP 变化引起洪灾易损性变化基本一致,即 GDP 增长越快的地区,其固定资产投资的增长也相对较快，从而使得洪灾易损性也呈较快增长趋势。但其增长速度具有较明显的时空差异性。在第一阶段中，固定资产易损性增加最快的地区是无锡市区，其次是苏州市区，常州市区、江阴、张家港等地也相对较快，这与其GDP增长引起的洪灾易损性增加的空间分布有较高的一致性；在第二阶段中，无锡市区和昆山的固定资产投资变化引起的洪灾易损性增加很快，但却低于苏州市区。虽然江阴与张家港的GDP增长引起的洪灾易损性增加明显，但其固定资产投资变化引起的易损性增加得反而较小。由此可以看出，固定资产投资的变化对洪灾易损性的影响不同于GDP变化对洪灾易损性的影响，前者明显地受行政干预的影响，即市区的固定资产投资明显多于其他地区。

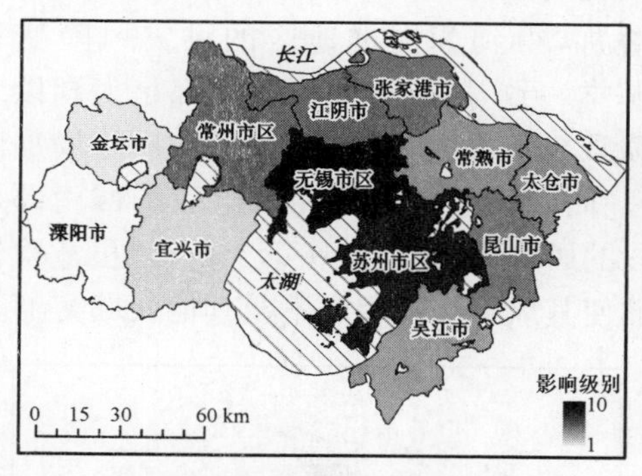

(a) 1991~2001 年

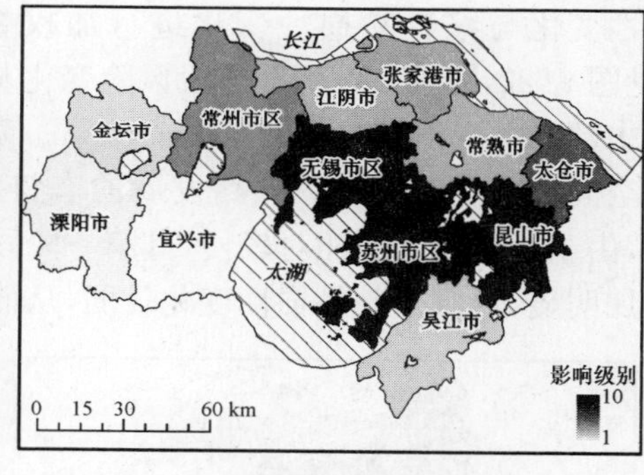

(b) 2001~2006 年

图 9.20 固定资产变化引起的洪灾易损性变化

4）洪灾易损性变化的综合分析

根据各影响因子变化对洪灾易损性变化的影响权重，将上述两个阶段的人口、GDP、固定资产投资变化引起的洪灾易损性变化分别加权叠加，得到苏锡常地区在两个城市化阶段中的综合易损性变化（见图 9.21）。

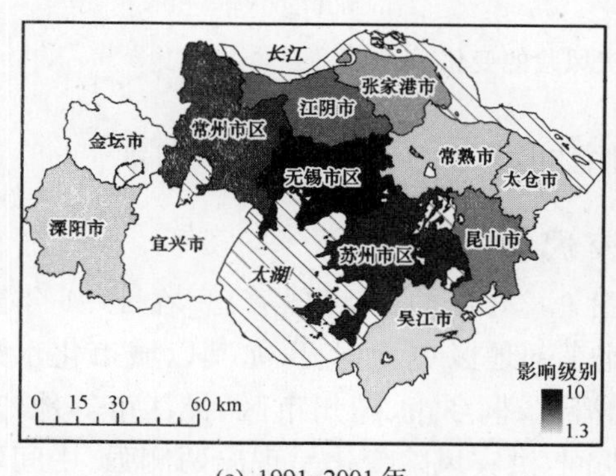

(a) 1991~2001 年

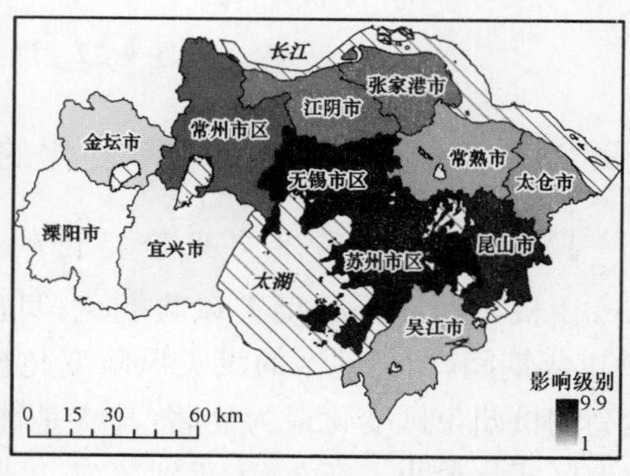

(b) 2001~2006 年

图 9.21 综合易损性的变化

从综合易损性的变化可以看出，在第一阶段中，社会经济因子变化引起的洪灾易损性增加的区域主要分布在较大的中心城市区域，以无锡市区变化最大，其次是苏州市区与常州市区，江阴、昆山、张家港等地因为乡镇企业发展较快，其洪灾易损性变化也较为显著；在第二阶段中，无锡市区依旧是苏锡常地区洪灾易损性变化最大的区域，其次是苏州市区。与第一阶段不同的是，常州市区的洪灾易损性虽仍有所增加，但其增加的趋势不如靠近上海的昆山；此外，江阴、张家港等地洪灾易损性也有较为明显的增加。

5）洪灾风险变化的空间差异

根据洪灾危险性变化与洪灾易损性变化对洪灾风险变化影响权重，将综合危险性变化与综合易损性变化进行加权叠加，得到苏锡常地区的洪灾风险变化(见图 9.22，彩插 1)。两个阶段风险变化基本一致，风险增加明显的都是太湖以北的中部和太湖以东的东部地区。从第一阶段到第二阶段的变化来看，风险增加区的空间分布呈现沿京沪铁路发展的态势。而社会经济发展相对落后的西南部地区，由于城市化发展相对较慢，其第一阶段的风险增加甚微；在第二阶段，虽危险性增加明显，但由于其易损性变化较弱，从而使其风险增加程度不及其他区域突出。

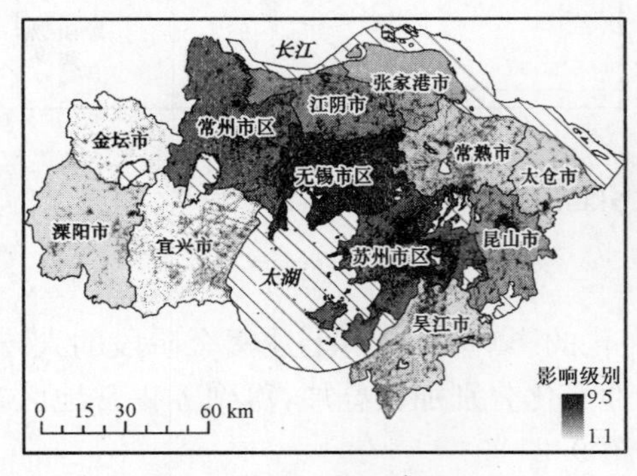

(a) 1991~2001 年

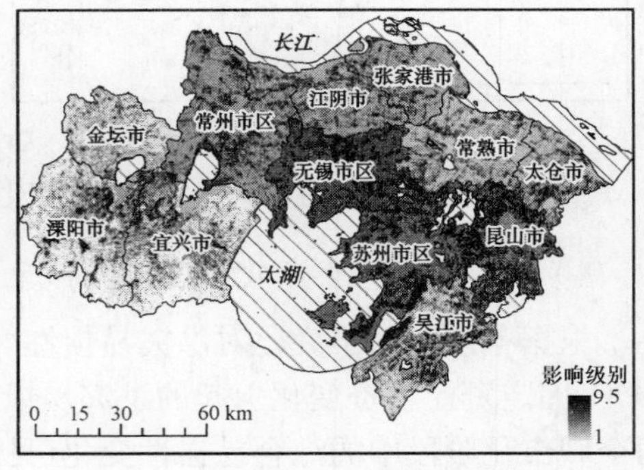

(b) 2001~2006 年

图 9.22 洪灾风险的变化

9.2.3 其他地区洪灾风险变化的空间差异

1）杭嘉湖地区洪灾风险变化的空间差异

由杭嘉湖地区的洪灾风险变化(见图 9.23，彩插 1)可以看出，在 1991 年到 2001 年期间，西部地区的洪灾风险变化比东部地区更为明显，尤其以城市化水平最高的杭州市区变化最为显著，其次是德清县、桐乡市、湖州市区、吴江市等地，东部地区变化最小。在 2001 年到 2006 年期间，洪灾风险变化呈现出两侧强、中间弱的特点，以西南部的杭州市区及其周边地区变化最为显著，其次是靠近上海的东北部地区，中间地区变化最小。与前一阶段不同的是，这一时期的洪灾风险变化更多的由城市化发展下的不透水面增加而引起的。

(a) 1991~2001 年

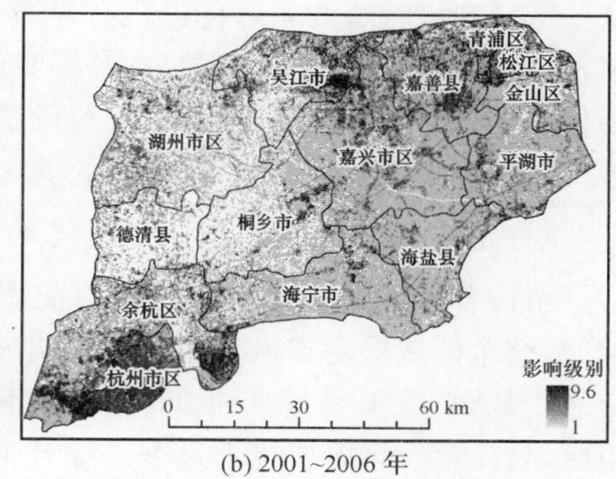

(b) 2001~2006 年

图 9.23　杭嘉湖地区洪灾风险的变化

2）秦淮河流域洪灾风险变化的空间差异

经过 20 年的城市化发展，由于下垫面的变化及气象条件的改变，秦淮河流域下游平原区的前埠村—东山段易遭受洪灾的区域范围明显扩大，并逐渐向秦淮河流域中上游扩展，洪灾风险显著增强。

从秦淮河流域平原区洪灾风险变化的空间分布（见图 9.24，彩插 3）来看，在 1991 年到 2001 年期间，整个流域的洪灾风险变化较弱，其中以江宁城区增长最为明显，呈现从区域中央向四周逐渐减弱的趋势。在 2001 年到 2006 年期间，洪灾风险的增长同样呈现从区域中央向四周逐渐减弱的趋势，不同于前一阶段的是，受城市化进

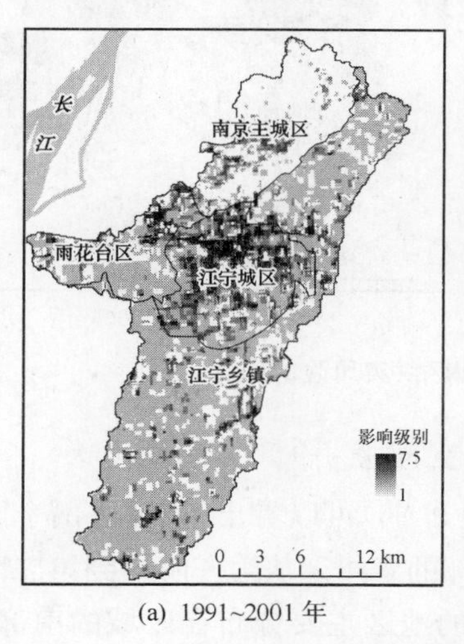

(a) 1991~2001 年

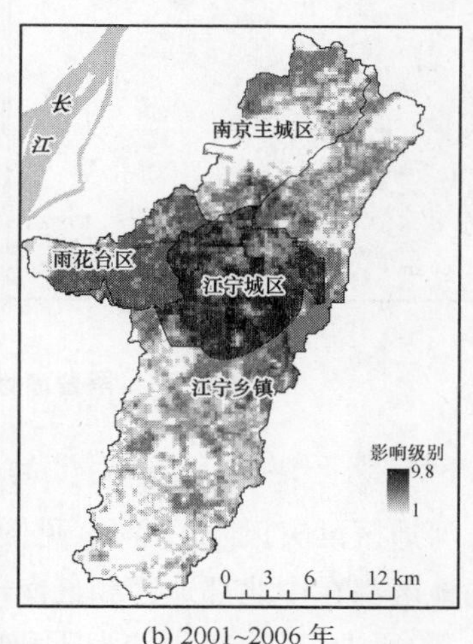

(b) 2001~2006 年

图 9.24　秦淮河平原区洪灾风险的变化

程加快的影响，这一时期的洪灾风险增长较显著。综合来看，两个时期的洪灾风险增长均以江宁城区增长为最大，南京主城区和雨花台区的洪灾风险变化也较大，与这些区域在该时期的城市化进程有显著一致性。其中江宁城区 20 余年来发展迅速，洪灾的综合风险变化也最大，是需要重点防范的区域。南京主城区由于前期城市化水平高于江宁城区，因此洪灾风险变化弱于江宁城区。秦淮新河所在的雨花台区属于城郊结合部，城市化导致的洪灾风险也有显著增加。

3）甬曹浦地区洪灾风险变化的空间差异

由甬曹浦地区的洪灾风险变化（见图 9.25，彩插 2）可见，从 1991 年到 2001 年期间，整个区域的洪灾风险增加均不明显，其中以绍兴市区最为显著，其次是宁波市区。从 2001 年到 2006 年期间，宁波市区的洪灾风险增加最为显著，其次是绍兴市区，且比第一个阶段更为显著。综合来看，两个阶段中，洪灾风险增加最快的都是宁波市区和绍兴市区，均属于城市化进程发展最快的区域，不透水面增加迅速，人口和 GDP 等易损性指标也迅速提高，说明洪灾风险的变化与城市化发展水平的变化有一定的正向关系，城市化进程越快的区域，洪灾风险的变化也越快。甬曹浦地区水网密布、降雨充沛、经济发达、人口众多，自然和社会中的各种因素使得其对洪灾较为敏感。

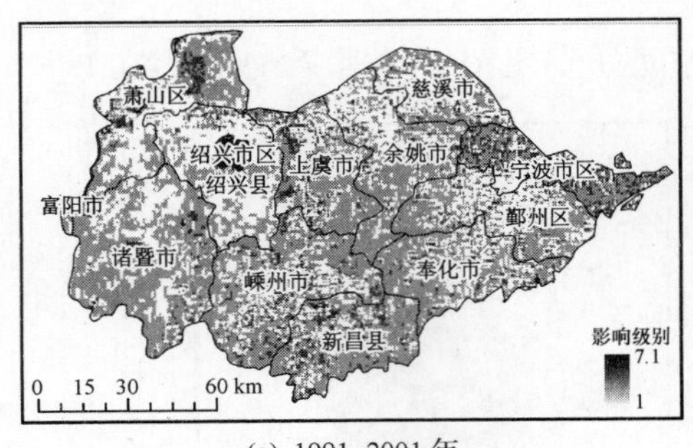

(a) 1991~2001 年

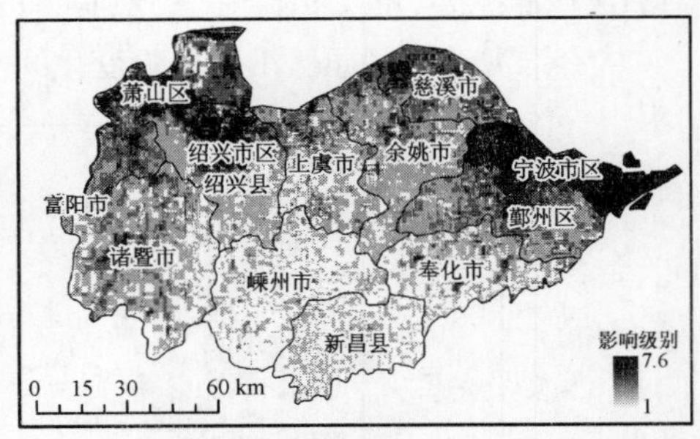

(b) 2001~2006 年

图 9.25　甬曹浦地区洪灾风险的变化

4）里下河地区洪灾风险变化的空间差异

由里下河地区洪灾风险的变化（见图 9.26）可以看出，该地区两个阶段的风险增加明显的地区都在中北部地区和最南部的泰州。从第一阶段到第二阶段的变化来看，在第一阶段中，风险变化较为明显的地区主要分布在区域的南部和北部，中部地区变化微弱；在第二阶段中，中部的兴化、高邮等地的风险变化最大，最南部的泰州的危险性变化虽然不大，但由于其两个阶段的易损性变化都是区域内的最高值，因此其风险变化的幅度一直是全区的最大值。

综上可知，长江三角洲地区不同水利分区流域洪涝风险在区域内部具有较大的差异性，洪涝风险的分布同城市化水平高低存在较好的一致性关系。城市化水平较高、城镇面积比重较大的地区，洪涝灾害风险的程度也较大，说明随着城市化的快速发展，洪涝致灾因子、承灾体的易损性、孕灾环境的脆弱性等的综合效应导致洪涝风险的增加。由此也表明，在城市化进程加速的过程中，城镇面积不断增加，更多的林地、耕地、水域面积转化为城镇建设用地，人类对河流水系的改变也日益强烈，导致水文过程发生变异，洪涝径流量增加，洪峰提高，洪涝风险的威胁也越来越大。快速城镇化过程改变了地表的下垫面特性，形成了不同于自然地表的"城镇第二自然格局"，使得相当比例的透水型下垫面为不透水的硬化表面所覆盖，影响雨水的截留、下渗、蒸发等水文要素以及产汇流过程，进而影响流域的水文情势和产汇流机制，加大了洪涝灾害发生的频率和强度。

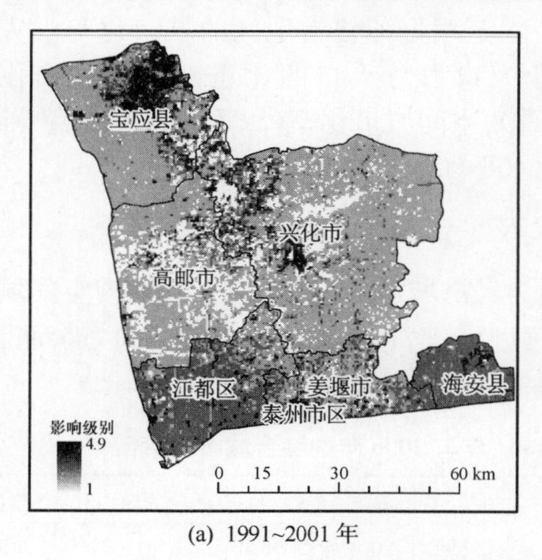

(a) 1991~2001 年

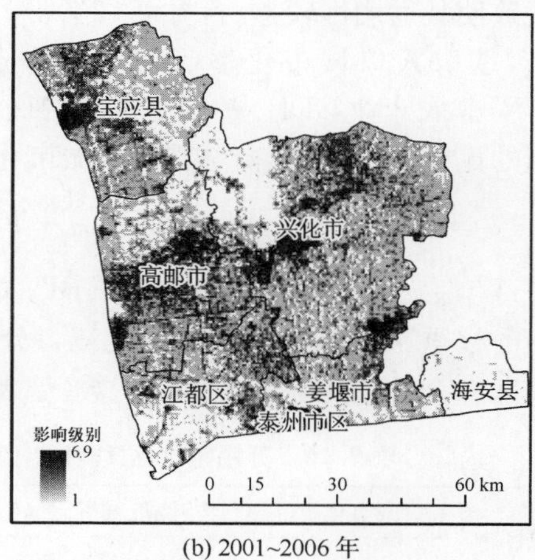

(b) 2001~2006 年

图 9.26　里下河地区洪灾风险的变化

9.3　城市化对洪灾风险的影响

通过前文对洪灾风险的时空变化分析来看，受城市化快速发展的影响，长江三角洲地区的各水利分区的河网水系萎缩，不透水面迅速扩张，人口、经济等承灾体迅速增加，致使各水利分区的洪灾风险随城市化的快速发展而显著增加。然而，城市化对洪灾风险的影响仅仅局限于定性分析，缺乏相关的定量化分析。本节在前述分析的基础上，以苏锡常地区为例，通过城市化水平的综合评价，得出各县市的综合城市化指数；基于 GIS 的空间分析，得出各县市的平均风险指数及平均风险增长指数；通过两者的相关分析，探究城市化对洪灾风险时空变化的影响。

9.3.1 城市化水平的综合分析

当前,我国正处于城市化的快速发展时期,而长江三角洲地区是我国城市化起步较早且城市化水平最高的地区。城市人口占总人口的比重是衡量城市化水平高低的重要指标。该方法简单易行,有一定科学意义,但对城市化发展水平的评价不够全面(鲁井兰,2007),因为其主要关注于城市化过程中的人口结构变化,忽视了城市化背景下的河流水系与不透水面等下垫面变化,而这些却是导致洪灾风险变化的显著影响因子。与单纯的以人口比例来衡量不同,复合指数法选取若干既相互联系又相互独立的指标,通过一定的计量方法,反映城市化水平(林泉,2001;赵喜仓等,2002)。该方法较为全面地反映城市化发展特点,但过多的指标及地区差异性致使其通用性较差(鲁井兰,2007)。本节根据苏锡常地区的城市化与洪灾的特点,选取人口城市化率(*PUR*,非农业人口占总人口的比重)、经济城市化率(*EUR*,非农产业 GDP 占 GDP 总量的比重)、空间城市化率(*SUR*,建设用地占陆地面积的比重)三个指标衡量其综合城市化水平(*CUR*):

$$CUR = PUR \times W_{PUR} + EUR \times W_{EUR} + SUR \times W_{SUR} \tag{9.3}$$

式中:W_{PUR}为人口城市化率的权重;W_{EUR}为经济城市化率的权重;W_{SUR}为空间城市化率的权重,根据 AHP 方法确定三者分别为 0.571 3、0.256 6、0.172 1,进而得到该地区三个时期的综合城市化指数(见表 9.16)。

表 9.16 苏锡常地区 1991 年、2001 年与 2006 年的综合城市化率

行政区	人口城市化率(%)			经济城市化率(%)			空间城市化率(%)			综合城市化率(%)		
	1991 年	2001 年	2006 年	1991 年	2001 年	2006 年	1991 年	2001 年	2006 年	1991 年	2001 年	2006 年
苏州市区	42	55.9	62.9	89.5	95.5	98.5	11.1	34.7	55.5	48.9	62.4	70.7
常熟市	17.9	42.9	51.5	85.7	94.9	97.8	7.3	20.3	38.3	33.5	52.3	61.1
张家港市	11.4	40.8	46.5	84.8	96.6	98.5	13.7	20.5	37.1	30.6	51.6	58.2
昆山市	18.3	49.9	53.2	81.2	95	98.9	3.4	15.5	54.9	31.9	55.6	65.2
吴江市	15.7	28.1	32.5	77	92.9	96.6	2.6	18.5	47.3	29.2	43.1	51.5
太仓市	18.4	39.7	43.4	76.8	90.9	95.7	2.5	8.2	37.2	30.6	47.4	55.7
无锡市区	51.4	59.4	94.1	94.2	97.2	99.1	18.7	30.5	45.8	56.7	64.1	87.1
江阴市	21.3	23.4	39	88	95.8	98.2	17.8	23.1	45.5	37.8	41.9	55.3
宜兴市	19	27.2	60.3	83	91.4	96	5.3	12.2	35.5	33.1	41.1	65.2
常州市区	33.5	49.6	68.6	88.5	95.3	97.6	17.4	21	41.6	44.9	56.4	71.4
溧阳市	14.5	42.4	34.1	71.2	86.1	92.4	2.5	2.8	24.6	27	46.8	47.4
金坛市	10.8	27	42.4	69	85.2	92	1.8	3.3	20.8	24.2	37.8	51.4

9.3.2　城市化与洪灾风险的相关分析

通过GIS的空间分析功能，计算出各行政区内2006年的洪灾风险等级的地平均值以及1991～2001年间和2001～2006年间的洪灾风险变化等级的地平均值(表9.17)。

表9.17　各地2006年的洪灾风险及两个阶段的洪灾风险变化

行政区	洪灾风险	1991～2001年	2001～2006年	行政区	洪灾风险	1991～2001年	2001～2006年
苏州市区	5.4	4.1	4.3	无锡市区	6.3	4.5	4.6
常熟市	3.9	2	2.5	江阴市	4.9	2.8	3.1
张家港市	4.4	2.2	2.9	宜兴市	4.2	1.5	2.3
昆山市	4.3	2.7	4.4	常州市区	5.4	3.2	3.3
吴江市	4.4	2.1	3	溧阳市	3.8	1.5	2.1
太仓市	3.8	1.6	2.8	金坛市	4	1.2	2.1

将2006年的综合城市化率与其洪灾风险等级的地平均值做相关分析，得到其相关系数为0.83，说明两者具有较好的正相关关系，即综合城市化率越高的地区，其洪灾风险等级也相应越高。由此可以看出，苏锡常地区的洪灾风险最高值并不位于降水量最大的西南部地区与地势低洼、水面率较高的东部地区，而是位于城市化水平最高的太湖以北地区，即以城市化水平最高的无锡市区、苏州市区、常州市区的洪灾风险等级最高。洪灾风险的最低值则出现在降水虽多但城市化水平最低的溧阳。由此说明，苏锡常地区的高度城市化极大地改变了洪灾风险空间分布的自然特征，呈现出高洪灾风险与高度城市化相伴而生的特点，因此，城市化发展过程中的防洪压力不容忽视。

将1991～2001年间和2001～2006年间的综合城市化率的变化量与其相应的洪灾风险变化的等级进行相关分析，得到两个发展阶段的相关系数分别为－0.33和0.32。两者在前一阶段中呈较弱的负相关关系，而在后一阶段中呈较弱的正相关关系；将1991～2001年间的洪灾风险变化等级与1991年和2001年的综合城市化率做相关分析，得到其相关系数分别为0.94、0.84，表现出较高的相关性；将2001～2006年间的洪灾风险变化等级与2001年和2006年的综合城市化率做相关分析，得到其相关系数分别为0.81、0.75。总体看来，洪灾风险变化与综合城市化率的相关性远大于其与综合城市化率的变化量之间的相关性。但随着城市化的发展，洪灾风险变化与综合城市化率的变化量之间的相关性由负相关转变为正相关；同时洪灾风险变化与综合城市化率之间的相关性有所下降。

从城市化发展速度与洪灾风险变化的关系来看，在1991～2001年间，苏锡常地区的综合城市化水平整体上还不是很高，且地区间差异较大。虽然无锡、苏州、常州等中心城市的城市化发展速度不如其他低城市化地区明显，但由于其城市化水平明显高于其他地区，因此其人口、经济、土地等的变化量远远大于其他地区，从而致使其洪灾风险变化更为显著，呈现出低城市化速度与高洪灾风险变化的负相关关系。而在2001～2006年间，苏锡常地区的综合城市化水平普遍提高，至2006年，除溧阳外，其他地区的综合城市化率均在50%以上。在综合城市化水平普遍偏高的基础上，城市化发展速度越快的地方，其人口、经济、土地等的变化速度与变化量也相应越大，从而致使其洪灾风险变化更为显著，呈现出高城市化速度与高洪灾变化的正相关关系。随着该地区城市化水平的进一步提高与地区间差异的进一步缩小，城市化发展速度与洪灾风险变化之间的正相关关系将更加显著。

从城市化发展水平与洪灾风险变化的关系来看，1991～2006年期间，两者的相关系数逐渐减小，这也进一步说明了，随着地区间综合城市化水平差异的日益缩小，城市化水平的高低对洪灾风险变化的影响越来越小，而城市化发展速度对洪灾风险变化的影响将越来越大。由此可见，城市化背景下的洪灾风险评价是城市化健康发展的重要保障。此外，由于影响洪灾风险的因素错综复杂，且不同城市化地区的防洪减灾力度有差异，城市化对洪灾风险的影响研究还需进一步的拓展深化。

综上所述，长江三角洲地区内各水系单元的洪灾风险的空间格局、变化特点与其城市化发展有密切关系，主要表现在以下几个方面：

（1）从城市化对洪灾风险的空间分布的影响来看，洪灾风险等级与城市化水平密切相关，以苏锡常地区为例，城市化水平最高的无锡、苏州、常州等市区的洪灾风险等级最高。类似的，其他区域的风险最大值也都是分布在其城市化程度最高、经济最发达的地区，例如杭嘉湖区的杭州市区、秦淮河流域的南京主城区、甬曹浦区的宁波市区和绍兴市区以及里下河区的兴化与泰州市区。由此可见城市化水平越高的地区，其潜在的洪灾风险越高。

（2）从城市化发展的两个阶段对洪灾风险变化的影响来看，两个阶段中城市化水平越高、城市化进程越快的地区，其风险变化越大。以苏锡常地区为例，受城市化影响，以苏州市区、无锡市区、常州市区等易损性变化较快的地区的洪灾风险变化最大，以区域西部的洪灾风险变化最小。由此也可以看出城市化导致的易损性变化对区域洪灾风险变化的显著影响。类似的，其他地区风险变化最快的区域也是其城市化导致易损性变化显著的区域，例如杭嘉湖区的杭州市区、秦淮河流域的江宁城区、甬曹浦区的宁波市区和绍兴市区以及里下河区南部的泰州市区。

（3）从两个发展阶段的对比来看，第一个阶段中的洪灾风险变化最大的地区主要分布于各个区域内城市化水平最高的地区，城市化水平较低的地区变化则相对很小；而在第二发展阶段中，除了高城市化水平的地区洪灾风险变化最大外，各区域内的中小城市地区的洪灾风险随着城市的发展比第一阶段也有较大的增加。

此外，由于各区域内经济最发达的地区的城市化水平已经接近国内最高水平，随着城市化的进一步发展，虽然其易损性仍将呈现较快的增加趋势，但由于其城市空间进一步扩张的可能性下降，因此其危险性变化将有所减弱，且这些地区的防洪减灾能力较强，从而使得综合洪灾风险的增幅减弱。与此同时，中小城市区域由于城市化的加快及相对充足的扩展空间，在未来的发展过程中，将呈现出洪灾危险性和洪灾易损性继续快速增加的态势，并且由于其防洪减灾能力相对较弱，因此其综合洪灾风险将有更大的增加幅度，是继大城市之后，需要加强防洪减灾能力的主要区域。

10 流域防洪减灾系统的应用

10.1 流域防洪减灾决策支持系统

10.1.1 决策支持系统概述

决策支持系统是综合利用各种数据、信息、知识，特别是模型技术，辅助各级决策者解决实际决策问题的人机交互系统。系统由人机交互系统、模型库系统、数据库系统三个子系统有机结合而成。决策支持系统的特点是在管理系统的基础上增加了模型库及管理系统，它把众多的模型有效地组织和存储起来，并且将模型库和数据库有机结合。随着管理信息系统的发展，在管理信息系统中除要完成大量的数据组织、存储、查询、统计、报表生成等主要工作外，还要逐步增加模型辅助决策的功能。

目前决策支持系统辅助决策有多种形式：①以数据的形式辅助决策。这是最基本的决策方式，数据能反映事物的数量化特征，在防洪减灾决策中，各种洪水信息数据为各级管理者和决策者提供洪水状况信息并起辅助决策的作用。②以模型辅助决策。利用模型辅助决策是比较有效的途径，人们为寻找事物发展的规律，建立了分析模型，再按模型的分析去指导行动。③以决策方案的形式辅助决策。用单模型辅助决策难以反映客观事物的全貌，有可能顾此失彼，其效果带有局限性。随着计算机技术的发展，已能够实现支持多模型组合的辅助决策方式。由于所有模型均是和数据相连，多模型的组合涉及大量的数据文件，因此需要建立模型库来组合和集成它们，从而发展成为以决策方案的形式辅助决策的方式，即决策支持系统。

当前，随着分布式网络技术和多媒体技术在决策支持系统中的应用，扩大和提高了辅助决策的能力。其中分布式网络使单个独立的决策支持系统连成一个群体决策支持系统。多媒体技术能使计算机的界面更接近于自然环境，丰富了决策者的形象思维，形成更准确的决策。另外，人工神经网络技术的兴起也为知识获取开辟了一条新的途径，它通过模拟人的神经元网络结构形式，建立各种网络模型，从而进行信息处理，达到解决问题的目的。

10.1.2 决策支持系统的结构分析

一个决策支持系统，至少要涉及数据处理、数值计算和用户接口三个方面。数据处理和数值计算是当前计算机应用的主要用途，两者之间通过建立一个用户和计算机的接口，来完成对数据处理和数值计算的操作，使之构成一个有机整体，从而达到支持决策的目的。

决策支持系统以数学模型为基础，对管理系统提供的大量数据进行分析、处理，给出决策层次上的辅助信息，为各级领导者的决策服务。在决策支持系统中，既需要数据库，又需要模型库、方法库，更需要强有力的人机交互手段，因此在发展中形成了模型库、数据库、人机交互三者相结合的决策支持系统。

随着计算机技术的发展，数据库系统已经比较成熟。目前决策支持系统的数据库系统一般采用较成熟的数据库系统，其中小型数据库有 Foxpro 和 Access 等，大中型数据库有 Sybase、Oracle 以及 SQL Severs 等。采用较成熟的数据库系统可以减少数据库管理系统开发时的工作量，同时每个通用的数据库都提供了开放的数据库接口，方便了数据的存取以及各数据库之间的数据转换，并且可使数据库系统成为决策支持系统的有机组成部分。

在实际决策中，利用模型辅助决策实际上是利用模型描述的客观规律（方程）进行求解，从而达到辅助决策的目的。利用计算机来辅助决策，改变或更新的是模型的求解算法，即在计算机中，用算法代表了模型，使模型和方法可以统一起来，模型库和方法库合并成模型库。

人机交互系统是决策支持系统的主要组成部分，它既起着与决策用户的交互对话作用，又起着有机集成模型部件和数据部件的作用。它针对用户的具体决策问题，把所需要的模型库、数据库集成到一个解决实际问题的决策支持系统中。人机交互系统从功能上分两部分：一部分是完成人机交互对话功能，即实现数据和信息的输入、显示和输出；另一部分是根据决策问题的需要，组织和控制模型的运行和对数据的存取，达到辅助决策的作用。决策支持系统的运行效果通过人机交互系统体现出来的。人机交互系统在表现形式上由输入部分、显示和对话部分、输出部分三大部分组成。

10.1.3 GIS 支持下的防洪减灾决策支持系统

在决策支持系统中，要解决结构化和非结构化两大类问题。结构化问题是常规的和完全可重复的，每一个问题仅有一个求解方法，因此认为结构化决策问题可以用程序来实现。而非结构化问题不具备已知的求解方法或存在若干求解方法而得到的答案不一致，因此，它难于用编制程序来完成。非结构化问题实质上包含着创造性或直观性，计算机难以处理，而人则是处理非结构化问题的关键。当把计算机和人有机地结合起来就能有效地处理半结构化决策问题（介于结构化决策和非结构化决策之间的问题）。

防洪减灾决策支持系统具有显著的非结构化特征，在洪水模拟中，影响流域水文变化规律的因素错综复杂，目前我们还不能完全从物理成因上分析流域径流形成与变化的规律，洪水模拟必须以模型和人工相结合的方式进行。在防洪减灾决策中，所面临的问题大部分都极为复杂，且无现成的处理方案，要解决的问题均属非结构化或半结构化决策问题。在防洪减灾辅助决策中，通过人机对话，使防洪减灾决策支持系统能够有效地解决半结构化决策问题，也就是要逐步使防洪非结构化决策问题向结构化问题转化。因此防洪减灾决策支持系统是综合利用各种防汛数据、信息、知识，特别是洪水模型分析技术，辅助各级决策者解决防洪减灾辅助决策问题的人机交互系统。在系统结构上主要包括水情信息采集传输和监测系统、流域防洪地理信息支撑系统、暴雨洪水数据库管理系统、流域社会经济数据库系统、洪水模拟预测及灾情评估和洪水调度等模型库系统、防洪专家信息库系统以及系统集成和输入输出的用户界面系统等。

地理信息系统（Geographical Information System, GIS）是存储管理地表空间和地理分析有关数据的信息系统。它是以地理空间数据库为基础，在计算机硬软件环境的支持下，对空间相关数据进行采集管理、模拟分析和输出显示，并采用地理模型分析方法，适时提供各种空间和动态的地理信息，为定量分析、综合评价以及决策服务而建立起来的一类计算机应用系统。

地理信息系统可为决策支持系统提供形象直观、内容丰富的空间信息支持。目前，GIS在国民经济中有着广泛的应用，将GIS和遥感、遥测、全球定位系统相结合应用在防洪减灾工作中已获得了重大成果。在防洪工作中，应用GIS的空间分析辅助进行洪水模拟、灾情评估以及防洪调度决策分析，使水利工程作用得到充分发挥，有力地减轻了洪水危害。

本章将以我国长三角东南部的甬江流域为例，开展我国东部流域防洪减灾决策支持系统研究。利用当前日趋完善的水情信息采集和计算机网络传输技术，通过建立防洪减灾决策支持系统，最大限度地发挥流域内已有水利工程的作用，从而降低洪水风险。

10.2　防洪减灾决策支持系统的总体结构与功能

10.2.1　系统总体设计分析

要建立流域防洪减灾决策支持系统，首先要快速准确地收集流域水情信息，并能模拟和预测未来水情变化趋势，同时作出相应的防洪减灾调度辅助决策，使决策者能迅速了解流域水情状况，作出相应防洪部署。实验区甬江流域所属的 6 个县市和 4 个具有防洪任务的大型水库，行政上归属宁波市。本系统就是要在研究区防汛指挥中心和各县市以及水库之间形成一个较完善的防汛网络信息系统，以便能快速采集雨情、水情、工情以及灾情信息，并能快速传递防洪减灾调度指令信息。根据研究流域的下垫面与水情特点，系统整体框架如图 10.1 所示。

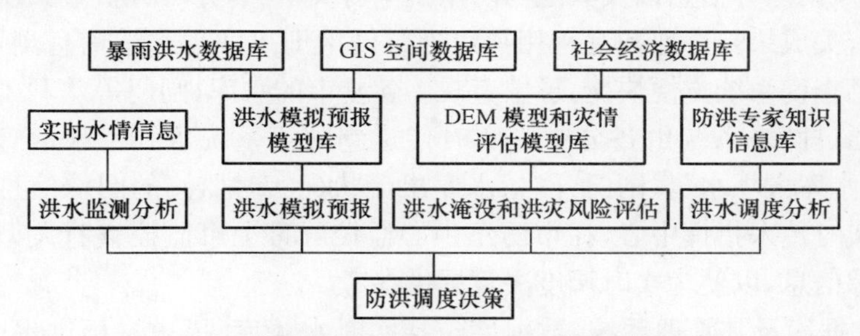

图 10.1　防洪减灾决策支持系统的总体框架图

在整个防洪减灾网络信息系统建设上，以研究区防汛指挥部为中心，在该中心建有大型网络信息数据库，并建有防汛网络系统。流域水情信息通过实时遥测等方式直接输入数据库中；流域水利工程运行状况等工情信息和有关防汛信息传输则通过防汛专网等实现远程终端连接。防汛系统水情显示和模拟预测以地理信息系统(GIS)空间数据库作支持。防汛中心还设有 Web 服务器，建有水情查询网页，普通用户通过 Web 浏览器即可查询有关水情信息。

10.2.2　防洪减灾系统的结构功能

在研究区防洪减灾决策系统中，首先要通过建立流域防洪减灾网络信息系统，实现流域雨情、水情、水利工程运行情况及防洪决策信息的快速传递，并要实现实时水情的查询显示、水情监测、历史洪水查询等功能。而洪水预警和防洪减灾调度决策，目前是在流域内奉化江支流上实现，主要包括洪水模拟预测、灾情预估和洪水调度模拟等，初步实现了中小流域防洪减灾辅助决策，并取得了较好的应用效果。整个系统主要功能模块系统有：

(1) 水情采集、传输与显示系统:研究区水情信息采集系统主要收集流域的遥测雨量、水位以及风速和风向等水情要素信息。该系统是建立在流域内各县市及大型水库的水文遥测系统基础上,利用超短波通信、CDMA 短信平台等途径,把各县市和大型水库遥测中心站作为流域遥测分中心,将流域各遥测站点的遥测水情信息实时同步转发至研究区防汛中心实时水情数据库中,较好地实现了流域水情数据的实时采集传输。目前,研究区遥测站网密度较高,已能很好地控制掌握流域的雨情、水情变化。同时,研究区防汛中心和各县市以及大型水库的遥测信息互为冗余备份,通过网络系统可以相互恢复,提高了信息采集的可靠性。

在防汛指挥中心,整个水情信息可以通过图形、图像和表格等方式在网上加以查询显示,并具有自动报警、特征统计等诸多功能。整个流域水情特征分析在 1～2 分钟内即可完成,实时性强。同时,系统还可查询历史洪水、卫星云图、海洋、潮位、台风和风暴潮等信息以及其他与防汛抗旱有关信息,并可分析查询洪水预警和防洪调度有关成果。普通和远程用户可通过网络即可实现水情信息浏览查询,并实现了信息查询系统方便快捷,形象直观。各县市的水库、闸门等水利工程运行状况信息则通过网络系统由各分中心实时传递到防汛系统水利工程信息库中。同时,各大型水库大坝水位、闸门开启、水库出流状况实时监测的图像信息也由光纤宽带网络实时传入指挥中心,在市防汛中心监控屏幕上可监控查看大型水库运行状况的图像信息,以便为实时调度决策提供参考。

(2) 数据库及其管理系统:数据库包括实时水情库、历史暴雨洪水库、测站和水利工程信息库、流域社会经济库等,数据库中的表结构和添加方式等均按有关防汛要求编排。实时水情库中主要存放流域各遥测站点的实时雨量、水位信息以及沿海部分站点的风速、风向信息,大型水库闸门开启状况和水库入流、出流信息,流域水利工程运行信息等,为实时水情查询和流域洪水分析提供实时信息。历史暴雨洪水库中主要存有流域各主要站点历史上暴雨洪水过程数据,对台风暴雨还存有台风登陆地点、台风路径和台风强度等特征数据。在测站和水利工程信息库中主要存放各测站类型、位置及警戒水位等特征值以及重点水库库容、汛限水位和运行规则等信息。流域社会经济库主要存放典型年流域各区域的人口、土地利用、工农业产值等社会经济数据,并和淹没区图形库相对应。社会经济数据一般以乡镇为单元统计,部分重点地段以村为单元统计,为灾情评估提供信息支持。整个数据库系统通过开放数据库方式连接,实现了实时水情以及历史暴雨洪水的查询检索、动态更新以及输入、输出等功能,为暴雨洪水模拟、洪水调度分析提供信息支持。

(3) 地理信息空间数据库系统:流域地理信息系统中,图形系统采用 MapX 控件系统作支撑,图形数据库系统采用 MapInfo 数据结构和模式,并以此为基础,实现了图形数据库的建立、查询、检索、修改、添加等功能。利用图形数字化方法将流域水系、道路、湖泊水库、土壤植被以及土地利用等要素以不同的图层输入数据库中，并输入相应属性数据。图形库还存有主要历史台风路径图等信息。此外，还将流域地形图、平原水网区洪水泛滥时不同水深淹没范围的等淹没范围线也输入图形库，并输入相应高程值，在此基础上建立相应数字地形高程模型，为洪水模拟分析和灾情评估打下基础。

(4) 防洪减灾模型库系统：该系统存放着流域 GIS 系统中的数字高程模型(DEM)，地形高程网格大小为 100 m，局部淹没范围网格大小为 50 m，据此可进行流域三维立体显示、坡度比降计算、淹没范围动态显示以及洪水风险图分析显示、各种专题图打印输出等。在洪水模拟预测方面，主要有降雨径流计算模型、河道洪水演进模型、平原水网区洪水淹没范围计算模型、流域下游潮位预报模型(当地海洋和水文部门研究成果)、洪水灾情评估模型和多水库联合调度模拟模型等。整个系统模型用不同开发平台进行，最后经系统集成实现各模型之间的整体组合。

(5) 防汛图形和图像库系统：系统主要存放研究区防汛中心所接收的各时段卫星云图信息，历年影响流域台风的路径信息，一些重要水库、闸坝和海塘等水利工程图片信息资料，还存有流域内各县市地形地势图，流域内各特征频率的洪水风险图信息等，并开发了相应的显示、查询系统，供用户浏览、查询。

10.3　防洪减灾决策支持系统组成

10.3.1　防洪减灾数据库系统

数据库(database)是在 20 世纪 60 年代后期发展起来的计算机数据管理技术，是为了满足某一组织中多个用户的多种应用需要，在计算机系统中，将数据按一定的数据格式组织、存储和使用的相互联系的集合。它力图提供一种对所有数据的统一的、独立的管理，使数据不依赖于使用它的应用程序和存储它的物理设备，提高应用程序的使用效率。

数据库系统一般包括数据抽取、查询处理、数据库及其管理等部分，一般的要求是响应迅速、访问方便，冗余度低，安全保密；技术上的要求是能实现数据插入、保留和抽取、查询等操作功能。数据库是防汛决策支持系统的支撑基础，要求具备快速从多个内部数据源中抽取防汛决策所需的数据和获取外部数据的能力，并能快速方便地对决策支持系统数据库进行所需操作，同时还要具有支持用户描述和维护数据库逻辑结构的能力。

一个数据库系统包括数据集合、硬件、软件和用户四个部分。数据集合即数据库，是存储在计算机外存介质上，按一定结构组织在一起的相关数据的集合。库中的数据没有不必要的冗余，存储方式和位置独立于它们的应用程序。硬件则主要是计算机上的存储设备，如计算机网络服务器上的硬盘、磁带等设备。软件部分称为数据库管理系统，它负责完成用户向数据库存取的各种请求，是一组能完成数据库描述、管理以及维护的程序系统。它可以完成用户对数据库的操作，如对数据的增加、删除、修改和检索数据等。按照标准化数据库的结构，数据库的结构模式分为存储模式（内模式）、逻辑模式（概念模式）和用户模式（外模式）三级，存储模式直接和操作系统及硬件有关。由于目前数据库建设一般均采用通用的商用数据库模式，因此仅需要关心用户模式数据库字段的设计。

数据库设计过程主要是包括概念结构设计、逻辑结构设计和物理结构设计。在概念结构设计中，需要对用户进行需求分析与数据分析，得到一个满足用户要求的数据库结构，并要注意消除冗余数据，客观反映数据的抽取、加工和传播的过程。在逻辑结构设计中，要将概念结构转换为具体的数据库管理系统支持的数据模型，目前有三种成熟的数据模型：层次模型（Hierarchical Model）、网状模型（Network Model）和关系模型（Relational Model），关系数据模型是目前应用最广泛的形式。物理结构设计主要完成数据库在物理设备上的存储结构与存取方法，它主要与计算机系统的结构有关。

防汛数据库设计主要是指在现有数据库管理系统上建立防汛所需数据库的过程。在数据库管理系统的基础上开发数据库就是利用其功能去解决实际防汛问题，包括对防汛的原始数据的分析、数据的加工和流向、数据的分类以及利用这些数据去解决防汛问题的目标，也就是使实际问题中的数据适应数据库管理系统的要求。

防汛数据库系统一方面要向防汛辅助决策提供基础信息，另一方面要向防汛GIS提供支撑数据，利用GIS中的流域气象、下垫面、地形、地貌等因素，使矢量、栅格数据和统计数据相结合，更准确地模拟水文现象，推求模型参数，更好地研究流域水文规律。防汛水文数据库模型设计时，不仅要从水文数据的使用和管理出发，更要从GIS的角度出发，使其更好地融合于GIS系统中，以便利用GIS的空间分析特性较方便地建立各种水文模拟模型。在流域洪水模拟预报中，主要需要流域下垫面特征数据、历史洪水数据（各场洪水次雨量、次流量摘录数据以及相关的日降雨、径流、蒸发数据）来进行模型参数分析计算和预报成果分析检验。

为此，研究区水情网络管理系统采用了Windows NT网络操作系统。网络数据库及管理系统主要采用了SQL Servers网络数据库系统。网络前台工作站水情信息处理显示是在Windows环境下运行。整个系统采用Microsoft Visual C++

语言开发完成。系统中的GIS图形图像显示系统主要采用MapInfo图形处理软件开发完成。整个系统采用面向对象的开发技术，信息的显示分析采用窗口界面及图形、图像的方式实现，其功能均采用菜单和鼠标选择来完成，操作简便，使用方便。整个系统具有图文并茂、形象直观等特点，便于使用和维护（见图10.2）。

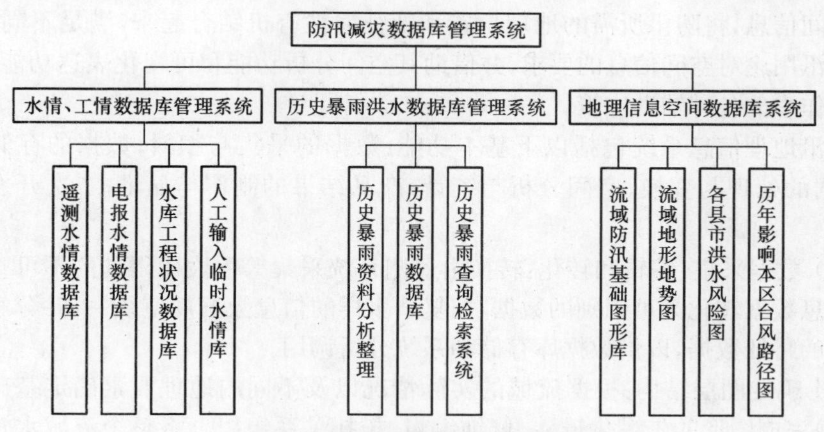

图10.2 防汛减灾数据库系统结构图

1）实时水情数据库

在数据库中存有各测站的雨量、水位、潮位及风速、风向等信息，在这基础上，把其他各种主要防汛防旱信息自动或人工地添加到数据库中，做到信息充分共享。为了充分共享实时遥测水情数据信息，采用自动添加的方式把遥测信息添加到数据库中。

2）水利工程状况数据库

该数据库主要存放流域各水库基本情况信息，包括大坝特征、库容、放水洞、溢洪道附属设施特征等信息，水库每年各特征时段的入、出库水量等水文特征信息以及各水库调度运行规则等信息。通过管理系统可输出水库水文特征、水库特征和调度运行规则计划表等。

3）历史暴雨洪水数据库

该数据库主要存放有研究区历史上较大暴雨洪水过程特征信息，主要有各测站的雨量、流量以及过程信息，对台风暴雨还存有台风的风速、登陆地点和中心气压等特征信息，另有站点情况表等特征信息，以供数据的查询、检索、修改、添加等。该数据库现已转入防汛网络数据库中。

10.3.2 防汛地理信息库

1）防汛地理信息系统

防汛地理信息系统将计算机图形和数据库融为一体，以混合数据结构储存和处理空间信息，将防汛所需的地理位置和特征属性有机结合起来，满足不同用户、不同防汛用途对空间信息的要求，并借助其空间分析功能和可视化表达功能，进行防汛工作中的各种辅助决策。

防汛地理信息系统包括以下基本功能：数据的采集与编辑；数据的存储与管理；数据的处理与变换；空间分析与统计；产品结果的制作与显示；二次开发与集成等。

（1）数据采集、编辑和转化：转换由遥测系统采集等手段而得到的不可直接利用的信息数据转化为可识别的数据，把复杂多样的信息数据规范统一，并分解成简单易懂的特征数据，以供数据库存储和系统分析调用。

（2）确定图层结构：根据流域的实际情况以及不同的地理要素确定基础图层结构，并完成图形的矢量化输入、修饰编辑、拓扑关系组织。将整个流域水资源系统分割成几类多个要素图层，包括自然要素（河流、植被、耕地、道路等）图层、社会要素（行政区划、人口、工农业产值等）图层、水利工程要素（水库、堤防等）图层、水文要素（雨量、水位测站分布等）图层。

（3）建立属性数据库：为了标识和分析处理上述要素的属性数据，必须建立一个与图形对象相对应的属性数据库，该数据库中有两种形式：一种是与图形对象直接相关联的表；另一种是外部数据库，两者主要存储了大量与水资源有关的数据或文字信息。由于地理信息系统对文字和数据的处理能力相对较弱，因此可以通过编程语言，按用户的实际用途，对外部数据库进行管理模块的开发。

（4）图形与属性数据库链接：为了实现图形数据与属性数据的相互检索、相互查询和相互更新，必须建立起一道沟通图形与属性数据的桥梁。一般如果数据量不是十分庞大的话，可以直接利用地理信息系统平台软件自身的属性数据库，通常采用的是混合式链接方法，即空间数据存储在点状、线状或面状实体的文件中，外部关系数据库中存储每个实体对象所涉及的一系列属性数据，两者之间通过属性码或者标识码进行链接，以便在二次开发时能够将两者链接起来。

（5）二次开发：本防汛地理信息系统是在 Mapinfo GIS 开发平台的基础上经过二次开发完成的，其系统结构如图 10.3 所示。采用 MapX 控件，通过开发得到了适合防汛目的的 GIS 系统。它继承了 Mapinfo 开发平台所提供的大部分功能，用户可以非常方便地定制自己的菜单和程序，生成友好的可视化用户界面，完成各项应用功能的开发，以便满足各种防汛用户的需要。

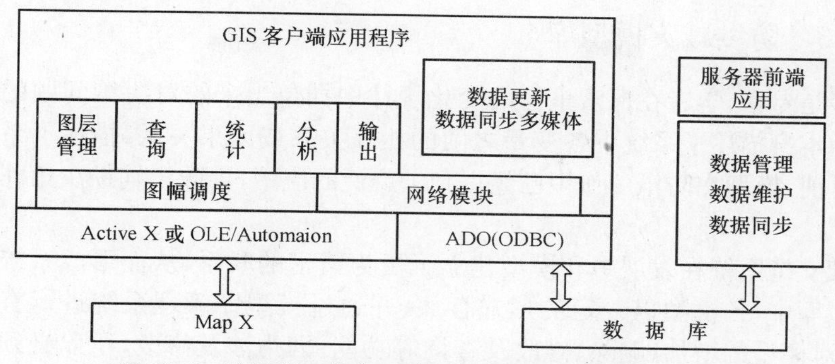

图 10.3 防汛地理信息系统结构示意图(姚娜等,1989)

2) 地理信息空间数据库、图形和图像库系统

(1) 流域防汛基础图形库:主要为流域防汛工作提供基础图形信息。目前流域防汛地理空间信息系统中主要存放研究区水系图、行政区划图、遥测水情站网分布图、水情电报站网示意图、流域水库以及部分闸坝分布图、水利工程基本情况图等图形、图像和有关特征信息以及流域内各单元的地形和地势图、不同频率洪水淹没风险图等。此外,对部分水利工程和流域单元还附有多媒体信息介绍等资料。

(2) 空间数据库及 DEM 模型:主要将研究区地形等高线采用数字化方法输入计算机,建立反映本地区空间概念的数字高程模型(DEM)以及 GIS 空间数据库系统,在此基础上开发出研究区和各流域单元的三维立体图,并以此为基础进行流域汇流分析、地形地势分析,为抗洪救灾提供空间信息。此外,对流域内平原区,将不同水深淹没范围线,同样采用图形数字化方法输入空间数据库系统,并建立平原区等淹深线数字高程模型,为洪水淹没范围动态分析和灾情评估创造条件。

(3) 研究区洪水风险评估系统:研究区洪水风险评估是建立在流域内各县(市)的洪水风险图研究制作基础上,通过对流域内各县(市)的洪水风险分析、灾情调查评估以及各频率洪水淹没分析,结合实地调查图件资料分析、水利工程状况以及道路情况,在地理信息系统、水文数据库和社会经济数据库系统支持下,采用图形数字化方法建立洪水淹没评估、查询和显示系统。该系统主要用于流域洪水风险评估的查询、显示、分析,可进行不同频率洪水淹没范围的查询显示和面积量算、不同频率洪水灾情损失统计以及防洪减灾预案分析、各县(市)以及各乡、镇不同频率洪水淹没范围内社会经济状况等查询等,从而为灾情评估和防洪减灾决策以及洪水调度提供了有力的支持。

(4) 历年影响研究区台风路径图:结合历史暴雨洪水数据库,将历年对本研究区造成较大影响的台风路径、强度、登陆地点和中心气压等信息输入到历史台风空间数据库中,并建立相应的查询检索系统,为防台抗灾决策提供信息支持。

10.3.3　防洪减灾模型库

模型是专家、学者在探索事物的变化规律中抽象出来的对决策问题的数学抽象。模型本身描述了系统中各变量之间的相互关系或因果关系，描述了系统的规律性。目前，模型在防汛工作中已经得到了广泛的应用，为防汛辅助决策作出了巨大的贡献。

决策支持系统在发展中和模型建立了更为紧密的联系，从而形成系统的模型库。模型库中，各模型以一定的形式存放，并通过模型库管理系统进行有效的管理，包括对模型的增加、删除、修改及查询等功能，因为涉及修改，所以必须具备对源程序的编辑、编译等特殊功能。在数据库系统和模型库系统建立以后，各部件之间的接口和集成技术成为较关键的技术。

1）决策系统模型库分析

随着决策支持技术的发展，由单模型辅助决策发展到多模型辅助决策，模型的组织形式由模型软件包发展到模型库。模型库是在计算机中按一定组织结构形式存储多个模型的集合体并在模型库管理系统下得到有效管理。模型库中的模型是按一定的组织结构形式存储起来的，实现了对模型的有效管理和使用，提高了多模型的组合能力，使之能发挥出多模型组合辅助决策的作用，提高辅助决策的效果。模型库和模型库管理系统结合起来形成模型库系统，是决策支持系统的重要组成部分。

模型库系统是决策支持分析与求解问题的核心部分，主要对模型的存贮、运行、控制等进行管理。模型库具有多种方法来求解方案，并具有连接生成新模型的能力，能以合适的方法将数据库的数据与模型相连接，此外还能够对模型库进行操作管理。

(1) 模型库的表示形式：模型的表示形式与模型的类型有关。数学模型一般以方程形式、程序形式、逻辑形式等表示。方程形式反映出模型中变量之间的关系、约束以及决策问题的目标。程序形式用计算机语言将模型的求解算法编写成应用程序，直接在计算机上运行，大大提高了模型求解的能力。逻辑形式用谓词逻辑表示，数值计算隐含在谓词中，适于定性知识的表示与推理。

(2) 模型库的组织与存储：模型库的组织形式与模型的表示方式有关。对于决策支持系统，需要对大量的模型统一组织与存储，因此建立一个字典库来索引描述对应的模型文件很有必要。模型库由字典库和文件库两部分组成，其中字典库的作用包括对模型文件的索引，以方便查询与修改、分类，其组织结构一般有文本形式、数据库形式和菜单形式；文件库是模型库的主体，其中运算程序文件是主要的模型文件，大量的模型对应着大量的模型文件。

(3) 模型库管理系统：模型库管理系统主要包括模型的存储管理、模型的运行管理以及计算机建模技术等主要功能。模型的存储管理包括模型的表示、模型的存储组织结构、模型的查询与维护等；模型的运行管理包括模型程序的输入和编译、模型的运行控制、模型对数据的存取等。

建立模型和生成模型是决策支持系统的发展方向。在实际建模时，必须在模型的简化与分析结果的正确性之间作出适当的折中，这也是建模遵循的一条原则。在现实问题中，有很多问题可以选择某个成熟模型加以解决，也有很多问题单靠某个模型还不能解决，可能要将多个模型组合起来解决。

2）流域防洪减灾模型库的建立

目前，研究区防汛网络信息系统应用分析模型研究，重点在水利工程状况和产汇流条件较为理想的甬江流域奉化江上进行。根据实验区流域水文特性，在系统模型研究中，重点开展 GIS 支持下的洪水模拟预测、洪灾评估和洪水调度模型研究。在空间分析模型中，以流域地形图数据库和淹没高程数据库为基础，采用流域矢量高程数据栅格化的方法，建立流域和淹没区数字地形高程模型，为流域淹没范围及水深分析创造了条件。

在洪水模拟预测模型中，主要研究了流域降雨径流模型、河道和淹没区洪水演进模型。对流域上游不受潮汐影响的支流及水库流域采用降雨径流模型进行计算。该模型选用了三水源、新安江等模型(其结构见第 5 章)，其模型参数推求中有关流域面积、流域中的不透水面面积等反映流域特性的参数由流域 GIS 空间数据库系统直接推求。需要率定推求的参数则借助于历史暴雨洪水数据库的数据，按照不同区域分别加以分析确定。河道洪水演进和淹没区边界条件及有关参数由空间数据库系统提供。对于河流下游感潮河段和淹没区洪水演进采用了简化的非稳定流计算方法(详见第 6 章)。河道比降、地面高程和断面资料由 GIS 空间数据库等辅助确定，其还可用于分析台风洪水在潮汐顶托等不同情况下的变化规律。河口潮汐和风暴潮预报采用研究区水文部门的模型预报成果。洪水模拟预测主要有暴雨洪水趋势预测、暴雨洪水模拟预报和实时校正预报等几类。暴雨洪水趋势预测主要是在洪水发生前，根据当前流域水库、潮位及土壤水状况，按照本次台风强度和路径特征选用历史上类似的暴雨信息，经适当修正后，进行本次洪水较长预见期趋势分析工作，以便进行抗洪减灾早期决策分析。暴雨洪水模拟预报和校正预报主要用于暴雨发生后的洪水预报和校正预报工作。

在试验区洪灾评估和洪水调度模型中，借助 GIS 空间数据库和社会经济数据库，根据上述模拟预测的水位值，分析确定出可能淹没的范围、水深，并根据 GIS 空间信息和 DEM 模型以及社会经济库中的人口、工业产值、农作物种植类型和季节，估算出可能的洪灾损失情况。然后，分析不同水库调度及闸坝开启条件下，洪水演变和灾情损失情况，并利用系统分析中优化模型的计算方法，进行多水库联合调度分析，模拟预测出各种方案下可能的淹没范围和灾情损失情况，并从中选出一组水库效益较好、下游淹没损失较小的优化调度方案，供决策者参考。

10.4　流域防洪减灾决策支持系统的应用

本次主要选择了城市化发展较为迅速、流域水系较为完整的甬江流域开展流域防洪减灾决策支持系统的应用研究。在甬江流域的奉化江和姚江两大支流中，姚江为平原河流，流入甬江处由闸门控制；奉化江则由县江、剡江、东江和鄞江等支流组成（见图 10.4），其上游已建有亭下、皎口及横山三座大型水库，下游平原内河与外江外有闸门控制，奉化江上游建有三座大型水库以及众多中小型水库，总库容达 $8\times10^{8}\mathrm{m}^{3}$，对削减洪峰、减轻洪水危害起到了一定作用。同时，流域内即将建成一座大型水库，其防洪能力将继续加强。流域下游和甬江河段均为受潮汐影响较大的平原河段。

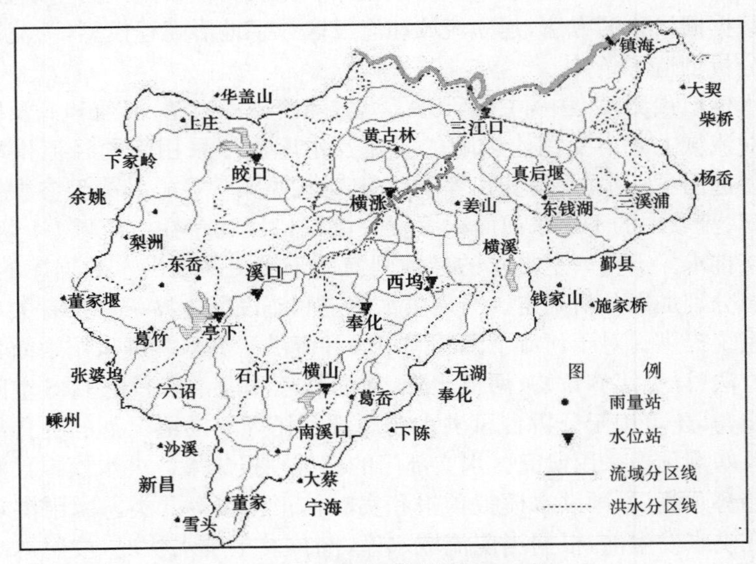

图 10.4　甬江流域奉化江水系图

该区域属长三角南缘的中小流域，流域内水系较为完整，洪水过程时间不长，便于进行暴雨洪水预测研究。目前，平原地区尚未建有较大堤防，当发生暴雨洪水受天文高潮以及台风暴潮洪水顶托时，即会产生大面积洪水淹没灾害。近年来，随着经济发展，流域内洪水造成的经济损失日趋加剧。利用防洪减灾决策支持系统，可通过洪水预警预报、多水库联合错峰调度等措施来削减下游洪峰流量，同时可通过下游洪泛区洪水淹没范围和水深预测，结合洪水风险图，预估洪水可能造成的危害，从而提前做好人员和物资的转移工作，减轻洪水灾害损失。根据前述防汛决策支持系统结构框架和研究分析，分别在实验区进行了洪水信息采集传输、实时水情显示、洪水预警、洪水淹没分析和防洪调度应用研究。经检验分析表明，利用防汛决策支持系统来最大限度的发挥全市已有的水利工程的作用，从非工程措施上减轻洪水危害，具有明显的经济和社会效益。同时本研究可推动水文科学与防洪减灾研究的发展，具有一定的科学价值。

10.4.1 研究区防汛决策支持系统的建设

1）研究区防汛系统建设

整个系统包括防洪基础信息库系统，洪水预测、灾情评估模型库系统以及洪水监测、预报、洪水淹没、风险评估、防洪减灾调度等防洪减灾决策支持系统。在整个防汛网络系统建设上，研究区防汛中心建有大型防汛网络数据库、防汛局域网和广域网。防汛网络系统采用 Windows NT 网络操作系统，利用该系统，初步实现了全市雨情、水情、水利工程运行情况及防洪决策信息的快速传递，并实现了实时水情的查询显示、水情监测、历史洪水查询等功能。洪水预警和防汛减灾调度决策，目前是在甬江流域（重点是奉化江支流）上实现，主要包括洪水模拟预测、灾情预估和洪水调度模拟等系统。初步实现了中小流域防洪减灾辅助决策，并取得了较好的应用效果（见图 10.5）。

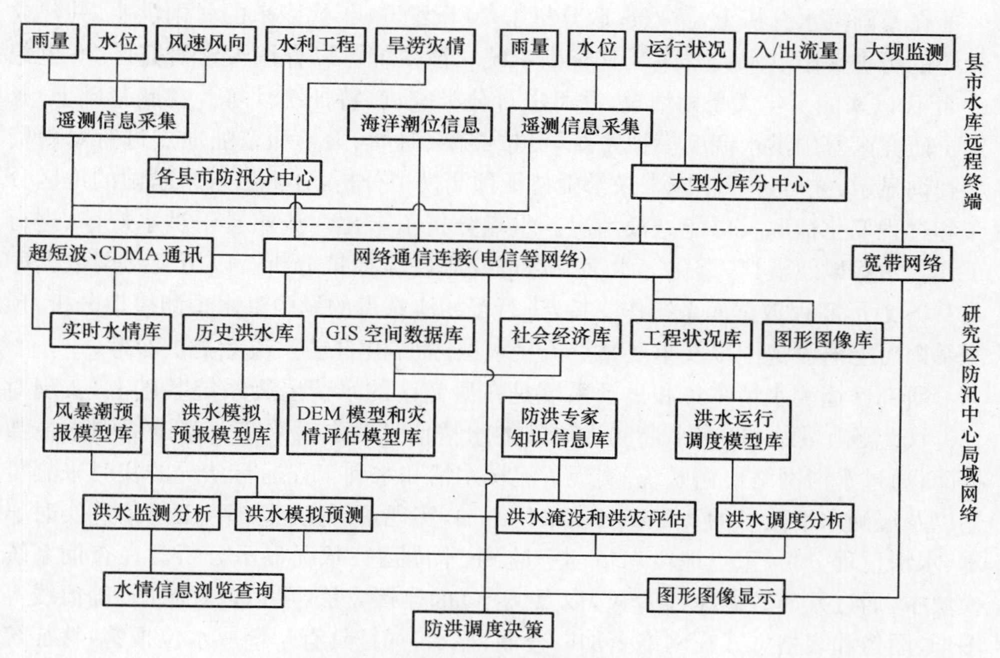

图 10.5 研究区防汛信息系统结构图

在实时水情采集系统中，利用自动水情遥测技术，实现流域内雨量、水位信息的自动采集存储以及重点河段和淹没区水位变化监测等功能。在暴雨洪水数据库管理系统中，主要进行实时水情以及历史暴雨洪水的查询检索、动态更新、水情数据输出等工作，为暴雨洪水模拟、洪水调度提供信息支持。在社会经济数据库系统中，主要存放有流域社会经济数据，为灾情评估提供信息支持。在系统防洪减灾模型库系统中，主要有降雨径流计算模型、河道洪水演进模型、平原水网区洪水淹没范围计算模型、流域下游潮位预报模型、洪水灾情评估模型以及水库调度模拟模型等。

研究区网络水情数据库包括遥测水情数据库、水利工程运行状况信息库、流域水利工程数据库、历史洪水数据库、洪水风险评价图形库、流域水系及水利工程状况图形图像库以及相应的数据库管理系统，初步实现了防汛水情信息采集的现代化。在辅助决策方面，将研究区地形图通过数字化方法输入计算机，建立了研究区数字地形模型，为该市洪水分析和抗洪减灾提供了空间信息支持。实验区流域空间数据库系统和暴雨洪水属性数据库系统通过开放数据库连接方法实现了各种数据有机联系，为洪水模拟、灾情评估和防洪调度提供信息支持。整个系统用不同开发平台进行，最后经系统集成来实现各模块之间的内部联系。

在暴雨洪水分析上，重点选取分析了 20 世纪 60 年代以来的暴雨洪水，并建立相应的历史暴雨洪水数据库及其查询系统。该系统可以查询检索研究区 20 世纪 60 年代以来的每年大暴雨情况，并可进行分类查询、特征统计等。在此基础上，开发了研究区暴雨洪水调度模拟系统，可按类型、时间、雨量和登陆地点进行暴雨资料查询显示，并可进行相应未来暴雨特征预测模拟分析，分析出未来暴雨的地区分布和过程变化情况及可能淹没情况。重点分析了奉化江流域暴雨洪水规律，进行了几大水库以及溪口、奉化等水文分区的降雨径流模拟分析。以历史暴雨数据库及 GIS 地形高程数据库系统作支持，进行了相应站点的暴雨洪水预测模拟分析，预测暴雨可能淹没范围以及重要站点流量水位，为奉化江防洪决策提供参考。

研究区遥测水情采集和显示系统是在研究区的水情遥测系统基础上，实现对 120 个遥测雨量站、60 多个遥测水位站的水情信息的自动采集。基于遥测水情数据库，通过水情网络传输系统，实现了流域水情和水利工程运行状况的实时采集传输以及遥测水情信息的人工和自动采集添加，实现了研究区水情/工情信息实时显示、水情过程分析、重点地段水情动态监测、水库运行状况显示分析。在查询系统模块中，通过开放数据库（ODBC）以及 ADO 的连接方法，可以以柱状图、等值线等图形、图像和表格方式在网络上加以查询、显示，并且具有超警戒水位报警、特征统计等多种功能。该系统初步实现了防汛水情管理的现代化，为抗洪救灾赢得了宝贵的时间，同时为研究区防汛防旱决策支持系统的建立打下了基础。

2）历史暴雨洪水数据库建设

历史暴雨洪水数据库中已存有20世纪60年代以来流域主要站点的暴雨洪水过程数据。数据库查询系统开发时，采用面向对象的开发技术，信息的显示分析采用窗口界面及图形、图像的方式实现，形象直观，便于使用和维护。

(1) 研究区市历史暴雨资料分析整理：根据水文年鉴，将研究区市1960年以来代表站点的暴雨过程数据，以1 h间隔加以分析整理，摘录整理出各年较大的梅雨、台风暴雨等资料。对台风暴雨分析相应台风的路径、中心气压和登陆地点等信息资料。在资料分析整理时，因测站资料限制，不同时期选用的站点有所差别，1960～1962年选用了水文年鉴刊布的所有15个站点的资料，1963～1989年选用了20个站点的资料，1990～1997年选用了30个站点的资料，而利用遥测信息数据库添加时，站点数据将大幅度增加。在站点选择时，选取了代表性较好、系列较长的主要站点的资料。

(2) 历史暴雨数据库及管理系统：将上述分析摘出的台风期40场暴雨、梅雨期15场暴雨的历史雨量数据信息输入计算机，建立研究区市历史暴雨洪水数据库。数据库内存有各场台风和梅雨特征表，各年测站选用情况表，1960～1963年、1963～1989年、1990～2007年暴雨量和暴雨过程表；对台风暴雨还存有台风的风速、登陆地点和中心气压等特征信息，另有站点选用情况表等信息，以供查询、检索、修改、添加等。

3）实验流域GIS系统的建立

研究区市防汛地理信息系统主要借助MapInfo图形管理系统开发完成，以1∶50 000地形图为基础，结合1∶10 000地形图，并参考新近编制的各种专题图，采用屏幕图形数字化方法，将流域地理要素以及行政区域边界等信息，分别以不同图层方式输入本市防汛地理信息系统空间数据库中，同时将全市地形等高线、平原洪水等淹深线输入数据库，并附以相应的地形高程值，从而建立了实验流域GIS系统图形和空间数据库。主要存放有研究区水系、水库湖泊、植被土壤及土地利用、测站分布、历史台风路径、流域地形、洪泛区等淹深线以及洪水风险图等图形和空间信息，建立了流域数字高程模型，为洪水模拟和洪灾淹没分析创造了条件。图形数据库系统采用MapInfo数据结构和模式，并以此为基础实现图形数据库的建立、查询、检索、修改、添加等功能。

此外，图形库还存有历史主要台风路径图、主要河道断面图、水库和闸门等水利工程图形信息和相应属性数据等信息。同时，将流域地形图、平原水网等淹没线输入图形库，并输入相应高程属性值。由于平原水网区地形较缓以及道路建筑的阻水作用，为更好评估洪水淹没范围，建立了洪水淹没等深线信息库。以流域地形图数据库和淹没高程数据库为基础，采用流域矢量高程数据栅格化方法建立流域和淹没区数字地形高程模型，从而为流域三维立体显示、坡度、坡向以及淹没范围及水深分析创造了条件，为洪水模型分析和灾情评估打下基础。

10.4.2 流域洪水模拟预警系统

1）研究区洪水模拟系统功能分析

流域洪水预报系统模块是防洪决策支持系统的一个重要支撑系统。该模块可以进行流域洪水预报、水位预报、实时校正预报，并具有水库流域入流量推求、洪水调度模拟、实时水情显示、洪水数据库管理、图形报表打印输出以及流域特性显示等多种功能。该系统模块基本实现了水库流域洪水预报的自动化，提高了洪水预报的有效预见期和准确度，并初步实现了洪水调度的计算机辅助决策，因而有力地提高了流域防洪决策水平。

整个系统软件采用 Visual C＋＋语言编写，具有模块化程度高，移植性能好，易于维护等多种特点。系统采用下拉菜单选择，多窗口输入输出，用户界面十分友好，并且每项功能都可以通过热键选择实现，使用较为方便。系统中预报分析的各种成果可以以表格和图形方式在屏幕上显示，具有图文并茂、形象直观等优点，便于决策者决策时参考分析。整个系统和遥测系统相一致，在 Windows 操作系统下运行，并满足相应的路径设置要求。该系统模块主要功能如图 10.6 所示。

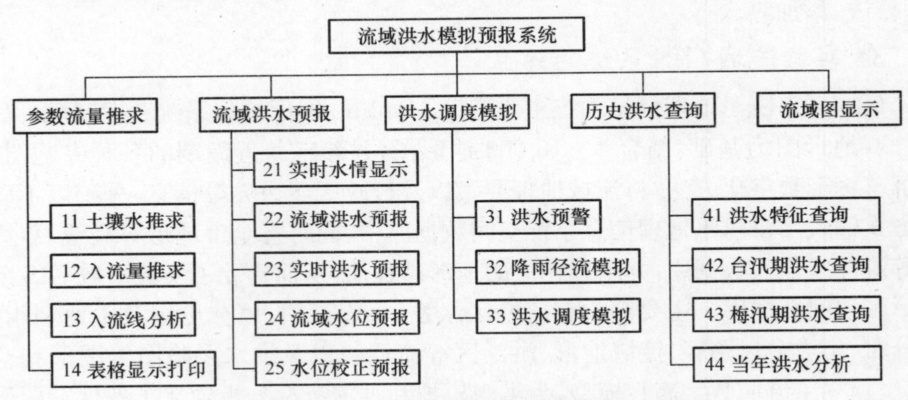

图 10.6 流域洪水模拟预报系统模块功能图

2）研究区流域洪水预报预警分析

（1）水库流域洪水预报：水库流域洪水预报系统主要包括逐日土壤含水量推求、实际入库流量推求、降雨径流的洪水预报、河道（水库）水位预报和实时校正预报等。

①逐日土壤含水量推求。该模块主要用于逐日土壤含水量推求计算，为洪水预报模型提供前期土壤含水量参数值。模拟计算时，选用日土壤水推求模型，利用水情数据库中的遥测雨量信息，分析推求出水库流域逐日土壤上下各层土壤水状况值。

②水库流域入流量计算。由于水库流域没有总的入库流量控制站，因此拟采用水量平衡法，主要根据一定时段水库水位库容变化值 ΔV 以及出库值流量值 $Q_{出}$，反推计算求得水库入库流量值 $Q_{入}$，为水库决策调度和水库洪水预报误差评定提供数据信息。为了防止所推求的入库流量曲线有过多的锯齿，可以对入流曲线进行人工和系统自动修匀工作。

③流域洪水预报分析。该模块主要包括降雨径流趋势预报、流域洪水预报、水库河道水位预报和实时校正预报等功能。降雨径流趋势预报是在洪水发生前或发生中，根据气象部门降雨过程预报值来进行流域洪水预报，以便提高洪水预报的有效预见期。流域洪水预报根据流域的遥测雨量信息进行整个入库洪水以及实时洪水预报工作。水库河道水位预报是在入库洪水预报基础上，根据水位库容关系和出库流量值进行相应的水位预报。实时校正预报则是利用 Kalman 滤波等方法，根据实时遥测水位信息，进行水库河道水位的实时校正预报，以便提高洪水预报精度。在流域洪水预报中，短期洪水预报预见期一般 3～12 h；长期洪水预报预见期由操作者决定，一般来说，预见期越短，预报精度越高。

研究区亭下、横山和皎口三大水库主要根据水库流域雨情、水库水位状况以及调度运行规则，采用降雨径流预报模型，进行水库流域入库洪水模拟预报；并根据水库开启运行状况，预测库水位变化趋势，从而为水库调度提供依据（见图 10.7，彩插 4）。

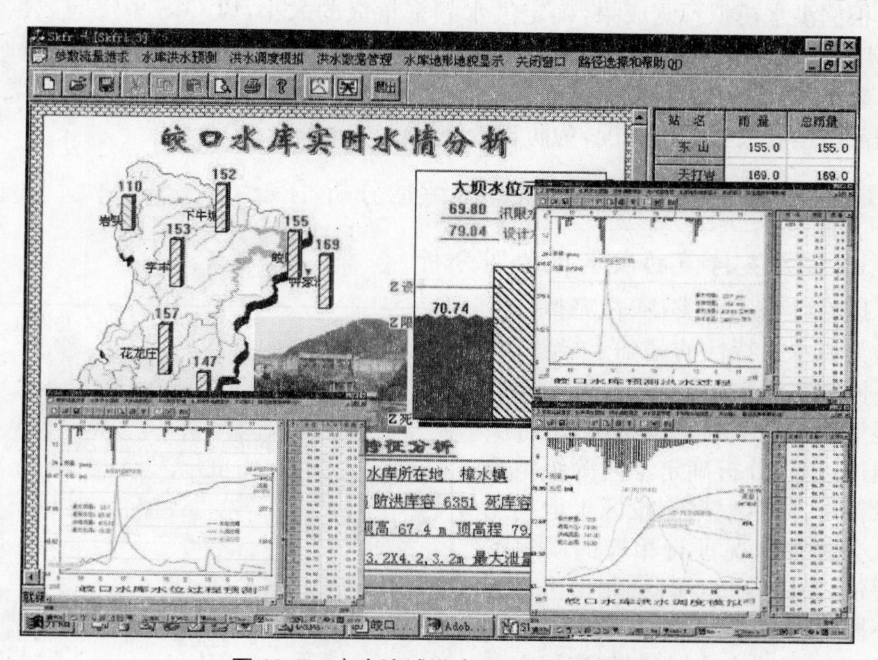

图 10.7　水库流域洪水预测系统成果图

(2) 奉化江暴雨洪水模拟分析:在奉化江流域主要站点暴雨洪水模拟预测上,对上游未受潮汐影响的支流仍采用上述预报系统模块,利用降雨径流模型进行预报分析,具有较高的预报精度。对下游感潮河段要根据三水库调度放水情况、三江口水文站潮位预报情况,预测模拟未来洪水水位变化情况。然后根据流域前期土壤水状况和水位情况,并考虑水库等水利工程的运行情况,根据流域实时雨情,通过降雨径流模型预测未来流域水情变化,为防洪调度提供依据。模拟预测站点分为以下几类:

①溪口、奉化水位模拟预测。采用降雨径流预报模型,根据上游水库泄流情况以及区间洪水的模拟,预测这两处重镇的洪水水位状况和变化趋势,为防洪调度提供依据。

②西坞、江口水位模拟分析。根据上游河道来水情况、下游三江口潮位预测以及平原区降雨径流情况,采用水文学和水力学演算模型相结合的方法,模拟分析洪水在潮汐顶托影响下的变化规律,分析水位变化趋势,为灾情评估和防洪减灾打下基础。

(3) 研究区台风暴雨洪水趋势模拟预测:台风暴雨洪水趋势模拟预测主要是在洪水发生前,根据当前流域水库、潮位及土壤水状况,气象部门对本次降雨过程雨量预报值以及本次台风强度、路径和登陆地点,暴雨中心的可能位置及其变化等特征,从历史台风暴雨洪水数据库中,选用历史上类似的暴雨信息,经适当修正后,进行本次洪水较长预见期趋势分析工作,以便进行防洪减灾早期决策分析。

根据洪水模拟预测成果,确定洪水频率量级的大小,以 GIS 中空间数据库和 DEM 模型作支持,确定出可能淹没范围,再根据洪水风险图评估系统,结合社会经济库确定出灾情损失情况。最后进行多水库联合调度,模拟预测出各种方案下可能淹没范围和灾情损失情况,为防洪救灾提供决策参考。

10.4.3 研究区洪水风险图查询评估分析

1) GIS 支持下的洪水风险图分析

以 GIS 技术作支持,在完整分析实验流域水文特性的基础上,经过计算不同频率洪水风险,并根据不同地区地形地貌和水利工程状况,结合洪水演进计算,分析确定不同等级洪水淹没范围,同时根据淹没区土地利用及社会经济状况进行相应的洪水灾情评估,最后借助 GIS 绘制出实验流域不同等级洪水风险图(见图 10.8,彩插 4)。以此为依据,制定流域内各单元区域防洪减灾预案,为防洪救灾

图 10.8　甬江流域奉化江洪水风险图

指挥调度提供决策依据。在上述研究中，计算机模拟计算和GIS空间图形分析技术在洪水频率计算、图形分析、淹没范围确定、经济损失评估以及洪水风险图制作等方面都发挥了较大作用。在此基础上进一步建立了基于GIS的洪水风险图评估查询系统模块，为洪水灾情损失和洪水风险等级动态更新以及洪水风险图修订更新创造了条件。该系统模块和防洪减灾决策系统相连接，通过水情动态模拟，结合洪水风险图系统分析，可开展洪水淹没及洪水风险评估，并进行相应灾情分析和预估工作，为实时防洪减灾调度创造了条件。

该系统作为防汛决策支持系统中洪水淹没和灾情评估子系统，为灾情评估和防洪减灾决策以及洪水调度提供了有力的支持。该系统可用于全市洪水风险图的查询显示分析，可进行不同频率洪水淹没的查询显示和面积量算、不同频率洪水灾情损失统计以及防洪减灾预案分析、各县市以及乡镇不同频率洪水淹没范围内社会经济状况以及部分大中型水库工程的多媒体介绍等。同时还可进行全市行政图、水系图、遥测站图和地形地势图查询显示，整个系统功能结构如图10.9，彩插3所示。

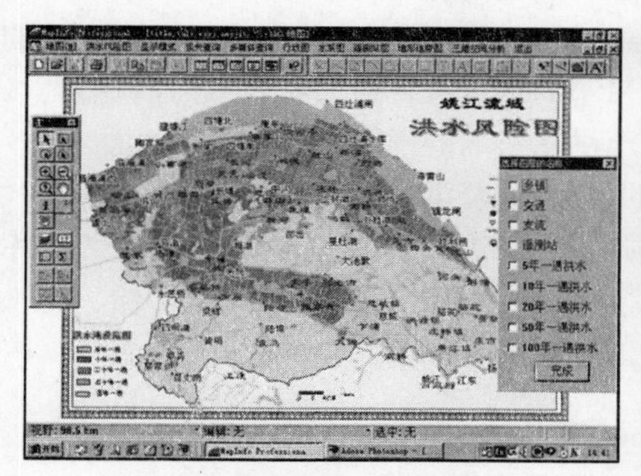

洪水风险等级和底图的显示查询

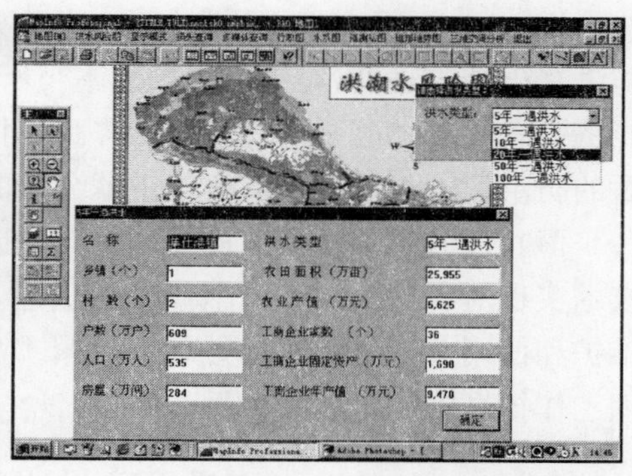

不同等级洪水范围社会经济要素查询显示

图10.9 洪水风险图查询显示模块

2）洪水风险图系统的应用

洪水风险图查询评估系统在研究区防洪减灾中发挥了较大作用，首先表现在为洪涝灾害评估提供快速支持：在洪水来临前，可进行洪水淹没和洪灾损失预估；在洪水发生时，可进行洪水淹没和损失快速评估；在洪水发生后，则可用于洪水淹没和损失验证分析。其次为防洪应急方案制定提供快速支持。该系统作为防洪决策支持系统的一部分，为防洪减灾调度方案的制定提供辅助决策支持。第三为防洪规划管理提供基础信息服务。可在防洪工程建设、市城镇发展和土地利用规划以及防洪保险方面提供较好的信息支持和分析依据。该评估系统具体应用表现在以下几方面：

（1）可较好地辅助防洪减灾辅助决策工作：在防洪减灾工作中，依据洪水风险图制作各县市防洪减灾预案,可较好地减少洪水灾害带来的损失。作为防洪辅助决策系统的一个子系统模块,在实时洪水分析中,能够综合利用实时水情和预测信息,利用洪水风险图系统等多种因素进行洪水风险级别的判定,显示分析洪水的影响范围以及可能造成的损失,并可进行相应防洪调度预案分析,从而为防洪决策提供支持。防汛部门可以根据结果制定出相应的救灾方案,以避免洪水可能造成的损失,提高防洪决策水平。

(2) 有利于决策支持系统中洪灾损失评估和灾情预估分析:显示系统利用高速计算技术和地理信息系统技术,采用事先确定的评估标准和技术路线实现洪灾评估和预估功能。根据洪水淹没区洪水预测成果,结合社会经济和历史灾情数据库,可进行洪水灾情快速评估。

(3) 对于防洪工程设施建设和防洪重点规划具有指导意义:由于洪水风险图系统融合了洪水特征信息、地理信息、社会经济灾情信息,因此它将为研究防洪减灾提供有力支持。首先可使防洪规划有的放矢、提高规划的针对性和有效性,并可节约规划成本,提高规划质量;其次为各县市城镇发展和土地利用规划提供丰富的防洪基础信息,可以避免由于规划不当所带来的洪水灾害损失,以较好地促进地区经济发展。通过显示系统,领导部门可对于洪水影响的区域和程度一目了然,在今后的防洪设施建设和防洪决策中就会有的放矢,减轻洪水损失。

(4) 有利于高效的水文资料和洪灾损失资料的管理:利用 GIS 技术和数据库技术实现对各类空间或非空间社会信息、损失评估资料的收集、传递、存储、加工、维护和使用。原来的人工处理大量繁琐事务变成了计算机的科学管理,使资料管理工作提高到一个新的水平。

10.4.4 实时洪水淹没及防洪决策调度分析

1) 洪水淹没模拟及灾情预估分析

在奉化江流域暴雨洪水分析基础上,重点模拟不同暴雨所产生洪水淹没情况,为未来洪水调度提供决策依据。根据模拟预测的水位变化值,以流域地理空间数据库作支持,利用等淹深线数字模型,确定其可能淹没范围,结合社会经济数据库估算出可能的灾情损失情况,为防洪减灾决策提供依据。

在防洪决策支持系统中,通过洪水监测、洪水预警以及可能的洪水淹没进行二维数值模拟,以分析出最大淹没深度。而对已知水深的洪水淹没范围的确定,是借助 GIS 系统,将计算结果和 DEM 叠加,由系统确定已知水深的洪水淹没范围,并将淹没范围加以显示和统计分析。

在洪灾损失评估中,淹没区社会经济数据库中存有区内土地类型、人口数量、工业布局种植业情况、国民生产总值等。经济损失数据库主要存储了不同等级洪水可能造成的经济损失情况，包括农业损失、工业损失、居民损失等，主要是由洪水淹没而造成的直接损失情况。实际应用时，借助 DEM 和社会经济数据库，根据上述模拟预测的水位值，分析出可能淹没水深和范围，并根据 GIS 空间信息和 DEM 模型以及社会经济库中的人口、工业产值、作物种植类型和季节，估算出可能洪灾损失情况。然后通过洪水调度模型，分析不同水库调度及闸坝开启条件下，洪水淹没和灾情损失情况，并利用系统分析中优化模型的计算方法，分析出水库效益较好并且下游洪水损失较小的优化调度方案（见图 10.10，彩插 3）。

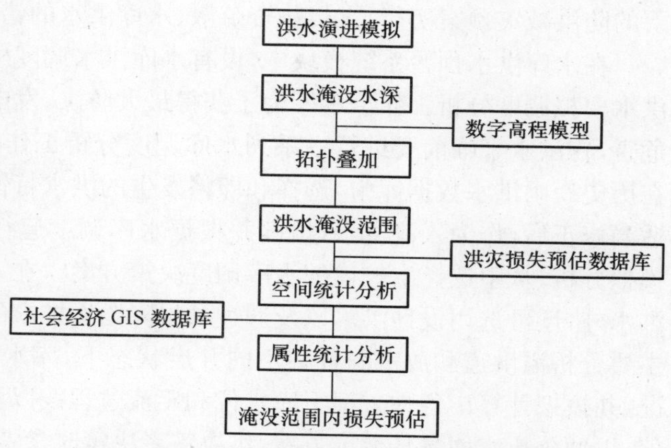

图 10.10　洪水淹没模拟及灾情预估流程图

上述模拟、分析与计算流程见图 10.11，经“9711”历史洪水资料验证，和实际情况基本一致，说明该模块有一定计算分析精度。

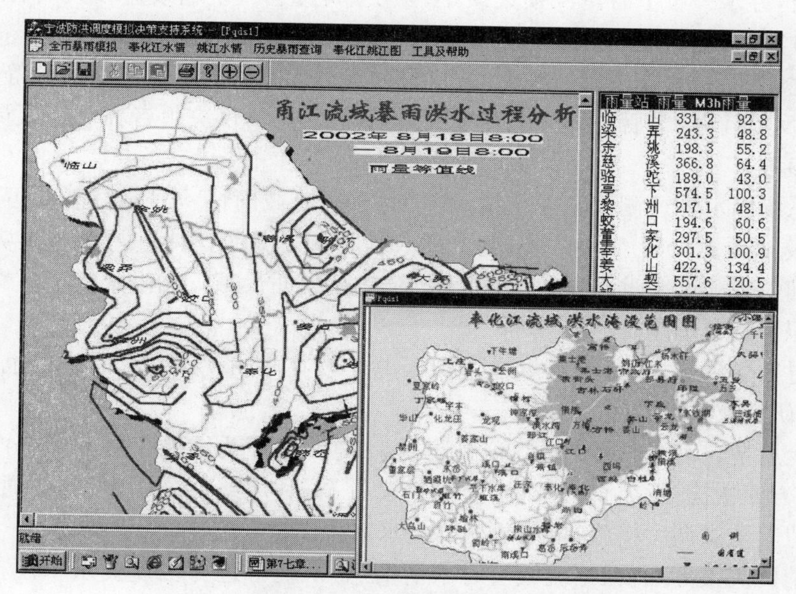

图 10.11　甬江流域奉化江暴雨洪水淹没分析

2）防洪调度模拟预警分析

研究区防洪决策支持系统中，防洪减灾辅助决策包括各区域在各种洪水情况下的防洪减灾预案实行、人员物资疏散、水库洪水的错峰调度等。

在水库洪水预警系统模块中，设有水库洪水调度模拟系统模块，主要用于水库洪水模拟调度分析工作。水库为了获得最大防洪、发电与供水效益，减轻下游洪水危害，在洪水来临前要进行一系列水库调度分析工作：根据气象部门的分析预报，在历史暴雨洪水数据库中，选择和即将发生的洪水特性相类似的历史洪水过程，经适当修正后，作为入流洪水过程，并根据水库调度运行规则，进行多方案调度运行模拟分析，从中选择出较优的水库调度决策方案。在入流洪水选择上，除选用典型洪水外，还可选用设计洪水以及通过预报降雨所推求的洪水过程。在调度模拟中，主要分析溢洪道和放水洞各种不同开启状态下，库水位变化和出库流量的变化情况，并模拟计算出各种方案下库水位和出流过程线以及最高水位、最大出流等特征值，以便分析水库最佳调度方案，供决策者决策时参考，为水库调度提供决策依据。

本次所选定的奉化江流域，上游建有三座大型水库，分别保护着下游奉化、溪口和鄞江三个城镇，下游为经济发达的奉化江洪泛平原，这里如遇洪水淹没损失较大。防洪减灾调度主要是利用三大水库洪水预警系统，在洪水来临前进行洪水趋势预报，以此作为入流；在一系列水库出流和下游流量限制条件下，进行洪水模拟调度分析，寻求一个下游淹没损失最小、防洪库容最大、发电效益较大的各水库调度决策方案。模拟计算时，采用实时优化和模拟相结合，对各水库采用动态模拟法进行优化调度分析，在下游控制河段进行模拟分析，然后再修改水库水量等约束条件，如此反复计算，最后获得一个较满意决策调度方案，供决策者在制定人员、物资疏散时参考。

本系统以水文遥测信息作支撑，可实时掌握流域雨情、水情状况，并可进行快速洪水模拟预测分析，同时可借助 DEM 模型和数据库支持进行相应洪灾预估。在此基础上预测未来洪水变化趋势，确定流域最佳防洪减灾的洪水调度方案，实现洪水模拟预测自动化。

通过数场洪水检验，上游洪水模拟误差一般在 15%以下，灾情评估也基本符合实际，研究成果基本满意。

综上所述，实验流域基于 GIS 的防洪减灾系统自动化程度高，空间分析能力强；系统方便快捷，形象直观；洪水模拟精度较高，利用该系统调度方案，通过水库洪水预泄等防洪调度措施，可明显减少洪水灾害经济损失。

在辅助决策方面，根据流域实时水情信息，系统可进行快速的洪水模拟预测，借助于 DEM 模型和数据库进行相应洪灾预估。在此基础上预测未来洪水变化趋势，并确定流域最佳洪水调度方案。

目前该系统已能较好地提供各种水情信息和防汛辅助决策，在近年来几次抗御较大的台风暴雨洪水中，发挥了很大作用。利用该系统，决策者能及时了解流域水情状况和变化趋势以及进行相应的灾情预估和调度辅助决策分析，为快速防洪减灾决策创造了条件，有力地减少了洪水灾害损失，并大大提高了防洪减灾的自动化水平。

参 考 文 献

Appelbaum S J. Determination of urban flood damages[J]. Journal of Water Resources Planning and Management, 1985, 111(3): 269～283.

Baecher G. B. Risk analysis and uncertainty in flood damage reduction studies [M]. National Academy Press, Washington, D. C., 2000.

Beighley R E, Melack J M, Dunne T. Impacts of climatic regimes and urbanization on streamflow in california coastal watersheds[J]. Journal of the American Water Resources Association, 2003, 39(6): 1419～1433.

Bertoni J C, Tucci C E, Clarker R T. Rainfall-based real-time flood forcasting[J]. Journal of Hydrology, 1992, 131(1-4): 313～339.

Bhaduri B, Minner M, Tatalovich S and Harbor J. Long-term hydrologic impact of urbanization: a tale of two models[J]. Journal of Water Resources Planning and Management, 2001, 127(1): 13～19.

Bhaskar N R, Wesley P J, Devulapalli R S. Hydrologic parameter estimation using geographic information systems[J]. Journal of Water Resources Planning and Management, 1992, 118(5): 492～512.

Boyle S J, Tsanis I K, Kanaroglou P S. Developing geographic information systems for land use impact assessment in flooding conditions[J]. Journal of Water Resources Planning and Management, 1998, 124(2): 89～98.

Bronstert Axel, Daniel Niehoff, Gerd Bürger. Effects of climate and land-use change on storm runoff generation: present knowledge and modeling capabilities [J]. Hydrological Processes, 2002, 16(2): 509～529.

Carrara A, Guzzetti F. Geographical information systems in assessing natural hazards[M]. Dordrecht: Kluwer Academic Publishers, 1995.

Chang T J, Hsu M H, Teng W H et al. A GIS-assisted distributed watershed model for simulating and inundation [J]. Journal of the American Water Resources Association, 2000, 36(5): 975～988.

Consuegra D, Joerin F, Vitalini F. Flood delineation and impact assessment in agricultural land using GIS technology, In: A. Carrara and F. Guzzetti (eds), *Geographical Information Systems in Assessing Natural Hazards* [C]. Kluwer Academic Publishers, Dordrecht, 1995: 177～198.

Correia F N, Saraiva M D G et al. Floodplain management in urban developing areas. Part II. GIS-based flood analysis and urban growth modeling[J]. Water Resources Management, 1999,

13(1):23～37.

Das S, Lee R. A nontraditional methodology for flood stage-damage calculations[J]. Water Resources Bulletin,1988,24(6):1263～1272.

Defries R, Eshleman K N. Land-use change and hydrologic processes: A major focus for the future[J]. Hydrological Processes,2004,18(11):2183～2186.

DHI(Danish Hydraulic Institute). MIKE 21 user guide and reference manual[Z]. Horsholm, Denmark:DHI. 2005.

Engman E T. Remote sensing applications to hydrology: future impact[J]. Hydrological Sciences Journal,1996,41(4):637～647.

Ford D T. Flood-warning decision-support system for Sacramento, California[J]. Journal of Water Resources Planning and Management,2001,127(4):254～260.

Gemmer M, Jiang T, Su B, Kundzewicz Z W. Seasonal precipitation changes in the wet season and their influence on flood/drought hazards in the Yangtze River Basin, China[J]. Quaternary International,2008,186:12～21.

Gu W, Li C Y, Wang X et al. Linkage between mei-yu precipitation and North Atlantic SST on the decadal timescale[J]. Aavances in Atmospheric Sciences,2009,26(1):101～108.

Hu Y M, Ding Y H. Simulation of 1991－2005 Meiyu seasons in the Yangtze-Huaihe region using BCC-RegCM 1. 0[J]. Chinese Science Bulletin,2010,55(11):1077～1083.

Islam M D M, Sado K. Development of flood hazard maps of Bangladesh using NOAA-AVHRR images with GIS[J]. Hydrological Sciences Journal,2000,45(3):337～355.

Ito K, Xu Z X, Jinno K et al. Decision support system for surface water planning in river basins[J]. Journal of Water Resources Planning and Management,2001,127(4):272～276.

Kite G W, Pietroniro A. Remote sensing applications in hydrological modelling[J]. Hydrological Sciences Journal,1996,41(4):563～591.

Lahmer W, Pfutzner B, Becker A. Assessment of land use and climate change impacts on the Mesoscale[J]. Physics and Chemistry of the Earth,2001,26:565～575.

Liang X, Xie Z H, Huang M Y. A new parameterization for surface and groundwater interactions and its impact on water budgets with the variable infiltration capacity(VIC) land surface model. Journal of Geophysics Research,2003,108(D16):1～17.

Lin C A, Wen L, Lu G H et al. Real-time forecast of the 2005 and 2007 summer severe floods in the Huaihe River Basin of China[J]. Journal of Hydrology,2010,381(1－2):33～41.

Marshall E. Randhir T O. Spatial modeling of land cover change and watershed response using Markovian cellular automata and simulation[J]. Water Resources Research,2008,44(4):1～11.

McColl C, Aggett G. Land-use forecasting and hydrological model integration for improved land-use decision support[J]. Journal of Enviromental Management,2007,84:494～512.

Mertes L A K, Daniel D L, Melack J M et al. Spatial patterns of hydrology, geomorphology and vegetation on the flood plain of the Amazon river in Brazil from a Remote Sensing Perspective [J]. Geomorphology,1995,(3):215～232.

Noman N S, Nelson E J, Zundel A K. Improved process for floodplain delineation from Digital Terrain Models [J]. Journal of Water Resource Planning and Management, 2003, 129 (5): 427～436.

Qian W H, Zhu J, Wang Y G, Fu J L. Regional relationship between the Jiang-Huai Meiyu and the equatorial surface-subsurface temperature anomalies[J]. Chinese Science Bulletin, 2009, 54(1):113～119.

Sample D J, Heaney J P, Wright L T, Koustas R. Geographic Information Systems, Decision Support Systems, and Urban Storm-Water Management[J]. Journal of Water Resources Planning and Management, 2001, 127(3):155～161.

Schultz G A. Mesoscale modeling of runoff and water balances using remote sensing and other GIS data[J]. Hydrological Sciences Journal, 1994, 39(2):121～142.

Su B, Gemmer M, Jiang T. Spatial and temporal variation of extreme precipitation over the Yangtze River Basin[J]. Quaternary International, 2008, 186(1):22～31.

Tamura H, Yamamoto K, Tomiyama s, Hatono I. Modeling and analysis of decision making problem for mitigating natural disaster risks [J]. European Journal of Operational Research, 2000, 122(2):461～468.

Tang Z, Engel B A, Pijanowski B C, et al. Forecasting land use change and its environmental impact at a watershed scale[J]. Journal of Environmental Management, 2005, 76:35～45.

Walsh M R. Toward spatial decision support systems in water resources [J]. Journal of Water Resources Planning and Management, 1993, 119(2):158～169.

Yang C R, Tsai C T. Development of a GIS-Based flood information system for floodplain modeling and damage calculation [J]. Journal of the American Water Resources Association, 2000, 36(3):567～577.

Yang H, Li C. The relation between atmospheric intraseasonal oscillation and summer severe flood and drought in the Changjiang-Huaihe River Basin [J]. Advances in Atmospheric Sciences, 2003, 20(4):540～553.

Yu F L, Chen Z Y, Ren X Y et al. Analysis of historical floods on the Yangtze River, China: Characteristics and explanations [J]. Geomorphology, 2009, 113(3-4):210～216.

Zerger A, Smith D I. Impediments to using GIS for real-time disaster decision support[J]. Computers, Environment and Urban Systems, 2003, 27(2):123～141.

白薇. 城市洪水风险分析及基于 GIS 的洪水淹没范围模拟方法研究[D]. 哈尔滨:东北农业大学, 2001.

曹东, 金东春. 洪水风险图及其作用[J]. 东北水利水电, 1998, (8):8～10.

常晋义, 张渊智. 空间决策支持系统及其应用[J]. 遥感技术与应用, 1996, 11(1):33～39.

常燕卿, 张福浩. 采用矢栅一体化技术的实时洪水淹没模拟分析系统[J]. 中国测绘, 1999, (6):24～26.

陈丙咸, 杨戊, 黄杏元, 张力, 赵荣, 裴志远. 基于 GIS 的流域洪涝数字模拟和灾情损失评估的研究[J]. 环境遥感, 1996, 11(4):309～314.

陈德清, 万庆, 万洪涛. 社会经济统计数据空间化方法在洪水灾情评估中的应用探讨[J]. 地理研究,1998,17(增刊):79～85.

陈浩,仇劲卫,王艳艳,张旭,万群志.北江大堤保护范围洪水风险图的制作与应用[J].水利水电技术,2000,31(7):38～43.

陈华丽,陈刚,丁国平.基于GIS的区域洪水灾害风险评价[J].人民长江,2003,34(6):49～51.

陈惠源.江河防洪调度与决策[M].武汉:武汉水利电力大学出版社,1999.

陈家华,陆菊中,潘益农,黄万春.江苏省里下河地区梅雨洪涝灾害成因与规律的探讨[J].气象科学,1998,18(2):167～173.

陈家其.长江三角洲城市建设发展与城市水害[J].长江流域资源与环境,1995,4(3):202～208.

陈曦川.小清河滞洪区洪灾监测信息系统的研究与建立[J].国土资源遥感,1997,(3):40～45.

陈晓玲,朱大奎,丛日霞.江苏沿海里下河洼地的涝灾及其发生机理[J].海洋科学,1997,(1):64～68.

陈秀万.洪水灾害损失评估系统:遥感与GIS技术应用研究[M].北京:中国水利水电出版社,1999.

陈秀万.遥感与GIS在洪水灾情分析中的应用[J].水利学报,1997,(3):70～73.

陈莹,许有鹏,尹义星.基于土地利用分析的长期水文效应研究[J].自然资源学报,2009,24(2):351～359.

陈永柏,方子云.洪水影响的综述[J].水科学进展,1994,5(1):78～84.

程涛,吕娟,张立忠,苏志诚.区域洪灾直接经济损失即时评估模型实现[J].水利发展研究,2002,2(12):40～47.

仇劲卫,陆吉康,李娜,陈浩.北江大堤洪水风险图信息管理系统中仿真模型的开发研究[J].灾害学,1999,14(4):17～21.

戴甦,张怡.太湖流域洪涝灾害特征及减灾措施[A].太湖高级论坛交流文集,2004,81～86.

都金康,张健挺,王腊春,许有鹏.防洪减灾决策中的分解协调优化方法[J].南京大学学报(自然科学),2001,37(3):288～295.

范子武,姜树海.蓄、滞洪区的洪水演进数值模拟与风险分析[J].水利水运科学研究,2000,(2):1～6.

冯利华,骆高远.洪水等级和灾情划分问题[J].自然灾害学报,1996,5(3):89～92.

冯平,崔广涛,钟昀.城市洪涝灾害直接经济损失的评估与预测[J].水利学报,2001,(8):64～68.

冯智瑶.沿海城市防洪减灾系统的总体功能设计[J].人民珠江,1998,(4):41～47.

傅国斌,刘昌明.遥感技术在水文学中的应用与研究进展[J].水科学进展,2001,12(4):547～559.

葛守西.现代洪水预报技术[M].北京:中国水利水电出版社,1999.

葛小平,许有鹏,张琪,张立峰.GIS支持下的洪水淹没范围模拟[J].水科学进展,2002,13(4):456～460.

葛小平.基于GIS的东南沿海中小流域洪灾风险分析研究——以奉化江流域为例[D].南京:南京大学,2006.

葛怡，史培军，周俊华等. 土地利用变化驱动下的上海市区水灾灾情模拟[J]. 自然灾害学报，2003，12(3)：25～30.

龚振淞，何敏. 长江流域夏季降水与全球海温关系的分析[J]. 气象，2006，32(11)：56～61.

郭岗，冯普林，严伏潮. 渭河下游洪水风险的数值模拟分析[J]. 水利水电技术，2000，31(9)：44～47.

郭建中，胡和平，翁文斌. 中小流域防洪规划决策支持系统——II 个例分析[J]. 水科学进展，2001，12(2)：227～231.

郭建中，胡和平，翁文斌. 中小流域防洪规划决策支持系统——I 系统研究[J]. 水科学进展，2001，12(2)：222～226.

国家防汛抗旱总指挥部办公室，水利部南京水文水资源研究所. 中国水旱灾害[M]. 北京：中国水利水电出版社，1997.

何昌顺，周利明. 不同洪水风险级灾害关系曲线的制作及应用[J]. 浙江水利科技，1999，(3)：47～48.

何金海，祁莉，韦晋，等. 关于东亚副热带季风和热带季风的再认识[J]. 大气科学，2007，31(6)：1257～1265.

胡明思，骆承政. 中国历史大洪水[M]. 北京：中国书店，1992.

黄嘉佑，高守亭. 影响长江地区夏季洪涝的大气环流因子研究[J]. 自然科学进展，2003，13(2)：206～209.

黄平，赵吉国. 森林坡地二维分布型水文数学模型的研究[J]. 水文，2000，20(4)：1～4.

黄诗峰，周成虎，万庆等. 洪水灾害风险评价初析[J]. 地理研究，1998，17(增刊)：71～77.

黄宜凯，缺乏水文资料地区的产汇流计算方法，博士论文，1993.

黄振平，沈福新，朱元甡，王道席. 基于雨洪预报信息的防洪决策风险分析方法研究[J]. 水科学进展，2001，12(4)：499～503.

纪昌明，梅亚东. 洪灾风险分析[M]. 武汉：湖北科学技术出版社，2000.

姜树海，范子武，吴时强. 洪灾风险评估和防洪安全决策[M]. 北京：中国水利水电出版社，2005.

李昌峰，高俊峰，曹慧. 土地利用变化对水资源影响研究的现状和趋势[J]. 土壤，2002，4：191～205.

李吉顺，冯强，王昂生，我国暴雨洪涝灾害的危险性评估：台风暴雨灾害性天气监测：预报技术研究[M]. 北京：气象出版社，1999.

李娜. GIS 技术在洪水风险图编制中的应用[J]. 中国水利，2005，(17)：17～19.

李楠，任颖，顾伟宗，陈艳春. 基于 GIS 的山东省暴雨洪涝灾害风险区划[J]. 中国农学通报，2010，26(20)：313～317.

李翔，周诚，高肖俭，吴步昶. 我国灾害经济统计评估系统及其指标体系[J]. 自然灾害学报，1993，2(1)：5～15.

林泉. 城市化指标体系的实证分析[J]. 城市问题，2001，(4)：14～16.

刘俊，徐向阳，黄林楠. 江苏省防汛防旱决策支持系统研究[J]. 河海大学学报，2000，28(1)：116～118.

刘仁义，刘南．基于GIS的复杂地形洪水淹没区计算方法[J]．地理学报，2001，56(1)：1～6．
刘树坤，沈振明．利用洪水风险图指导洪泛区及城市建设[J]．灾害学，1991，6(4)：26～31．
刘树坤．国外防洪减灾发展趋势分析[J]．水利水电科技进展，2000，20(1)：2～9．
刘燕华，李钜章，赵跃龙．中国近期自然灾害程度的区域特征[J]．地理研究，1995，14(3)：14～25．
鲁井兰．江苏省城市化水平综合评价研究[D]．镇江：江苏大学，2007．
骆承政，乐嘉祥．中国大洪水：灾害性洪水述要[M]．北京：中国书店，1996．
马建明，许静，朱云枫，张伟兵．国外洪水风险图编制综述[J]．中国水利，2005，(17)：29～31．
马音，陈文，王林．中国夏季淮河和江南梅雨期降水异常年际变化的气候背景及其比较[J]．气象学报，2011，69(2)：334～343．
马宗晋，郑功成等．中国气象洪涝海洋灾害[M]．湖南人民出版社，1997．
孟飞，刘敏，吴健平，等．高强度人类活动下河网水系时空变化分析[J]．资源科学，2005，27(6)：156～161．
闵骞．洪水的等级划分及其减灾意义[J]．自然灾害学报，1994，3(1)：34～39．
潘光波，许有鹏，丁瑾佳，叶正伟．江淮下游平原地区降水时空变化：以江苏里下河腹部区为例[J]．南京大学学报(自然科学)，2010，46(6)：671～680．
钱步东，范钟秀．1991年6月～7月太湖及里下河地区连续暴雨过程中雨团活动分析[J]．水科学进展，1994，5(3)：193～199．
任立良，刘新仁．基于数字流域的水文过程模拟研究[J]．自然灾害学报，2000，9(4)：45～52．
任鲁川．灾害损失定量评估的模糊综合评判方法[J]．灾害学，1996，11(4)：5～10．
阮均石．气象灾害十讲[M]．北京：气象出版社，2000．
芮孝芳，姜广斌．洪水演算理论与计算方法的若干进展与评论[J]．水科学进展，1998，9(4)：389～395．
施小英，徐祥德，王浩，秦大庸．长江中下游地区旱涝异常的水汽输送结构特征及其变化趋势[J]．水利学报，2008，39(5)：596～603．
史培军，袁艺，陈晋．深圳市土地利用变化对流域径流的影响[J]．生态学报，2001，21(7)：1041～1049．
苏伟忠，杨桂山．太湖流域南河水系无尺度结构[J]．湖泊科学，2008，20(4)：514～519．
孙桂华等．洪水风险分析制图实用指南[M]．北京：水利电力出版社，1992．
孙建霞．基于GIS和RS技术的吉林省暴雨洪涝灾害风险评价[D]．长春：东北师范大学，2010．
谭炳卿，金光炎．水文模型与参数识别[M]．北京：中国科学技术出版社，1998．
汤奇成、李秀云．中国洪涝灾害的初步研究．刘昌明主编．第六次全国水文学会议论文集[M]．科学出版社，1997，22～26．
万洪涛，周成虎，万庆，刘舒．地理信息系统与水文模型集成研究述评[J]．水科学进展，2001，12(4)：560～568．
万庆，励惠国．蓄洪区灾民撤退过程动态模拟(I)—技术与方法研究[J]．地理学报，1995，(增刊)：62～68．
万庆等．洪水灾害系统分析与评估[M]．北京：科学出版社，1999．

万荣荣,杨桂山,李恒鹏等. 中尺度流域次降雨洪水过程模拟—以太湖上游西苕溪流域为例[J]. 湖泊科学,2007,19(2):170～176.

万荣荣,杨桂山,流域土地利用覆被变化的水文效应与洪水响应研究[J]. 湖泊科学,2004,16(3):258～264.

汪德罐. 计算水力学理论与应用[M]. 南京:河海大学出版社,1989.

王本德,梁国华,程春田. 防洪实时风险调度模型及应用[J]. 水文,2000,20(6):4～8.

王静,喻朝庆,程晓陶,胡昌伟. 太湖流域大尺度洪水分析中对圩区影响洪涝分布的模拟[J]. 水利水电技术,2010,41(9):91～96.

王厥谋. 水文情报预报文集[M]. 郑州:黄河水利出版社,2000.

王丽萍,傅湘. 洪灾风险及经济分析[M]. 武汉:武汉水利电力大学出版社,1999.

王文东,杨祖芳,何立富. 热带地区流场异常与江淮特大暴雨成因的研究[J]. 海洋预报,1994,11(1):15～21.

王艳君,吕宏军,施雅风等. 城市化流域的土地利用变化对水文过程的影响—以秦淮河流域为例[J]. 自然资源学报,2009,24(1):30～36.

王艳艳、陆吉康、陈浩等. 洪灾损失评估技术应用[A]. 2001 防洪抗旱减灾论文选集[C],水利部防洪抗旱减灾工程技术研究中心编,123～128.

王一秋,许有鹏,李群智,常玉会. 太湖流域江苏片区洪灾风险区划[J]. 自然灾害学报,2010,19(4):195～200.

王义成. 日本综合防洪减灾对策及洪水风险图制作[J]. 中国水利,2005,(17):32～35.

魏凤英,张婷. 淮河流域夏季降水的振荡特征及其与气候背景的联系[J]. 中国科学 D 辑:地球科学,2009,39(10):1360～1374.

魏文秋,赵英林水文气象与遥感,湖北科学技术出版社,2000

魏一鸣,金菊良,杨存建,黄诗峰,范英,陈德清. 洪水灾害风险管理理论[M]. 北京:科学出版社,2002.

魏一鸣,金菊良,周成虎,万庆,李纪人. 洪水灾害评估体系研究[J]. 灾害学,1997,12(3):1～5.

魏一鸣,杨存键,金菊良. 洪水灾害分析与评估的综合集成方法[J]. 水科学进展,1999,10(1):25～30.

谢文君,倪绍祥. 江苏省里下河地区湖泊资源动态研究[J]. 农村生态环境,2000,16(2):17～19.

徐乾清. 对未来防洪减灾形势和对策的一些思考[J]. 水科学进展,1999,10(3):235～241.

徐乾清. 浅议具有中国特色的防洪减灾体系[J]. 水利规划设计,2002,(2):40～43.

徐向阳,刘俊. 洪水风险分析和定量评估[J]. 中国减灾,1999,9(4):31～34.

徐玉英,王本德. 水库洪水预报子系统的风险分析[J]. 水文,2001,21(2):1～4.

许飞琼. 灾害统计指标体系及其框架设计[J]. 灾害学,1996,11(1):11～14.

许有鹏,陈钦峦,朱静玉. 遥感信息在水文动态模拟中的应用[J]. 水科学进展,1995,6(2):156～161.

许有鹏,葛小平,张立峰,都金康. 东南沿海中小流域平原区洪水淹没模拟[J]. 地理研究,2005,23(1):38～45.

许有鹏,李立国,蔡国民,张立峰,李景才.GIS支持下中小流域洪水风险图系统研究[J].地理科学,2004,24(4):452～457.

许有鹏,李立国,俞红军,桑银江,徐琦良.宁波市防汛网络信息系统建设研究[J].水文,2001,21(3):23～26.

许有鹏,李立国.小流域洪水预报模型参数智能化的初步研究[J].南京大学学报(自然科学),1996,32(2):295～ 301.

许有鹏,王腊春,李立国,周寅康.中小流域防洪决策支持系统设计研究—以我国东南沿海甬江流域为例[J].南京大学学报(自然科学),2000,36(3):280～285.

许自达,关业祥.洪涝灾害对策及其效益评估[M].南京:河海大学出版社,1997.

杨存建,魏一鸣,陈德清.基于星载雷达的洪水灾害淹没范围获取方法探讨[J].自然灾害学报,1998,7(3):45～50.

杨凯,袁雯,赵军等.感潮河网地区水系结构特征及城市化响应[J].地理学报,2004,59(4):557～564.

杨秋明.梅雨期间长江中下游降水与北半球环流的耦合相关[J].气象科学,2002,22(1):81～87.

杨郁华.国外国土整治经验介绍—美国田纳西河是怎样变害为利的[J].地理译报,1983,(3):1～5.

姚素香,张耀存.江淮流域梅雨期雨量的变化特征及其与太平洋海温的相关关系及年代际差异[J].南京大学学报(自然科学),2006,42(3):298～308.

姚秀萍,于玉斌,刘还珠. 2003年淮河流域异常降水期间副热带高压的特征[J].热带气象学报,2005,21(4):393～ 401.

叶守泽.气象与洪水[M].武汉:武汉水利电力大学出版社,1999.

叶正伟,许有鹏,徐金涛.江苏里下河地区洪涝灾害的演变趋势与成灾机理分析[J].地理科学,2009,29(6):880～ 885.

尹树新,江燕如.季风异常与江淮地区旱涝关系[J].南京气象学院学报,1993,16(1):89～96.

尹义星,许有鹏,陈莹.1950～2003年太湖流域洪旱灾害变化与东亚夏季风的关系[J].冰川冻土,2010,32(2):381～ 388.

余达征,索丽生,史金松.模型库技术及其在防洪调度智能决策支持系统(FCDIDSS)中的应用研究[J].水文,2000,20(4):9～12.

袁红梅,邓彩琼.应用GIS技术制作洪水风险图[J].江西水利科技,2004,30(4):198～201.

袁雯,杨凯,吴建平.城市化进程中平原河网地区河流结构特征及其分类方法探讨[J].2007,27(3):401～407.

张恭肃,朱新明,杨小柳等.水文预报系统[M]. 北京:水利电力出版社,1989.

张建云,轩云卿,李健.水文情报预报系统开发中的若干问题探讨[J].河海大学学报,2000,28(1):86～90.

张建云,张瑞芳,朱传保,陈洁云.水文预报及信息显示系统开发研究[J].水科学进展,1996,7(3)214～220.

张金善,叶清华,吕国年等,组件式Web GIS与水力数学模型应用的集成研究[A].GIS技术在水利中应用论文集,河海大学出版社,2001.

张立锦,崔信民,彭海鹰,王用红. 南京市防洪减灾信息系统研究[J]. 水文,1998,(5):6~13.

张庆云,陶诗言,陈烈庭. 东亚夏季风指数的年际变化与东亚大气环流[J]. 气象学报,2003,61(4):559~568.

张庆云,陶诗言. 夏季西太平洋副热带高压异常时的东亚大气环流特征[J]. 大气科学,2003,27(3):369~380.

张顺利,陶诗言,张庆云,卫捷. 长江中下游致洪暴雨的多尺度条件[J]. 科学通报,2002,47(6):467~473.

张万宗等. 国外的洪水与防治[M]. 郑州:黄河水利出版社,2001.

张闻胜,董秀颖,刘金清. 国内外洪水风险分析概述[J]. 北京水利,2000,(6):12~15.

张行南,罗健,陈雷,李红. 中国洪水灾害危险程度区划[J]. 水力学报,2000(3):1~7.

张旭,万群志,程晓陶,陆吉康. 关于全国推广洪水风险图的认识与设想[J]. 自然灾害学报,1997,6(4):61~67.

赵黎明,王康,邱佩华. 灾害综合评估研究[J]. 系统工程理论与实践,1997,(3):63~69.

赵庆良. 沿海山地丘陵型城市洪灾风险评估与区划研究[D]. 上海:华东师范大学,2009.

赵人俊,王佩兰. 新安江模型参数的分析[J]. 水文,1988,(6):2~9.

赵人俊. 时变线性系统流域汇流模型[J]. 水文,1991,(4):22~24.

赵喜仓,吴继英. 江苏省区域城市化水平评价与分析[J]. 江苏大学学报(社会科学版),2002,4(4):92~96.

郑兴华,严明良,周曾奎,唐勇,吴震,冯民学. 洪水风险预测业务系统[J]. 气象,1999,25(12):28~31.

周成虎,万庆,黄诗峰,陈德清. 基于 GIS 的洪水灾害风险区划研究[J]. 地理学报,2000,55(1):15~24.

周成虎. 洪水灾情评估信息系统研究[J]. 地理学报,1993,48(1):11~18.

周广胜,王玉辉. 土地利用/覆盖变化对气候的反馈作用[J]. 自然资源学报,1999,14(4):318~322.

周魁一. 21 世纪我国防洪减灾战略刍议—建设全社会的综合防洪减灾体系[J]. 科技导报,1998,(12):12~15.

周武光,史培军. 洪水风险管理研究进展与中国洪水风险管理模式初步探讨[J]. 自然灾害学报,1999,8(4):62~72.

周孝德,陈惠君,沈晋. 滞洪区二维洪水演进及洪灾风险分析[J]. 西安理工大学学报,1996,12(3):244~250.

朱元甡. 基于风险分析的防洪研究[J]. 河海大学学报,2001,29(4):1~8.

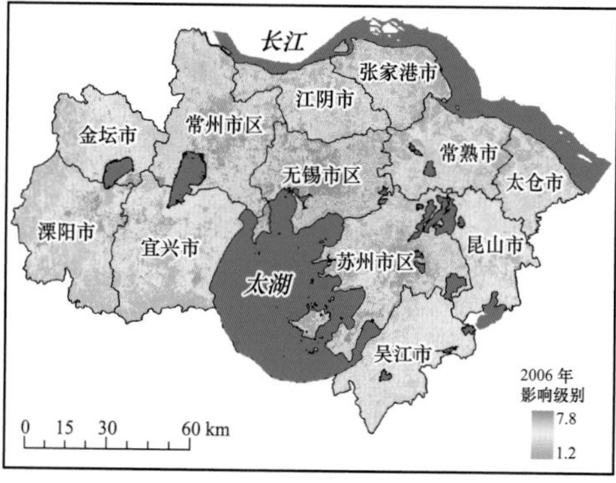

苏锡常地区洪灾风险的空间分布 (图 9.9)

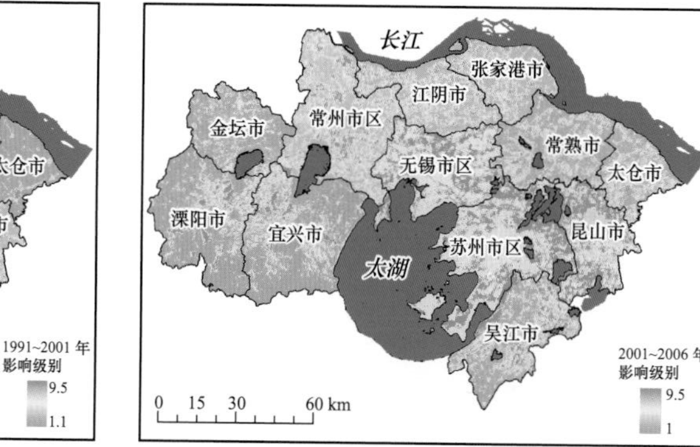
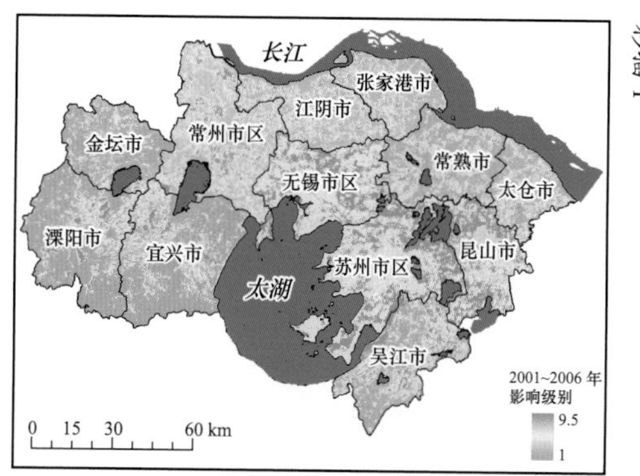

苏锡常地区洪灾风险的变化 (图 9.22)

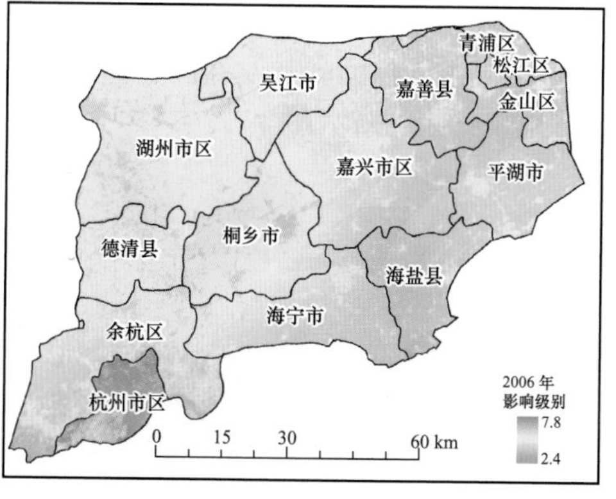

杭嘉湖地区洪灾风险的空间分布 (图 9.10)

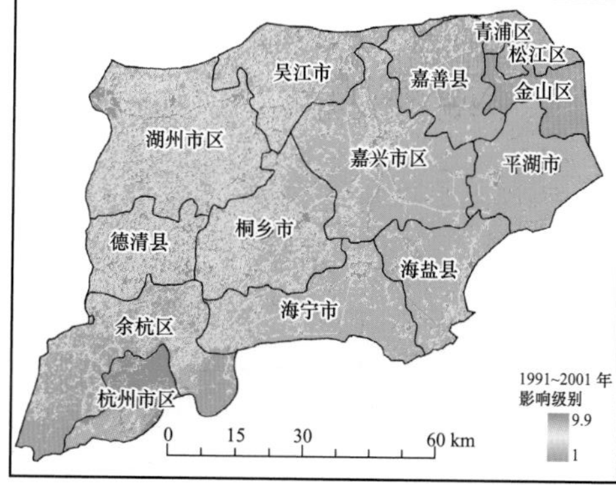

杭嘉湖地区洪灾风险的变化 (图 9.23)

甬曹浦地区洪灾风险的空间分布 (图 9.12)

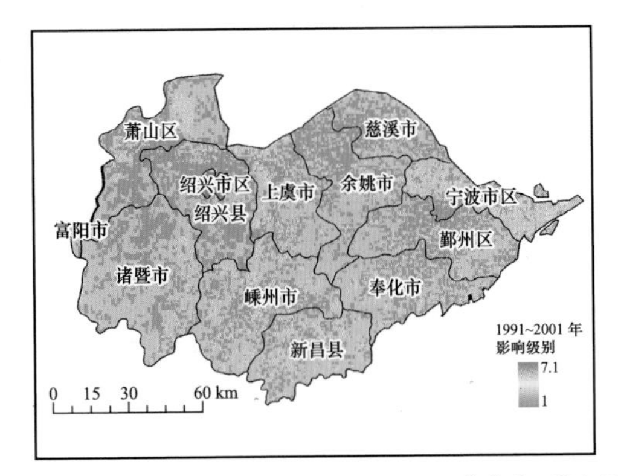

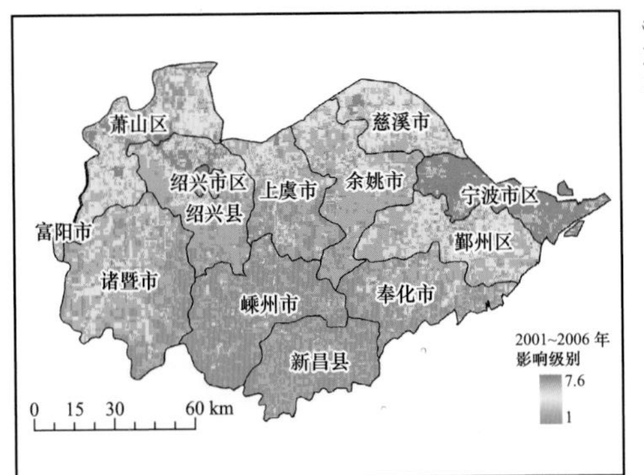

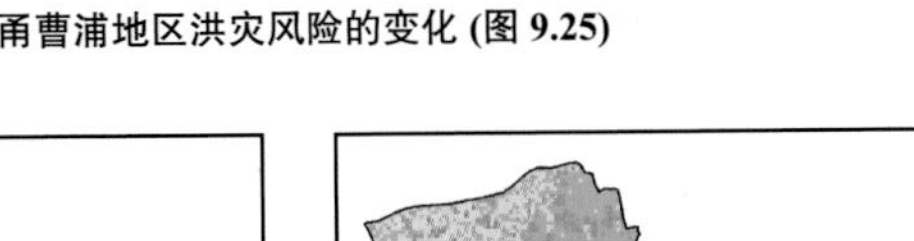

甬曹浦地区洪灾风险的变化 (图 9.25)

里下河地区洪灾风险的空间分布 (图 9.13)

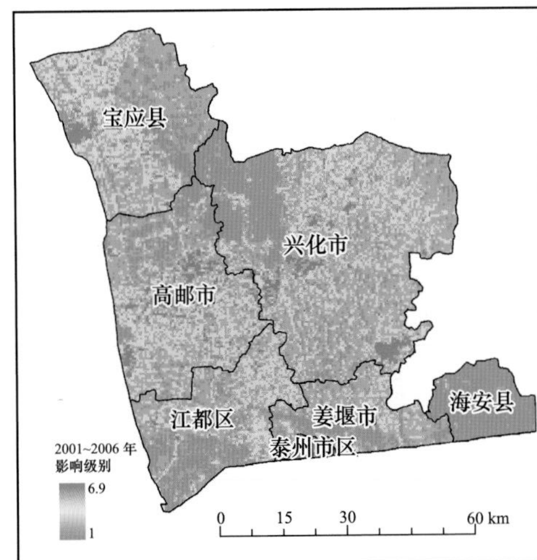

里下河地区洪灾风险的变化 (图 9.26)

秦淮河平原区洪灾风险的空间分布 (图 9.11)

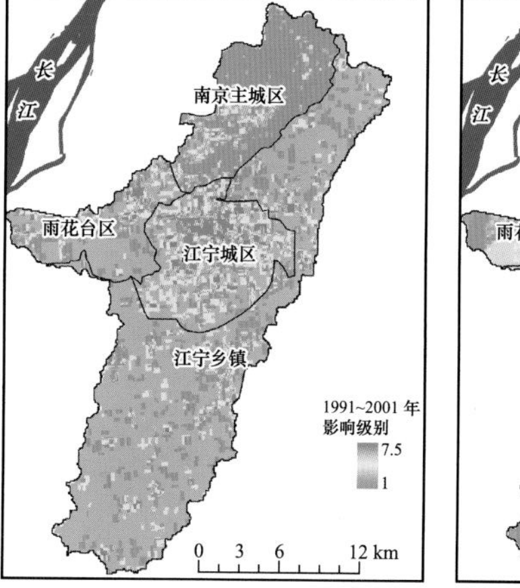

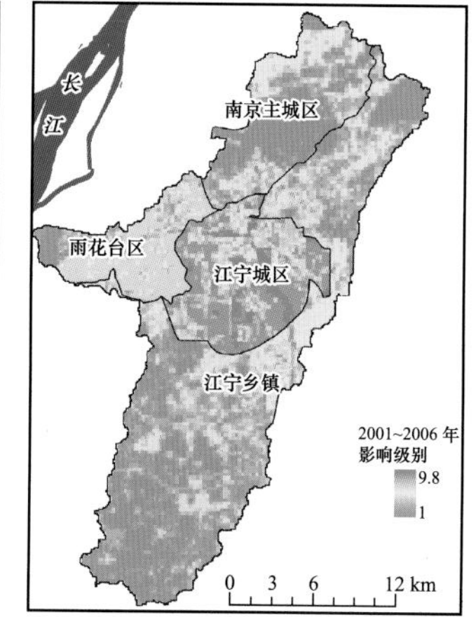

秦淮河平原区洪灾风险的变化 (图 9.24)

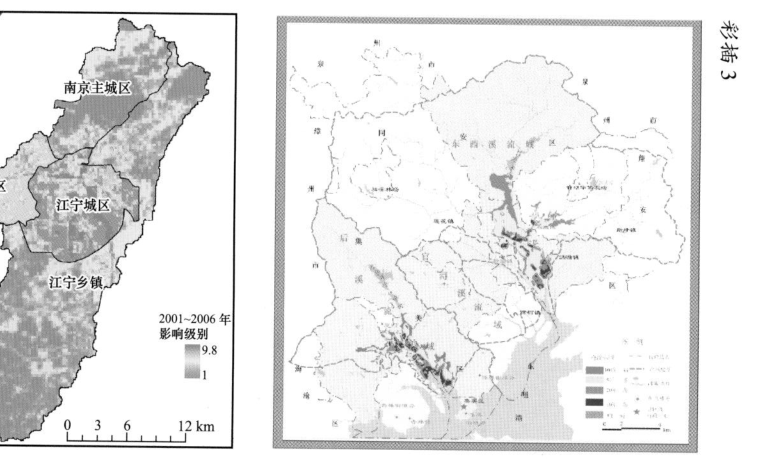

厦门后溪及东西溪流域不同等级洪水淹没范围 (图6.10)

洪水风险等级和底图的显示查询

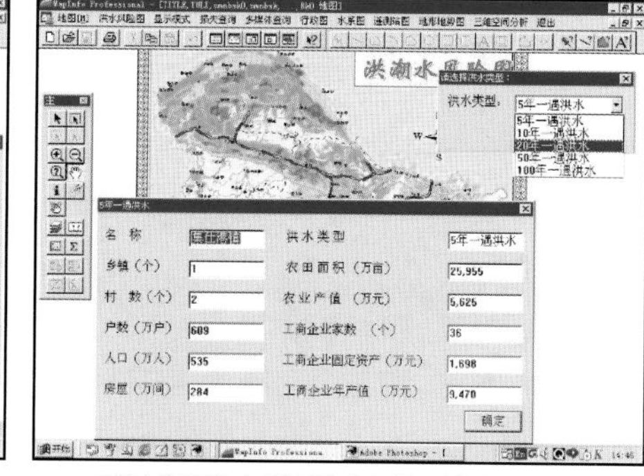

不同等级洪水范围社会经济要素查询显示

甬江流域洪水风险图查询显示模块 (图 10.9)

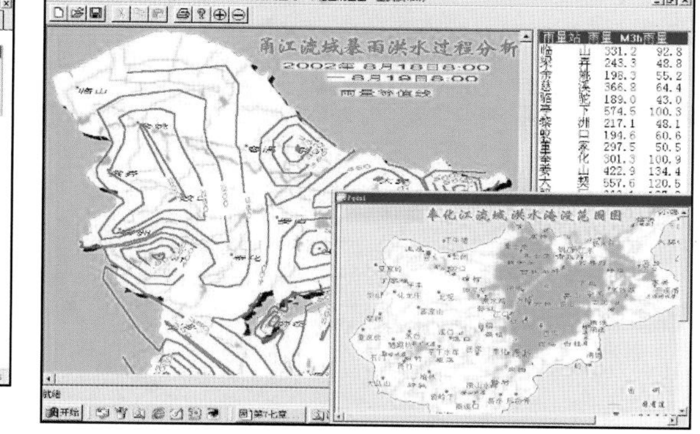

甬江流域奉化江暴雨洪水淹没分析 (图 10.10)

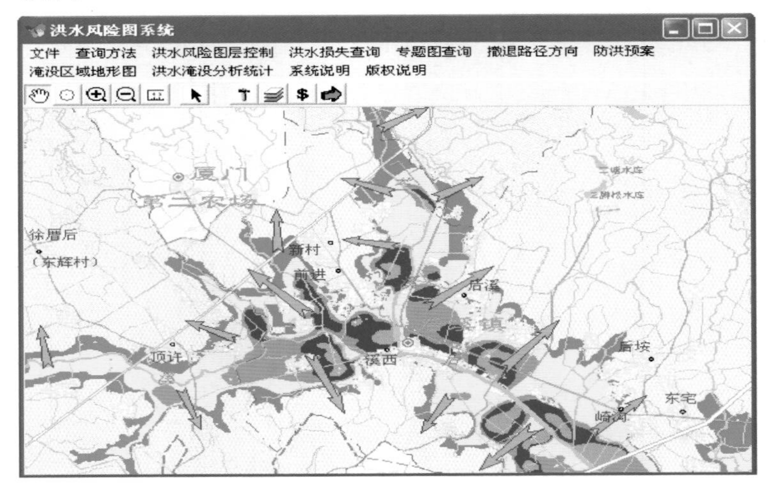

厦门后溪流域显示撤退路径的洪水风险图 (图 7.15)

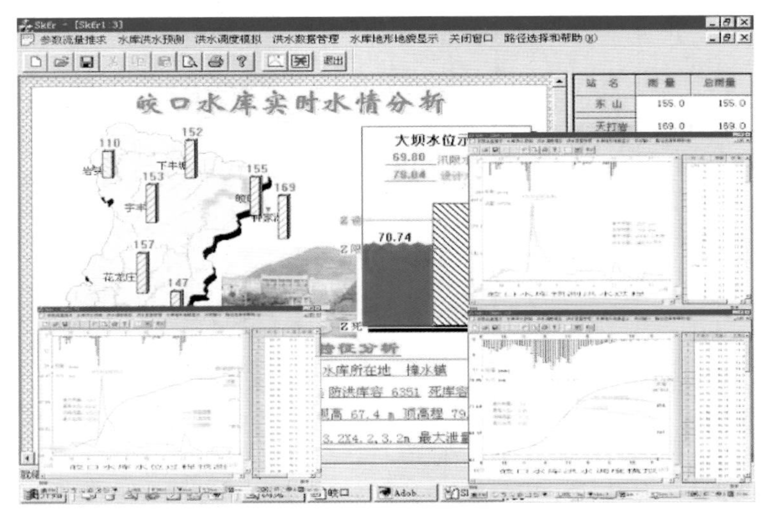

水库流域洪水预测系统成果图 (图 10.7)

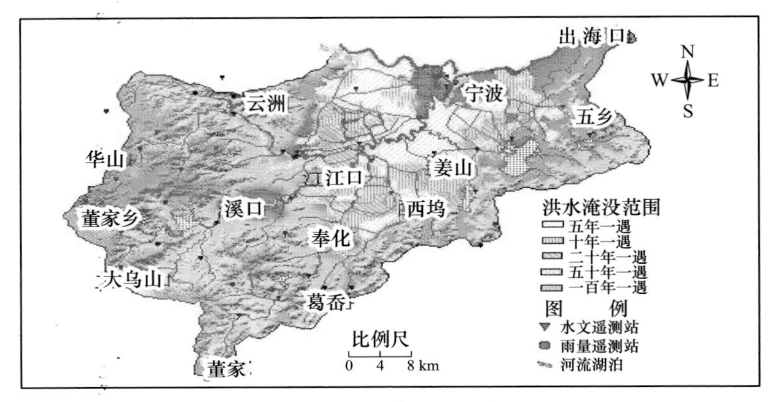

甬江流域奉化江洪水风险图 (图 10.8)